鑽石
Diamond
硬度：10
比重：3.52
折射率：2.42

海藍寶
Aquamarine
硬度：7.5~8
比重：2.67~2.78
折射率：1.566~1.600

粉剛
Pink Sapphire
硬度：9
比重：4.00
折射率：1.76~1.77

星光藍寶
Star Sapphire
硬度：9
比重：4.00
折射率：1.76~1.77

黃色彩鑽
Fancy Yellow Diamond
硬度：10
比重：3.52
折射率：2.42

摩根石
Morganite
硬度：7.5~8
比重：2.67~2.78
折射率：1.566~1.600

黃色藍寶石
Yellow Sapphire
硬度：9
比重：4.00
折射率：1.76~1.77

星光黑寶
Star Black Sapphire
硬度：9
比重：4.00
折射率：1.76~1.77

粉紅色彩鑽
Fancy Pink Diamond
硬度：10
比重：3.52
折射率：2.42

黃金綠柱石
Gold Beryl
硬度：7.5~8
比重：2.67~2.78
折射率：1.566~1.600

蓮花剛玉
Padparadscha Sapphire
硬度：9
比重：4.00
折射率：1.76~1.77

翡翠
Jadeite (Fei Cui)
硬度：6.5~7
比重：3.33
折射率：1.66~1.68

綠色彩鑽
Fancy Green Diamond
硬度：10
比重：3.52
折射率：2.42

紅寶石
Ruby
硬度：9
比重：4.00
折射率：1.76~1.77

變色剛玉
Color-Change Corundum
硬度：9
比重：4.00
折射率：1.76~1.77

白翡
White Jade
硬度：6.5~7
比重：3.33
折射率：1.66~1.68

祖母綠（綠寶石）
Emerald
硬度：7.5~8
比重：2.67~2.78
折射率：1.566~1.600

蓝寶石
Sapphire
硬度：9
比重：4.00
折射率：1.76~1.77

星光紅寶
Star Ruby
硬度：9
比重：4.00
折射率：1.76~1.77

紅翡
Red Jadeite
硬度：6.5~7
比重：3.33
折射率：1.66~1.68

透輝石
Diopside
硬度：5~6
比重：3.2~3.3
折射率：1.66~1.72

磷灰石
Apatite
硬度：5
比重：3.15~3.20
折射率：1.642~1.64

臺灣玉
Nephrite
硬度：6.5
比重：2.9
折射率：1.60~1.62

文石
Aragonite
硬度：3.5~4
比重：2.94
折射率：1.530~1.685

透輝十字石 4-rayed
Asterism Diopside
硬度：5~6
比重：3.2~3.3
折射率：1.66~1.72

蛇紋石（岫玉）
Serpentine
硬度：5~5.5
比重：2.6~2.8
折射率：1.55~1.56

臺灣玉貓眼
Nephrite Cat's Eye
硬度：6.5
比重：2.9
折射率：1.60~1.62

阿卡珊瑚
Aka Coral
硬度：3~4
比重：2.60~2.70
折射率：1.468~1.658

紫矽鹼鈣石
Charolite
硬度:5~5.5
比重:2.54~2.68
折射率:1.55~1.57

菱錳礦（紅紋石）
Rhodochrosite
硬度：3.5~4
比重：3.5~3.7
折射率：1.58~1.84

西伯利亞玉貓眼
Siberia Nephrite Cat's Eye
硬度：6.5
比重：2.9
折射率：1.60~1.62

桃紅色珊瑚
Momo Coral
硬度：3~4
比重：2.60~2.70
折射率：1.468~1.658

綠龍晶
Green Clinochlore
硬度：5~5.5
比重:2.54~2.68
折射率:1.55~1.57

綠紋石（方解石）
Afghanistan Jade (Calcite)
硬度:3
比重:2.69~2.82
折射率:1.49~1.66

臺灣藍寶（玉髓）
Chalcedony
硬度：6.5
比重：2.65
折射率：1.544~1.553

金珊瑚
Golden Coral
硬度：3~4
比重：2.60~2.70
折射率：1.468~1.658

磷灰石貓眼
Apatite Cat's Eye
硬度：5
比重：3.15~3.20
折射率：1.642~1.64

拉利瑪
Blue Pectolite
硬度：4.5~5
比重：2.74~2.88
折射率：1.60

玫瑰石
Rhodonite
硬度：5.5~6
比重：3.4~3.7
折射率：1.725~1.738

黃金
Gold
硬度：2.5~3
比重：19.30
折射率：無

翠榴石
Demantoid
硬度：6.5~7.5
比重：3.5~4.6
折射率：1.72~1.895

黃金珍珠
Golden Pearl
硬度：3
比重：2.71
折射率：1.53~1.68

日光石
Sun Stone
硬度：6
比重：2.57
折射率：1.52~1.53

蟲珀
Amber Insect-Mosquito
硬度：2~3 左右
比重：1.05~1.12
折射率：1.54 左右

香檳色
Champ
硬度：
比重：
折射率

藍色尖晶石
Blue Spinel
硬度：8
比重：3.58~3.98 左右
折射率：1.71~1.73

黑珍珠
Black Pearl
硬度：3
比重：2.71
折射率：1.53~1.68

天河石
Amazonite
硬度：6
比重：2.57
折射率：1.52~1.53

血珀
Blood Amber
硬度：2~3 左右
比重：1.05~1.12
折射率：1.54 左右

藍色托
Blue To
硬度：
比重：
折射率

紅色尖晶石
Red Spinel
硬度：8
比重：3.58~3.98 左右
折射率：1.71~1.73

銀色南洋珍珠
South Sea Silver Pearl
硬度：3
比重：2.71
折射率：1.53~1.68

中性長石
Andesine
硬度：6
比重：2.57
折射率：1.52~1.53

蜜蠟
Beeswax
硬度：2~3 左右
比重：1.05~1.12
折射率：1.54 左右

瑞士藍
Swiss T
硬度：
比重：
折射率

粉色系尖晶石
Pink Spinel
硬度：8
比重：3.58~3.98 左右
折射率：1.71~1.73

日本珍珠
Japanese Pearl
硬度：3
比重：2.71
折射率：1.53~1.68

緬甸天然琥珀
Natural Bruma Amber
硬度：2~3 左右
比重：1.05~1.12
折射率：1.54 左右

粉紅托帕石（處理）
Pink Topaz (Treated)
硬度：8
比重：3.4~3.6
折射率：1.62~1.63

倫敦藍
London
硬度：
比重：
折射率

緬甸尖晶石
Bruma Spinel
硬度：8
比重：3.58~3.98 左右
折射率：1.71~1.73

藍月光石
Blue Moon Stone
硬度：6
比重：2.57
折射率：1.52~1.53

多明尼加天空藍琥珀
Dominican Blue Amber
硬度：2~3 左右
比重：1.05~1.12
折射率：1.54 左右

巴西帝王托帕石
Brazil Imperial Topaz
硬度：8
比重：3.4~3.6
折射率：1.62~1.63

藍色風
Blue Zi
硬度：
比重：
折射率

紫水晶
Amethyst
硬度：7
比重：2.65
折射率：1.544~1.553

檸檬水晶
Lemon Quartz
硬度：7
比重：2.65
折射率：1.544~1.553

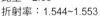

戰國紅瑪瑙 Warring
States period Red Agate
硬度：7
比重：2.65
折射率：1.544~1.553

鐵鋁榴石
Almandite
硬度：6.5~7.5
比重：3.5~4.6
折射率：1.72~1.895

naline
~1.638

黃水晶
Citrine
硬度：7
比重：2.65
折射率：1.544~1.553

金絲玉（戈壁玉）
Gobi Chalcedony
硬度：7
比重：2.65
折射率：1.544~1.553

水晶蛋白石
Hydrophane Opal
硬度：5.5~6.5
比重：1.98~2.23
折射率：1.37~1.47

錳鋁榴石
Spessartite
硬度：6.5~7.5
比重：3.5~4.6
折射率：1.72~1.895

line
~1.638

煙水晶
Smoky Quartz
硬度：7
比重：2.65
折射率：1.544~1.553

戈壁玉瑪瑙
硬度：7
比重：2.65
折射率：1.544~1.553

粉紅色蛋白石
Angel Skin Opal
硬度：5.5~6.5
比重：1.98~2.23
折射率：1.37~1.47

變色石榴石
Alexandrite Grossularite
硬度：6.5~7.5
比重：3.5~4.6
折射率：1.72~1.895

line
~1.638

粉晶
Rose Quartz
硬度：7
比重：2.65
折射率：1.544~1.553

四川涼山南紅瑪瑙
South Red Agate
硬度：7
比重：2.65
折射率：1.544~1.553

澳洲黑蛋白石
Australian Black Opal
硬度：5.5~6.5
比重：1.98~2.23
折射率：1.37~1.47

沙弗萊
Tsavorite
硬度：6.5~7.5
比重：3.5~4.6
折射率：1.72~1.895

e
1.70

金髮晶
Gold Rutilated Quartz
硬度：7
比重：2.65
折射率：1.544~1.553

雲南保山柿子黃南紅
瑪瑙 South Red Agate
硬度：7
比重：2.65
折射率：1.544~1.553

墨西哥火蛋白石
Mexico Fire Opal
硬度：5.5~6.5
比重：1.98~2.23
折射率：1.37~1.47

黑松石
Hessonite
硬度：6.5~7.5
比重：3.5~4.6
折射率：1.72~1.895

~1.553

黃翡
Yellow Jadeite
硬度：6.5~7
比重：3.33
折射率：1.66~1.68

金絲種
Golden Silk Type Jadeite
硬度：6.5~7
比重：3.33
折射率：1.66~1.68

和田白玉
Nephrite
硬度：6.0~6.5
比重：2.90~2.95
折射率：1.62

金綠寶石
Chrysoberyl
硬度：8.5
比重：3.71
折射率`：1.74~1.75

西瓜碧璽
Watermelon Tou
硬度：7~7.5
比重：3.0~3.2
折射率：1.615

紫羅蘭
Lavender Jadeite
硬度：6.5~7
比重：3.33
折射率：1.66~1.68

冰種
Ice Type Jadeite
硬度：6.5~7
比重：3.33
折射率：1.66~1.68

和田白玉泌色
Nephrite with Coloration
硬度：6.0~6.5
比重：2.90~2.95
折射率：1.62

紅寶碧璽
Rubellite
硬度：7~7.5
比重：3.0~3.25
折射率：1.615~1.638

雙色碧璽
Bi-Color Tourm
硬度：7~7.5
比重：3.0~3.2
折射率：1.615

三彩玉
Tri-color Jade
硬度：6.5~7
比重：3.33
折射率：1.66~1.68

玻璃種
Glassy Type Jadeite
硬度：6.5~7
比重：3.33
折射率：1.66~1.68

金綠貓眼
Cat's-eye Chrysoberyl
硬度：8.5
比重：3.71
折射率：1.74~1.75

綠碧璽
Verdelite
硬度：7~7.5
比重：3.0~3.25
折射率：1.615~1.638

帕拉伊巴
Paraiba Tourm
硬度：7~7.5
比重：3.0~3.2
折射率：1.615

墨翠
Black Jadeite
硬度：6.5~7
比重：3.33
折射率：1.66~1.68

糯種
Sweet Rice Type Jadeite
硬度：6.5~7
比重：3.33
折射率：1.66~1.68

亞歷山大變色石
Alexandrite
硬度：8.5
比重：3.71
折射率：1.74~1.75

鉻綠碧璽
Chrome Tourmaline
硬度：7~7.5
比重：3.0~3.25
折射率：1.615~1.638

偏紫色丹泉石
Purple Tanzan
硬度：6.5
比重：3.35
折射率：1.69~

黃加綠
Yellow and Green Jadeite
硬度：6.5~7
比重：3.33
折射率：1.66~1.68

豆青種
Pea Green species Jadeite
硬度：6.5~7
比重：3.33
折射率：1.66~1.68

亞歷山大變色貓眼
Cat's-eye Alexandrite
硬度：8.5
比重：3.71
折射率：1.74~1.75

黃碧璽
Dravite
硬度：7~7.5
比重：3.0~3.25
折射率：1.615~1.638

白水晶
Rock Crystal
硬度：7
比重：2.65
折射率：1.544

毛帕石
agne Topaz
硬度：
比重：.4~3.6
折射率：1.62~1.63

黃色風信子（錯石）
Yellow Zircon
硬度：6~7.5
比重：3.95~4.73
折射率：1.78~1.85

綠色榍石
Green Sphene
硬度：5~5.5
比重：3.52
折射率：1.90~2.034

菫青石
Iolite, Cordierite
硬度：6.5~7
比重：2.60
折射率：1.54~1.55

美國瓷松 American
Porcelain Turquoise
硬度：5~6
比重：2.4~2.84
折射率：1.61~1.65

白石
paz
比重：.4~3.6
折射率：1.62~1.63

紫鋰輝石
Kunzite
硬度：6~7
比重：3.18
折射率：1.660~1.676

黃色榍石
Yellow Sphene
硬度：5~5.5
比重：3.52
折射率：1.90~2.034

舒俱徠石
Sugilite
硬度：6~6.5
比重：3.12
折射率：1.55~1.56

青金石
Lapis-Lazuli
硬度：5~6
比重：2.5~3.0
折射率：1.50

毛帕石
opaz
比重：.4~3.6
折射率：1.62~1.63

黃色鋰輝石
Yellow Spodumene
硬度：6~7
比重：3.18
折射率：1.660~1.676

橄欖石
Peridot
硬度：6.5~7
比重：3.27~3.48
折射率：1.654~1.690

天珠
Tibet Beads
硬度：7
比重：2.65
折射率：1.544~1.553

變色螢石
Color-change Fluorite
硬度：4
比重：3.18
折射率：1.43

毛帕石
Topaz
比重：.4~3.6
折射率：1.62~1.63

綠色鋰輝石
Green Spodumene
硬度：6~7
比重：3.18
折射率：1.660~1.676

巴基斯坦橄欖石
Pakistan Peridot
硬度：6.5~7
比重：3.27~3.48
折射率：1.654~1.690

孔雀石
Malachite
硬度：3.5~4
比重：3.8
折射率：1.85

閃鋅礦
Sphalerite
硬度：3.5~4
比重：4.05
折射率：2.37

信子（錯石）
con
~7.5
.95~4.73
1.78~1.85

深色葡萄石
Vivid Green Prehnite
硬度：6~6.5
比重：2.8~2.95
折射率：1.61~1.63

藍晶石
Kyanite
硬度：4~7
比重：3.62
折射率：1.716~1.731

土耳其石
Turquoise
硬度：5~6
比重：2.4~2.84
折射率：1.61~1.65

紅柱石
Andalusite
硬度：7~7.5
比重：3.16~3.20
折射率：1.63~1.64

行家這樣
買寶石

湯惠民 著

這是本引領有色寶石市場的鉅作

　　對阿湯哥初次的印象是在北京候機室的書店，無意間看到《行家這樣買寶石》這本書，翻了兩頁之後，直覺這本書肯定暢銷，果然，本書連登兩岸三地暢銷排行第一，且兩岸電視媒體、電臺、雜誌、網路、學校、珠寶社團等也爭相邀請他來演講、開課，影響層面非常廣。以我從事二、三十年專業有色寶石買賣的經驗，這必定引領兩岸三地有色寶石消費市場轉旺，因為消費者對市場行情懂得愈多，就會投資愈多，這是個不變的法則。

　　湯老師的內文編排上讓人易讀易懂，文章前後貫穿分析精闢，提供貼近市場參考價，這些經驗都是需要花費相當多時間與精神投入的，更需要繳上相當的學費才能如此洞悉寶石品質與價值的相對關係。

　　若不是湯老師深厚的學理，加上數十年的實務市場買賣、教學經驗，深入礦區取得真實寶石現況資訊，如此用心瞭解市場，厚植人脈才能清楚掌握寶石行情，由於他秉持以實用易懂且生活化為出書原則，因此才能寫出如此不凡的暢銷著作，相信這本書會讓有幸讀到的消費者受益匪淺，滿載而歸。

　　在此小弟感到與有榮焉，因緣具足，相信這本書必能讓讀者與寶石結緣，讓他們戴出好命好運好福氣。

GIA 美國寶石研究院臺灣校友會榮譽理事長
式雅珠寶設計總監

湯老師在珠寶教育上功不可沒

　　自從湯惠民老師推出了「行家」系列珠寶玉石叢書後，兩岸三地的珠寶專業演講如雨後春筍般發生於各地，幾本書在短短三年內幾乎成為人手一本的聖經，不但讓數十萬人輕易上手認識珠寶，也帶動了廣大消費者對珠寶知識及檢測的重視，無疑也帶動了珠寶玉石銷售的買氣。

　　中國大陸經濟的崛起代表著老百姓富裕了，對珠寶玉石的需求當然是可見的，但是如何正確購買珠寶？這就需要熱心人士的推廣與教育了，湯老師這兩年更帶著珠寶業的新鮮人遊走兩岸三地及東南亞珠寶市場，用心良苦地培育著珠寶界的下一代。

　　欣聞大作《行家這樣買寶石》增訂再版，本人同為珠寶教育者，不禁為其鼓掌讚賞，也預祝此書再版暢銷熱賣。

中華寶石協會榮譽理事長

非常生活化的實用寶石書

　　湯惠民老師，我認識他有二十多年了。從大學到研究所，看到他努力用功學習的態度，令我欽佩。在臺大地質研究所時，當時島內寶石研究風氣還不是很盛，他的論文便首創用科學精密儀器研究寶石。約莫1993年，臺大地質系成立了寶石教育推廣班，由我教授鑽石課程，他曾擔任過我的助教，也曾隨我到緬甸、泰國、斯里蘭卡寶石礦區考察。二十多年來他堅持在珠寶行業默默傳遞珠寶知識，也為落實基礎珠寶教育，在各地社區大學教授珠寶學。他的部落格「阿湯哥的寶石礦物世界」以及在Yahoo!拍賣網站與奇摩知識家專業的回答，都受到很多人的喜愛，現在又將經驗和理論結合寫出這本書。

　　書中談到消費者如何購買寶石，有【入門篇】提供正確購買寶石的觀念，從顏色、切工、內含物（包裹體）、重量都會影響所購買寶石的價值；另有【出門篇】介紹六種商業上常見且重要的寶石、十五種流行的寶石、十幾種不可不知的寶石，更介紹臺灣特產的寶石；【實戰篇】提出購買寶石時要注意的事項，讓你花最少的錢買到最滿意的寶石；最後更提供寶石進修管道資訊與就業方向。

　　這是一本非常生活化的實用寶石書。

　　此書是湯老師的心血結晶，本著好書與好朋友一起分享的心情，我特別在此推薦此書。在本書新版出版之際，祝願它能夠取得更好的成績。

輔仁大學副教授
英國寶石學會在臺聯合教學中心負責人

權威寶石行家教大家花小錢投資寶石

　　惠民兄從正修工專土木科到中國文化大學地質系，最後在臺灣大學地質研究所拿到碩士學位。從他的學歷中我們可以發現他非常的聰明、上進。

　　在他開始寫論文時，曾來拜訪過我，希望我能提供他論文的方向，我告訴他今天的輝玉市場上，最大的挑戰就是退黃灌膠，也就是所謂硬玉 B 貨的問題，後來他果然朝這方向去研究。

　　在他的研究完成後，仍在寶石界努力不輟，從事寶石推廣教育工作十餘年，歷任各地社區大學寶石學講師。除此之外，他也在網路經營寶石拍賣批售，累積多年的市場經驗。最重要的是他推廣臺灣的寶石礦物，帶學生到產地去講解寶石的產狀與成因，對於推廣基礎寶石教育不遺餘力。

　　當年他將理論與實務結合，寫成他的第一本著作，教大家如何花小錢購買符合自己需求的寶石，增加讀者的寶石專業知識、鑑賞能力等。現在他的書即將出第二版了，這不僅使我感到與有榮焉，更相信這本書將再次引發洛陽紙貴。

吳舜田國際寶石鑑定研習中心負責人

從沒想過自己會踏入珠寶行業！

　　父親是國中老師，自己大學學的是地質，原只是想當個地球科學老師。1993 年考進臺大地質研究所，師從國內寶石學權威譚立平教授，跟隨古玉權威錢憲和教授學習古玉知識，與黃怡禎教授學習拉曼光譜鑑定寶石與古玉材質，師事國內寶石與鑽石權威吳照明教授學習鑽石分級學，從此改變了我人生的道路。

　　研究所求學階段主要研究緬甸玉，是國內第一位研究輝玉礦物學的研究生。記得有一次參觀臺北建國玉市，一時興起請教一個攤商要怎麼看翡翠？他看我一副窮酸樣，便隨口說：「就算我跟你講，你也聽不懂啦！」雖然聽來刺耳，但我暗自告訴自己：「我學的是地質礦物，有的是寶石學理論，將來我一定要更努力，要比你懂！」因此，除了在學校向教授學習外，我也會多看雜誌，多看展覽，到產地瞭解市場行情，多與業界保持聯繫，增加自己的實務經驗，從此一頭栽入寶石的世界，不可自拔。不僅從事寶石推廣教育十餘年，批發販售寶石也有近二十年的時間。

　　愈深入瞭解寶石與寶石市場，愈覺得應該要站在消費者的立場為消費者著想。在臺灣有將近九成民眾沒接觸過寶石學，許多人買珠寶都是喜歡就買，也不知道寶石的品質好壞、貴或便宜，甚至花大錢買到優化處理的寶石或仿冒品，吃虧上當的人不少；因此很多消費者便不敢買寶石了，不然就是花幾百元或三、五千元買一些人造與合成飾品來戴，感覺也不錯，但其實還是買貴了；就算是來學寶石學的人之中，很多並不是想當鑑定師，也不是想轉行做珠寶生意，而是單純的消費者！

　　很多人說：「我沒錢，所以不用學寶石。」可是一趟泰國、柬埔寨、大陸旅遊，就在大家慫恿下買了價值好幾萬元的優化處理珠寶。有人說：「我是男生，怎會愛珠寶呢？」偏偏在結婚時挑選鑽石就無從下手，因而多花幾萬元。很多學員很愛亂買，到課堂上給我一看，沒有幾件是真的，就算是真的，品質也不好，價錢更是貴得嚇人；有人愛買古玉，

卻買到一堆仿古且雕工很差的岫玉；有人在國外經商，被人介紹去挖礦做珠寶，到頭來卻是空歡喜一場；有人在大陸花好幾百萬元買了稀世珍寶夜明珠，最後才知道是螢石加工磨出來的；有人聽信命理師花大錢買了一堆加持過能招財、增加磁場、改運的寶石，卻不知道自己當了大肥羊……教學十幾年來，聽到學員受騙上當的案例不勝枚舉。

學寶石是一種知識，也是一種興趣，可以提升自己的鑑賞力，也可以避免買到仿冒品或經優化處理的寶石。如果眼光好買在低點，還可以投資小賺一筆。雖然說坊間講寶石鑑定與鑑賞、功能的書很多，但是吸收了這些知識之後，消費者還是懵懵懂懂。要是有一本書可以告訴大家：

如何避免花大錢買到假寶石？

如何簡單鑑賞寶石的好壞？

各種寶石合理的行情是多少？

哪些寶石的增值最快？

買寶石真的可以招財、招桃花、開運、長智慧、防小人嗎？

結婚鑽戒哪裡買較便宜？

多少錢買的天珠才是真的？

玉的顏色愈來愈暗，是不是身體變差？

吃珍珠粉皮膚會變白嗎？

買寶石送哪家鑑定所比較有公信力？

GIA 證書怎麼看？

臺灣有哪些地方可以撿到寶石？

如何分辨本土與進口的臺灣玉貓眼與玫瑰石？

學 GIA、FGA 保證年收入百萬嗎？

出國旅遊買珠寶，不滿意可以退嗎？

鑽石恆久遠，為何要賣不值錢？

想學寶石，該選擇哪一個教育機構？

……

要是有這樣一本寶石大全，就算沒學過寶石學，也可以輕鬆鑑賞寶石、以合理的價錢買到品質好又符合自己需求的寶石，那就太棒了！

正當有此想法，與時報出版的主編聊起時，主編便力邀我來寫，經過多時的努力，這本《行家這樣買寶石》終於要問世了。這是專為消費者所寫的書，主要教大家購買寶石的基本心態、釐清錯誤觀念、增加寶石專業知識、分辨寶石品質好壞、去哪邊買最便宜、如何以小搏大投資寶石等，這是集我二十年市場經驗的大成、行情大披露，希望讀者看了這本書之後，能花小錢買到好品質的珠寶，瞭解國際寶石的流行資訊，當一個理性有智慧的珠寶消費高手。（請注意：本書所提供的寶石參考價錢會隨時間波動，有漲有跌，消費者可多詢問比價。）

這本書得以完成，首先要感謝上帝創造了這麼多珍貴美麗的寶石礦物。感謝譚立平教授的啟蒙、吳照明與吳舜田兩位學長與珠寶鑑定前輩對我的指導與提攜，以及吳琮王學弟協助寶石拍攝工作、劉梓潔導演在書稿結構上的發想與建議、所有提供寶石照片與珠寶的業界與朋友、時報文化出版工作同仁的協助。當然還要特別感謝父母的栽培、內人與小孩的支持。此外，感謝多年來所有社區大學學員，以及所有網路上支持「阿湯哥的寶石礦物世界」不管認識與不認識的格友，有大家的支持，才是我前進的動力。

特別感謝大東山珠寶集團呂華苑總經理對我在社區大學教學十多年來的支持，她對於基層寶石教育推廣不遺餘力，免費提供場地讓學員校外教學，如此的企業形象與個人作風，值得後輩學習。

這是本以消費者為出發點的寶石書！

　　自從四年前寫了這本《行家這樣買寶石》，受到兩岸讀者的歡迎，不管是網路排名還是實體店鋪，在寶石類書籍都名列前茅，因為它真的是珠寶選購的活字典。

　　第一次寫《行家這樣買寶石》是以臺灣市場為著眼點，許多場景都是與臺灣有關，很少有大陸方面的資訊，許多大陸流行的珠寶都沒列入書中。最重要的一點就是初版提供的寶石市場行情價錢已不再有參考價值，因為最近幾年是大陸珠寶市場的黃金年。隨著大陸經濟起飛，各地煤老闆、土豪與黃金大媽消費令人瞠目結舌，買珠寶就像買菜一樣，隨便出手都是十幾二十萬人民幣。由於多數人都是第一次接觸有色寶石，只要寶石夠大夠好，基本上金額沒有上限，因此價格就如坐直升機一樣飛快地漲。大陸有百萬甚至千萬身家上億人民幣的人口，若都來買一顆紅寶石或祖母綠收藏與配戴，就帶動了全世界的珠寶市場交易熱絡。

　　現在大陸各大城市每個月都有一、兩場珠寶展，光在遼寧機電學院北方黃金珠寶學系，一個年級就有七個班，全大陸大專院校珠寶相關科系每年畢業約上萬人。另外成人教育部分，FGA、GIA、IGI等國際珠寶學院，基本上都要排隊兩、三期才能報名上課。就我瞭解，許多珠寶企業在知名大學珠寶系學生畢業前就會去搶人才。私校學生自己創業或跑業務居多，動不動家裡就提供百萬、千萬人民幣給兒女創業開工作室或會所。這麼多學生畢業都要從事珠寶相關行業，還不包括有錢沒地方花的大媽與土豪，全大陸一年要是開一、兩千家珠寶店，一家店每年平均進貨兩、三百萬人民幣，如果珠寶業者不能把握這黃金十年，大概就只能在記憶中尋找光輝的歲月了。這樣的光景讓臺灣的珠寶學院畢業生聽在耳裡，忌妒得不得了。

　　再版的書中，增加許多大陸流行的寶石，如白玉、南紅瑪瑙、戰國紅、拉利瑪、阿拉善瑪瑙、戈壁石、方解石、金田黃、美國瓷藍、綠紋石等，以及大陸翡翠玉石採購景點與故事，並介紹一些在臺灣沒接觸過的珠寶品牌與設計師。

　　許多人想買珠寶又怕吃虧上當，也怕買貴買假，不知道去哪買便宜，也不知道去哪學習珠寶知識，更不知道將珠寶送去哪鑑定。並非每個人都有時間與精力到學校或珠寶教育機構上課，而畢業的學生也不知道自己前途道路。這一切我都瞭解，因為這二十多年來，我看到許多學生就業狀況起起伏伏，沒兩、三年就被迫改行。目前臺灣珠寶市場要不是有大陸市場來支撐，恐怕店家都要哀鴻遍野。

　　我常問學生為何喜歡珠寶，怎麼會想來上課？他們一致回應女生年紀到三十～四十歲左右自然就會喜歡珠寶，除非是家裡貸款還沒還清，小孩還需要教育經費。男生則通常是想投資與收藏，結交珠寶同好，另一方面是退休後想二度就業。這本《行家這樣買寶石》可以幫助很多人在家就瞭解寶石，讓許多沒有寶石基礎的朋友可以快速進入狀況。記得有一位成都讀者只有二十多歲，在機場買了這本書，就去珠寶展實習，光是一個下午就買了五百多萬人民幣，這是他的珠寶初體驗，邊買邊和我用微信討論。還有一位在緬甸做生意的朋友，因為和某軍團首腦做生意，對方要用三顆紅寶石原礦（都有拳頭那麼大）向他換三百萬人民幣軍用設備，所以在微信中傳照片給我看，我對他說這只適合用來做雕刻，一公斤大概新臺幣三、五千，所幸他買了書與我結識，不然還沾沾自喜以為手上的紅寶石可以送到博物館或去蘇富比、佳士得拍賣。更有一位讀者參加我在新竹科學園區的演講時，帶了一串天珠要我幫他鑑定，我問他買多少錢，他說在機車行買的，一串七萬元。老闆說若是假的可以退，我聽後請他趕緊去退還給機車行老闆，換一輛機車騎回去也可以。一串老天珠要價七萬元，說給有常識的人聽誰都不會相信。

　　本書初版以來已經讓兩岸十幾萬人認識了各種珠寶，許多人透過各種方式答謝與回饋，讓我相當感動，而這本真心分享珠寶經驗的著作，雖不敢說是同類書中最好的，但我相信自己是花最多心思親自回應讀者問題的作者。

　　初版完成之時，臺大中文系的學妹問我為何這本書那麼重，為什麼不分初、中、高級來寫，可以一魚多吃，當時我笑說寫一本書就好，已經夠讓我多好幾根白頭髮了。沒想到接下來幾年又陸續寫了《行家這樣買翡翠》、《行家這樣買碧璽》和《行家這樣買南紅》三本書（碧璽與

南紅兩本書只有簡體版），也造成「行家這樣……」的書名變成風潮，現在大陸各地地攤上都可以買到這四本書的簡體盜版書，這真是我始料未及的事。

如果沒有《行家這樣買寶石》這本書，筆者就沒有機會到大陸發展，更不可能認識這麼多兩岸的同行與讀者。許多業者前輩的指正與教誨我言猶在耳，讀者的建議我虛心改進，不管怎麼寫都有不盡如人意的地方，只有不斷地充實寶石新知，更新書中的文字內容與照片，才是回饋廣大讀者最好的方式。

再次提醒，書中提供的價錢為業者開價，與實際成交價會有出入，價錢也會隨市場經濟與供需狀況改變。買賣珠寶宜多參考比較，挑選最適合自己的商家，給您最佳的售後服務。

於臺北 2014 年 12 月

目　錄

Chapter 1

入門篇

▶ 顏色不均勻的藍寶石，價格相對較低。

1 選購寶石的通則

　　寶石價錢取決於顏色、火光、內含物與雜質裂紋多寡、透明度、切工、拋光與對稱、礦源稀有程度、產地的政治環境、人為炒作、全世界的經濟狀況等因素。但是購買寶石仍有以下五大通則可依循，在此一次「報給您知」！

第一大通則：
看顏色——愈深、愈飽和、愈均勻、愈鮮豔愈好

　　大家都知道什麼叫做「一見鍾情」，就是第一眼看到就喜歡上，印在腦海裡朝思暮想、縈繞不去。對於寶石，如何「一見」就「鍾情」呢？

　　非常簡單，我們看到寶石的第一眼就是顏色，挑選所有的有色寶石與玉石，不管紅色、藍色、綠色、黃色、紫色等顏色，都以愈深、愈飽和、愈均勻、愈鮮豔愈好，依循這個大原則，絕對不會出錯。常理來說同一種寶石，深色寶石價位一定比淺色寶石價位高，鮮豔的寶石價位也比暗黑色寶石價位高。

　　同一家族的有色寶石裡，顏色以黑色與白色透明寶石相對便宜，例如黑色與白色碧璽、黑色與白色珊瑚、黑寶星石與白剛玉、黑鑽石（白

▲ 藍寶石顏色均勻程度從左至右愈來愈好，價格也愈高。

鑽石例外）、黑石榴石（沒有白色石榴石）等。以白色寶石為例，白色透鋰輝石、白尖晶石、白珊瑚、白碧璽、白剛玉、白鋯石、白綠柱石與不透明的白翡翠等比起同一家族有顏色的寶石（紫鋰輝石、紅藍尖晶石、紅珊瑚、紅綠碧璽、紅藍寶石、藍鋯石、海藍寶與摩根石、綠與紫翡翠等）來得便宜許多。

當然也有例外的情況，像是天然黑珍珠就非常昂貴（市面上 99% 都是人工養殖珍珠）；另外翡翠裡的墨翠，外表看上去是黑色，在燈光接近照射下，卻會出現沉穩內斂的墨綠色光澤，吸引許多人士喜愛，價格自然也就不便宜。同一家族的白色寶石當然也有例外，如玻璃種藍月光石、玻璃種翡翠等。

第二大通則：
看切工——火光愈強愈好

每一個人喜歡的寶石顏色深淺會因性別、年齡大小等而有所不同，但是對火光的欣賞，幾乎是「英雄所見略同」。

切工會影響一顆寶石的美觀，不管寶石形狀是心形、祖母綠切、正方、長方、公主方、三角形、馬眼、水滴形等，各種形狀因個人喜好與設計需求而不同，但切割小面愈多，寶石愈透明，寶石本身折光率愈高；內部愈乾淨，就會造成火光閃爍。因此購買寶石要把握的第二個通則就是：切工比例好、對稱好、拋光好，火光自然強。

一顆魅力無窮的寶石，一定會經過最適當的切工，綻放迷人的光芒。相反的，切割比例不好，寶石就不閃亮，甚至會漏光，這種情形在鑽石和各種貴重有色寶石處理上最容易出現。商家為了保留重量，因此會保留部分的小孔洞，當寶石鑲嵌起來後，就不容易被發現，這也是為什麼很多人買寶石喜歡自己挑選裸石的原因。但是像水晶、橄欖石、鐵鋁榴

1　　　　2　　　　3　　　　4

▲ 各種不同顏色的尖晶石。火光強弱程度 1>3>2>4。3 的顏色類似鴿血紅紅寶石，價格最高。4 的顏色偏暗紅，價錢最低。（圖片提供：吳照明）

石、螢石、托帕石等寶石，因為單價相對便宜，不但可以預訂尺寸或形狀，甚至可以按照標準的比例去切割，因此每一顆寶石的火光幾乎是一樣的。

▲ 無火光紅寶石。

▲ 桌面部位漏光而無火光的藍寶石。

▲ 中間無火光，周邊有火光的藍寶石。

什麼是火光？

　　火光，是指在燈光下，肉眼所見寶石內部折射出來的光芒。寶石折射率愈高，火光愈強，即一般人說的「很閃」。一顆好的寶石，顏色好，就像是一個人的皮膚好；火光好，就是這個人的身材比例好。尤其是紅、藍寶石，若顏色鮮豔飽和，火光搶眼，1 克拉的緬甸鴿血紅紅寶石，市價可以高達 10~20 萬元，但是如果顏色不透明沒火光，價值差不多只有 1~3 萬元。顏色如果淺一點，變成粉紅色，但火光很強，價格仍然有 3~10 萬元的行情。

▲ 顏色偏暗，幾乎沒有火光的紅寶石，價錢較低。（圖片提供：萬立集團）

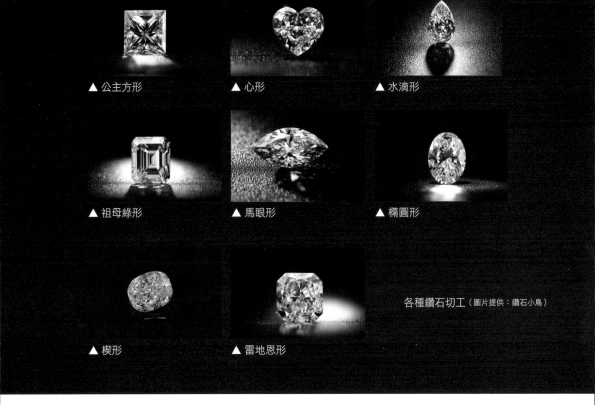

▲ 公主方形　　　▲ 心形　　　▲ 水滴形

▲ 祖母綠形　　　▲ 馬眼形　　　▲ 橢圓形

各種鑽石切工（圖片提供：鑽石小鳥）

▲ 楔形　　　▲ 雷地恩形

第三大通則：
看內含物與裂紋──愈乾淨愈貴

　　火光強不強，與內含物（包裹體）也有關。寶石在形成過程中，會
擄獲周圍的礦物與水汽，而產生氣泡、液體、固體礦物等內含物。內含
物也就是一般說的「雜質」或「瑕疵」。挑選寶石時，當然以內含物愈少、
愈乾淨、愈透明，價值愈高。但非常弔詭的是，完全透明無瑕的寶石（紅
寶石、祖母綠），合成的嫌疑就相當大。

　　在各種內含物中，以裂紋最忌諱。寶石熱處理過程中，溫度的急速
轉變所造成的裂紋，或者寶石切磨震動所產生的裂紋，以及切磨加工完
成後寶石相互碰撞的缺角（以尖底與腰圍最容易碰撞產生小缺口）與刻
面稜線的磨痕，都會降低寶石價值。

　　但是，內含物對寶石來說，不一定都是扣分的。像有些內含物會使
寶石產生貓眼效果，又如近年很流行的髮晶，含量比例愈多，價格愈高。

▲ 表面刮傷的紅寶石。　　　▲ 髮晶板狀手鏈，可看到水晶　▲ 瑞士藍托帕石純淨無瑕。
　　　　　　　　　　　　　　　裡有針狀的金紅石礦物。　　（圖片提供：慶嘉珠寶）
　　　　　　　　　　　　　（圖片提供：杉梵國際興業有限公司）

■ 選 購 訣 竅

原礦切磨完之後變成裸石，在加工鑲成成品戒臺之前，會透過仲介讓寶石商人挑選，每天幾乎都有幾十人看貨。如果沒有單顆個別包裝，在挑選過程中寶石刻面和刻面之間互相刮傷，容易產生磨損。因此在觀察切工時，要特別注意不要有缺角、破損、刮痕，這些坑洞瘡疤都勢必影響寶石的美觀與價值。這部分有些是肉眼不易看出來的，必須使用放大鏡加以觀察。如果不小心買到有刮痕或小缺口破洞的寶石，可以借由重新表面拋光與切磨處理，通常處理費用要 300~1,500 元。但是也要與切磨師傅討論研磨後會損耗多少重量，因為重量也會影響寶石未來的行情與售價。

天然的內含物也可以用來證實寶石的產地，像產於緬甸的紅寶石裡頭會有水鋁礦、金紅石、方解石等礦物。有些珠寶收藏家特別喜歡沒有熱處理過的紅藍寶石，鑑定師可以觀察寶石內部，當發現天然礦物結晶完全、未被熔解，即代表這顆寶石未經過熱處理，價格會比經過熱處理的紅藍寶石高出三到五成。

什麼是熱處理？

　　簡單說，即天然寶石透過人工加熱（加熱溫度視寶石種類與不同產地而有所差異），主要目的是使寶石的內含礦物熔解，增加透明度，或是改變寶石顏色。但

▲ 藍寶石加熱處理後，會變成黃色藍寶石，部分仍可看見藍色色心。

要特別注意：加熱過程中不添加任何致色物質，一般業者稱此法為「一度燒」。像泰國馬卡乍礦區產的綠色剛玉，加熱後會變成黃色藍寶石；又如泰國人無意間發現原本毫無價值的斯里蘭卡牛奶石（乳白色剛玉）內含金紅石 (TiO_2)，加熱後可從乳白色變成藍色（變藍色主要是鈦 (Ti) 元素的轉變造成），變成斯里蘭卡藍寶。一旦變色，就是永遠的化學平衡，不必擔心顏色會再恢復或者變淡。目前，熱處理已被全世界的寶石業者與鑑定師接受，消費者可以大膽放心選買經過熱處理的寶石。

一顆非常乾淨的紅藍寶石或祖母綠，價格是相當驚人的。所以，想要乾淨的寶石，又不想受騙，建議讀者盡可能挑肉眼看不見瑕疵者，因為以放大鏡、顯微鏡看寶石，寶石中多少都會有一點內含物。若特別偏愛完完全全無瑕的寶石，則建議可以挑水晶、海藍寶、托帕石等寶石，這類寶石本身內含物少，以純淨無瑕受到喜愛。

◀ 斯里蘭卡最原始的藍寶石利用椰子殼加熱優化方式。

第四大通則：
看重量大小——愈大愈稀有

大家都知道，寶石以「克拉」為單位，1克等於5克拉 (ct)。1克拉圓明亮形的鑽石，直徑大約 6.3~6.5 毫米。一般寶石價格都以克拉計，例如：紅寶石1克拉為5萬元，如果這顆紅寶石重量5克拉，總價就要25萬元。消費者剛開始不習慣這樣的計價方式（把1克拉聽成1顆），常會誤以為一顆紅寶石5萬元。提醒大家要特別注意！

寶石的價格雖與大小絕對相關，但不是論斤論兩賣，也不是買愈大的折扣愈多。同樣品質的鑽石，若1克拉單價10萬元，那麼2克拉要多少錢呢？答案當然不是20萬元，而有可能是30~40萬元，甚至更多。因為，寶石愈大顆愈稀有。以緬甸紅寶石為例，1克拉紅寶石單價在5~15萬元；2克拉緬甸紅寶石，每1克拉單價在10~20萬元，總價約20~40萬元；4克拉緬甸紅寶石，每1克拉單價在25~35萬元，總價有可能要100~140萬元，價差相當大。

但有些寶石的重量大小與寶石單價價差關係並不大。例如1克拉與3~5克拉大小的托帕石，基本上每1克拉單價不會相差太大。通常這些寶石的結晶都比較大，產量也大，甚至可以訂做切割尺寸與形狀。

另外，鑽石大小是否達到1克拉，價差很大。以99分鑽石和1克拉（100分）鑽石相比，顏色D、瑕

（圖片提供：鑽石小鳥）

疵等級 IF 的 1 克拉鑽石報價為 23,100 美元 (17/03/2009, Rapaport Diamond Report)；相同條件的 99 分鑽石報價為 12,900 美元。若以美元對新臺幣匯率 1:30 計，兩顆鑽石大小雖然只差 1 分，但差價就高達 300,600 元。因此鑽石商人在切工上面，無論如何都會想辦法保留重量到 1 克拉以上。

第五大通則：
看產地——更要看每一顆寶石自身的條件

通常寶石的價值與產地有很大的關係。大家可能都會有幾個既定印象：最漂亮的橄欖石、紅寶石、翡翠產在緬甸；藍寶石先前以喀什米爾所產為最優，現在則是斯里蘭卡產的流通性較高；南洋黑珍珠要認明大溪地；最美的祖母綠產地是哥倫比亞；鑽石的最佳產地是南非……

難道這些產地之外，其他地方就沒有漂亮的寶石嗎？迷信產地，就像迷信水果產地，好的產地可以提供身價保證，但也難免受到氣候因素或人為因素影響而有品質較差的水果出產。同理，同一個國家也有不同礦區，價錢也是有天壤之別。如緬甸的莫谷（Mogok）與猛速（Mong Hsu），這兩個產區的紅寶石價格，後者只有前者的 1/5。

另外，寶石的產地或礦區多是店家說了算，有時可能寶石批發商講錯產地，零售商也跟著錯，並且各國的寶石原礦很多都是送到泰國切磨加工及熱處理，難免有不小心混在一起的情況。那麼消費者要如何分辨產地呢？答案是：多看、多問、多比較，才能看出端倪。對於初學者來說，挑選寶石只要在意顏色、火光閃不閃爍、切割形狀喜不喜歡、雜質與透明度狀況等幾點就好。瞭解寶石產地是選購時的參考，也可讓店家知道您並非完全不懂寶石。不過，要特別提醒讀者：鑽石是不分產地的，因為它的內含物無法分辨出產地，若選購鑽石時問：「是不是南非產的？」反而會顯得外行、弄巧成拙呢！

▲ 大溪地孔雀綠黑色珍珠，具有金屬光澤。這是公認黑珍珠的最佳產地。

（圖片提供：大東山珠寶）

2 購買寶石心態大解析

相信讀者常常聽到「黃寶石可以招財」、「粉晶可以招桃花」、「買寶石可以增值」等「說法」，在此要本著良心、站在消費者的立場，提出一些「看法」供讀者參考，希望讀者做個有「想法」的聰明消費者。

戴黃水晶或黃寶石會招財？

▲ 黃水晶。（圖片提供：慶嘉珠寶）

不用說大家都知道，大老闆做生意要招財，就要改變思路，有創新的想法，將產品變得有競爭力，積極地參加展覽或透過各種管道曝光行銷，這樣想不招財都難。再說想戴黃水晶或黃寶石招財，卻不認真工作、積極創新、勤跑客戶、多做聯繫，只是躺在家裡就希望有錢送進門，這樣有可能嗎？

對於戴黃水晶或黃寶石會不會招財，我持保留態度，但只要不是花大錢，或是聽信某位大師加持過、需要好幾倍的價錢才可以買到的這類說法，而是積極改變自己的想法，買寶石招財絕非夢事！

戴粉晶可以招桃花？

良心建議，買寶石先求喜歡這種寶石的美，可以搭配自己的身分地位與整體服裝，或可展現格外突出的個人品位等；其次再求它有哪些傳聞的附加價值。

想有異性緣可以訓練自己的幽默感、注意穿著打扮、多運動鍛鍊身

材、多關心幫助朋友、多參與公益活動、在社團裡多付出不求回報……相信，這樣的您不管戴什麼寶石在身上都會有人欣賞。

▶ 粉晶戒指。（圖片提供：休羅紀珠寶）

水晶可以增加能量？戴天珠可保平安？

身體有病痛就要看醫生，配合吃藥或者復健。戴著朋友送的水晶或天珠，就會想到他們的祝福，心情也會變好，當然就有機會更快康復。我相信心誠則靈，所以不管是買黃水晶、翡翠、黃寶石、紫水晶、粉晶、天珠、碧璽、貔貅、白水晶、舒俱徠石、古玉等，只要您喜歡，好好保養，看這些寶石賞心悅目，心隨境轉，不管何時何地都有相輔相成的效果，但是絕對不能太迷信而花大錢購買。

▲ 天珠墜子。
（圖片提供：杉梵國際）

戴翡翠可以避邪？

常聽長輩說戴翡翠（玉）可以避邪，這說法實在很難用科學印證！

在中國大陸、香港與臺灣，常見婆婆幫媳婦準備一只或一對玉手鐲當傳家寶，原因是長輩相信玉手鐲可以幫她們擋掉災難；我們也常聽到有些職業婦女或家庭主婦，在工作中不慎滑倒，手上的玉鐲斷了，人卻沒有受傷的例子。但是反過來想：許多人戴了玉鐲後，生怕一不小心摔斷玉鐲，因此做任何事情都非常小心，不會粗手粗腳，日子久了，人的氣質也隨著轉變了。您說這是不是戴玉手鐲的好處？

▲ 玻璃種飄綠花手鐲。
（圖片提供：王俊懿）

若您相信翡翠可以避邪，那對礦物本身來講，不管500元還是500萬元的翡翠都具有相同功效！千萬不要給不肖斂財的人機會，做一個有智慧且有鑑賞力的消費者吧！

買寶石可以增值？

先舉個例子：這幾年來，相同品質的寶石，不管珊瑚、翡翠、鑽石、古玉、祖母綠、紅藍寶石、亞歷山大石等，價格都節節上揚。1995 年，曾在香港看到一只玻璃種無瑕的白翡手鐲，當時要價 1 萬元，現在市價已達 100 萬元，還不見得買得到；10 年前去緬甸看到墨翠玉片，一片可以切割出兩個手鐲、兩個大墜子以及數十個戒面，一片賣 9,000 元，現在廣州荔灣區相同品質的一只墨翠手鐲開價要 13~15 萬元人民幣（約新臺幣 65~75 萬）。

買寶石基本上是可以增值的，但最重要的是鑑賞能力！如果買到品質好又便宜的寶石，一定有增值空間；相反的，買到品質差、價錢高的寶石，未來想增值當然不可能。所以我建議可以常和玩寶石的人來往，瞭解自己買的寶石好不好、買貴了還是買得便宜，久而久之鑑賞能力自然增強，買的寶石自然有增值空間。

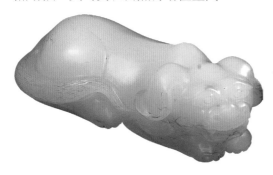

◀ 和田白玉小狗雕件，質地溫潤，有油脂光澤，雕工精細，充分表現出北京狗小巧玲瓏、俊秀的神韻。和田白玉這幾年的價錢已經翻了好幾倍，後勢看漲。

買寶石方便脫手嗎？

任何寶石除非市場搶手，不然換現金的速度慢、折扣多，急著賣一定賠錢！因此購買寶石時，以自己喜不喜歡為優先考量，千萬不要有短期賺大錢的想法。若要脫手，建議先從親友與寶石同好下手，說不定他們垂涎這顆寶石已久；如果這顆寶石價值已經增值很多，原來購買的珠寶店應該也會加價收回。但若急著變現，恐怕只能找當鋪或是網拍，而且價錢大多會讓您大為失望！以 2~3 萬元買的 30 分鑽戒為例，當鋪回收通常不估 K 金價錢，因此回收大約只剩下 3,000~5,000 元，很少會超過 5,000 元。

3 寶石瑕疵等級介紹

　　瑕疵等級的分級標準原本只用於鑽石，近年來因為網路拍賣盛行，在買家看不到實體的情況下，賣家為了方便買家判斷參考，因此便約定俗成在其他有色寶石的拍賣上，沿用鑽石的瑕疵等級標準，以避免交易糾紛。只是除了鑽石之外，其他有色寶石的鑑定書上，只註明顏色、是不是天然、有沒有熱處理與優化處理或產地等，並不會標明瑕疵等級。

等級	鑽石裸石外觀
IF	完全無瑕
VVS	非常非常小的瑕疵，用 10 倍放大鏡也不容易看出
VS	非常小的瑕疵，10 倍放大鏡可以觀察出來
SI	肉眼可以看到的瑕疵，已影響美觀
I	不適合做佩戴用，適合做標本

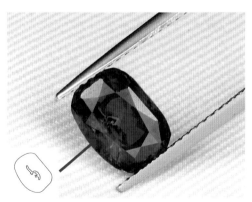

▲ 瑕疵等級 SI 的藍寶石，肉眼可以看見羽毛狀裂紋。

▲ 瑕疵等級 SI 的紅寶石，肉眼可以看見成片的羽毛狀裂紋。

4 切工好壞介紹

「這顆屁股比較大」、「那顆屁股有點歪」，讀者如果在挑選寶石時，聽到店家與顧客有這樣的對話，千萬不要誤以為他們在對過街美女品頭論足。其實「屁股」是業界術語，指的是寶石底部。屁股大，即底部深，火光相對會較強。

　　一顆寶石的切工好不好？一般會以火光強弱來判斷，火光強就代表切工好。對消費者而言，業者再怎麼強調桌面比例、亭部深淺大小，都不如眼見為憑。只是在挑選時要特別注意，屁股比較大的寶石，雖然火光強，但是鑲嵌時相對會比較費工。特別是有些斯里蘭卡藍寶因為切割面多、火光很強、底部很深，與同樣是 1 克拉的其他寶石相比，斯里蘭卡藍寶鑲嵌時底部占掉大部分重量，桌面相形之下就比較小。因此，如何挑選火光漂亮、鑲嵌之後桌面大小仍不失大方得體的寶石，就看個人眼光了。

　　一般來說，切工形狀取決於寶石原本的條件，在損失重量最少的情況下切磨出一顆寶石。切工形狀的好壞也是見仁見智，依國情、個人審美觀、設計師的創意巧思等因素，切工形狀也有所變化。要特別提醒讀者：切工形狀對價錢的影響不大！相同顏色、重量、內含物、火光下，不同形狀的寶石價差，頂多在 10% 上下，千萬不要聽信店家或銷售員「特殊切工，非常稀有，所以要加幾成價錢」的說法。

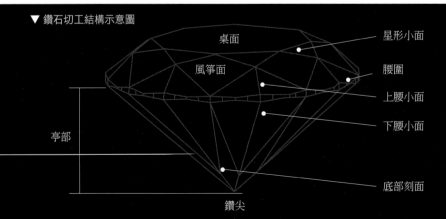

▼ 鑽石切工結構示意圖

桌面
風箏面
星形小面
腰圍
上腰小面
下腰小面
亭部
底部刻面
鑽尖

5 優化處理介紹

　　為了物盡其用，一般業者不會因為寶石顏色較淺、顏色不均勻、或者無色就把它放棄，而會想盡辦法把它變得更美、賣相更佳。這方法有如人類美容整型的程序，就叫做「優化處理」。

　　優化就是單純加熱，改變原來寶石的顏色。例如斯里蘭卡乳白色「牛奶石」經過加熱會變藍寶石；泰國藍色或綠色藍寶石加熱變成黃色藍寶石。處理主要有兩種方式：一是在天然寶石外面添加顏色，使其更均勻、更鮮豔、顏色更深或者改變顏色；二是把天然寶石裡的裂紋或深色內含物，經過特殊雷射處理清除掉，或把寶石裡的裂紋以玻璃或矽膠填補。以下簡單介紹幾種常見寶石的處理方式。

紅藍寶石的處理方式

　　在業界最常見的紅藍寶石處理是：在一些無色的剛玉裡加入氧化鉻，會變成紅寶石；加入氧化鐵、氧化鈦，會變成藍寶石。這大概是1993~2000 年被廣泛採用的優化方式，商業上稱「二度燒」。現在已經有方法檢驗，所以不會困擾鑑定師與消費者。

　　約從 2003 年以來的新技術，則是在無色剛玉中加入金綠玉一起加熱，金綠玉內的鈹會跑進剛玉內，使白色的剛玉變成非常鮮豔的橘色、橘紅

▲ 加鈹處理的紅寶石，呈現出不同的色調，顏色鮮豔，但價格相對較低，消費者購買前要特別注意。

▲ 加玻璃填充裂隙的紅寶石。

色、紅色。如果消費者購買時看到紅、橘剛玉的顏色鮮豔，而且價格不算太高（通常每克拉售價 3,000~5,000 元），就要特別留心是不是加鈹優化處理過。加鈹紅寶石剛出現時，連業界也被矇騙，爭相購買，最早有些業者甚至買到 1 克拉 1 萬元的加鈹紅寶石。後來加鈹技術被公開之後，加鈹處理的 1 克拉紅寶價錢僅剩不到 500 元。

此外，很多非洲的紅寶石（不透明，裂隙多）會加入玻璃或矽膠充填裂隙。經過這項技術處理的寶石要特別注意，在鑲嵌時不能直接電鍍，因為會產生酸鹼效應，電鍍的高溫也會使填充的玻璃與矽膠熔解。順帶提醒，有些硬度較軟或解理發達、裂紋多的寶石，如鋰輝石、董青石、藍晶石等，都建議不要直接電鍍，以免寶石破損，造成消費糾紛。

什麼是二度燒？

二度燒不是加熱兩次，而是在顏色較淺的天然紅藍寶石或無色剛玉中，添加外物改變寶石顏色的方式，業者稱為二度燒，學術上稱為擴散處理 (Diffusion Treated)。經過二度燒的紅藍寶，價錢為天然紅藍寶的 1/5~1/10。

鑽石的輻射處理

最常用在鑽石上的優化處理就是輻射線加熱。透過輻射，鑽石可由白色變成彩色。通常 1 克拉天然藍鑽市價要 300~500 萬元，如果是輻射照射處理過的藍鑽，1 克拉只要 15~20 萬元，網路上 5 萬元左右也可以買到。

經過輻射處理的鑽石，佩戴在身上對人體有沒有影響呢？雖然經過輻射的寶石都要等輻射值降到安全係數後才能販賣，但就像低汙染的輻射鋼筋房子或在手機基地臺附近的房子，就算價格再低，一般人還是不

敢住。同理，具有輻射鋼筋的房子不會增值，輻射過的鑽石也不會因為年代的增加而增值。因此，建議消費者想要鑽石增值，還是購買天然的鑽石。

另外，可利用雷射去除鑽石裡的雜質，再灌鉛玻璃回填雷射孔，以提高鑽石的淨度；有些是經過高溫高壓將黃色或茶色鑽石變成鮮豔的黃綠色，或者使茶色鑽石變成無色鑽石（美國通用電子公司發明的技術，經過這項優化處理的鑽石，腰部都刻有「GE POL」字樣）。經過優化處理的鑽石，有些用放大鏡或顯微鏡就可以看出來，有些則需要高科技儀器輔助。如果擔心買到有優化處理的鑽石，那就挑有GIA（美國寶石學院）證書的鑽石，並特別注意有無優化處理的紀錄，相對有保障。

珍貴的變色龍鑽石

在一般光源下，鑽石呈橄欖綠色，稍微加熱後，鑽石立刻轉為橘黃色，待溫度降低後，又恢復成橄欖綠色。鑽石顏色會隨光線與溫度改變而改變，故有變色龍的稱號，是非常珍貴的鑽石，可不要誤以為是優化處理或熱處理的緣故。還要特別提醒，並非每一顆鑽石都會變色，消費者在家請千萬不要模仿，以免將鑽石燒霧掉。

（圖片提供：萬立集團）　（圖片提供：萬立集團）　（圖片提供：侏羅紀珠寶）　（圖片提供：侏羅紀珠寶）

玉（翡翠）的處理

常見玉（翡翠）的處理方式有以下四種：

第一，完全沒有經過強酸處理，只經過泡酸梅水的程序，把裂紋裡的油脂去掉，但不影響玉的質地。這種玉（翡翠）在玉市裡，就是業者稱的「A貨」。A貨的玉會愈戴愈亮，因為皮膚產生的油脂填入玉（翡翠）裂紋空隙中，使玉變得溫潤明亮，這是大家都可接受的「非優化處理」。

第二，由於玉的次生變化（氧化作用）會二次形成礦物，像是氧化鐵等會使玉（翡翠）的顏色變黃或變紅。因此業者會用泡強酸的方式，把玉（翡翠）表層的雜質溶蝕掉，讓玉（翡翠）變得較乾淨；然後再用

▲ 火烤玉皮變色手鐲：玉的表面如果有黃色玉皮，可用氫氧焰加熱，使玉皮變紅色，一些不肖商人會拿來當做血玉賣。仔細觀察經過火烤的玉皮表面會有細小龜裂紋。

矽膠充填裂隙，以避免玉墜或手鐲斷裂。經過這種優化處理的玉，就稱為「B貨」。B貨雖然較乾淨，綠的地方綠、白的地方白，但因為泡過強酸，結構變得鬆散，表面矽膠也會因風化而變黃，因此不會愈戴愈亮。

第三，就是「染色」的優化處理。經過染色處理的玉（翡翠）業界一般稱為「C貨」。以現在的染色技術，經染色的玉（翡翠）已不太容易掉色。因此我們在玉市常可見到色彩繽紛的染色手鐲，一個通常只要幾百塊錢。另外，顏色較白、雜質較多的A貨手鐲，在玉市或網路購物只賣300~1,500元，但染色過後的手鐲，只有幾百元的價值，網路購物上有些不肖的賣家卻要賣3,000~5,000元，而且對消費者的提問避重就輕，不然就是直接刪掉問題；更甚至找親友上網購買，以假的好評來降低消費者的疑慮。所以消費者千萬要謹慎，以免當冤大頭。

第四，便是將玉（翡翠）的顏色雜質去除之後，再以有顏色的矽膠填充玉（翡翠）的表面裂隙，用這種方式處理的玉（翡翠）被稱為「B+C貨」，通常年深日久也不會褪色。許多菜市場或者夜市賣的就是這種玉（翡翠），常漫天開價從幾千到上萬，再讓消費者隨意殺價，最後多以1,000~3,000元賣出。

選購訣竅

如果拿兩個手鐲讓您挑選，一個是黃褐色有雜質的，價錢比較貴；另一個是乾淨沒雜質的，價錢只有前者的1/3，您會選哪一個？大部分第一次買玉的人都會挑選後者，結果就買到B貨。如果稍稍接觸過寶石學的人，就會知道玉通常要經常佩戴，A貨會愈戴愈亮。您若在街上看到某人戴著全綠的手鐲，不需要太羨慕，99%是染色的C貨。一個又綠又透又均勻的翡翠手鐲，市價要2,000萬~1億元，大多在參加重要宴會或者社交場合才會佩戴，沒有人會「閒閒」沒事戴著去逛菜市場或者夜市，要是不小心撞斷，那就欲哭無淚了！

▲ B貨緬甸玉手鐲，質地透明如玻璃種，通常帶點紫色。

▲ 染成紫羅蘭色的緬甸玉手鐲。

> ### 翡翠與玉有什麼不同？
>
> 　　玉是一個泛稱，包含翡翠、和田玉、臺灣玉等，翡翠也是玉的一種。臺灣和中國大陸對翡翠的認定不一樣，在大陸，翡翠是指各種顏色的緬甸玉，包括藍、黃、紅、黑、紫，都叫做翡翠；但是在臺灣，又綠又透的玉才叫翡翠；臺灣還有另一派說法是「紅翡綠翠」：紅色的玉叫翡，綠色的玉叫翠。不管接受哪種說法，只要買賣雙方溝通清楚即可。在翡翠買賣時，常會聽到「水頭很好」，這代表翡翠的透明度很高。
>
> 　　另外，要向讀者澄清一個觀念：很多人以為翡翠產於中國大陸，其實大部分翡翠的產地是緬甸，然後運送到大陸加工雕刻。大陸並不出產翡翠喔！

其他寶石的處理

　　除了上述的寶石優化處理，其他常見的還有碧璽、祖母綠、珍珠、托帕石、水晶、瑪瑙等寶石的處理。

　　市面上雕刻的碧璽墜子（紅色居多）與珠子手鏈、項鏈，因為裂紋多，通常會先經過灌矽膠處理，再雕刻與拋光，以免斷裂。部分切割面碧璽有加熱處理，非優化處理，不要混淆。

　　祖母綠的處理就是泡綠色的油（泡白色的油在業界是可以接受的）。購買貴重的祖母綠，建議找附有 GRS 證書的祖母綠，以確保品質。

　　天然的金黃色珍珠相當少，如果整串黃金南洋珍珠，每一顆珠子直徑在 12~13 毫米，顏色飽和且均勻，售價在 15~30 萬元，依常理判斷這應該就是白色南洋珍珠染色而成。如果是天然的黃金珠鏈，依珍珠的乾淨

▲ 染色紅玉髓，表面可以清楚看見染料滲透進去的沉澱紋路。（圖片提供：杉梵國際）

度、圓潤度及顏色深淺略有差異，市價應該在 80~100 萬元之間。

天然白色托帕石經過輻射處理後，會變成藍色。但由於托帕石價格不高，市價 1 克拉約 100~300 元，通常業者不會特別說明經過處理。另外，粉紅色的托帕石則是鍍了一層薄膜，如果喜歡其顏色、售價合理（1 克拉 100~200 元），也是相當不錯的飾品。

綠色的水晶與七彩的水晶，黑色、紅色、紫色與藍色的瑪瑙，都是有改色處理，消費者要特別注意！

▲ 染色土耳其石，連寶石上的石紋都仿得維妙維肖，就算是經驗老到的專家，有時候也會看走眼。

處理過的寶石比天然的便宜

以前消費者買寶石會擔心寶石是不是假的、是不是合成的。現在鑑定技術發達，消費者反而要注意寶石是不是經過處理。就像食品在外包裝上要註明人工添加物一樣，處理過的寶石，賣家應該也要註明。處理過的寶石不是不能買，而是不要被寶石美麗的顏色所矇騙而買貴了。消

▲ 泰國藍寶石，因為顏色偏暗，需要經過熱
　優化來改變為黃色藍寶石。變成黃色藍寶
　石後，比起藍寶石的價錢可提高幾倍到幾
　十倍（視寶石的重量大小而定）。

▲ 加玻璃處理後的紅寶石。

費者如果知道寶石有經過優化處理，仍覺得賞心悅目，願意用比較便宜
的價錢購買，也是不錯的選擇。

　　一般而言，處理過的寶石一定比天然的寶石便宜（通常市價只有天
然寶石的 1/5~1/10）。例如：蓮花剛玉寶石（Padparadschah）顏色為橘中
帶粉色（orange-pink），1 克拉的蓮花剛玉寶石市價在 3~5 萬元；而處理
過的橘色剛玉，1 克拉的市價不會超過 1,000 元。

熱優化為何可以接受？

　　熱優化，業者俗稱「一度燒」。寶石熱優化就好像雞蛋用電爐加溫孵出小雞，
和母雞自然孵出來有異曲同工的效果。寶石埋在地底下會受地溫梯度影響，經過
數萬到數百萬年而改變顏色。在未添加任何的致色元素下，人類用電爐在短時間
內（數小時到幾個月）改變寶石顏色與透明度的熱優化方式，已被全世界的寶石
業者、鑑定師與消費者接受。

6 出門旅遊買珠寶要注意！

　　臺灣很多人出國旅遊都是跟團的行程，如果團費很低，甚至連機票錢都不夠的那一種旅行團，消費者就要特別注意了，因為通常都會有「購物」行程，而且不買不行。以我的經驗為例，在上海會去參觀貔貅、翡翠與珍珠；在泰國會參觀紅、藍、黃寶石；在珠海、深圳會參觀珍珠、貔貅、翡翠，說是參觀卻多半要消費。其實羊毛出在羊身上，沒人會做賠本生意，通常在那些地方買到的翡翠、珍珠，很有可能是染色或 B 貨翡翠、塑膠珠，如果您對寶石不懂，購買前請再三斟酌。

　　通常在泰國買紅藍寶石多半是買貴了，到柬埔寨可能買到一顆 5,000 元的合成藍寶石；在緬甸路邊容易買到染色翡翠原石或合成紅寶；在新加坡珠寶店最常買到人工培育祖母綠；到菲律賓容易買到黑玻璃珠冒充的黑珍珠；到俄羅斯容易買到再生琥珀；到奧地利買知名品牌的水晶（玻璃），還誤以為是天然水晶。消費者跟團到珠寶產地不要以為會買到特別便宜的珠寶，但是如果您要爭光，顯示個人的身分與地位，花大錢買珠寶，當地導遊與旅行社一定會笑中帶淚地感謝您！最後提醒大家，在泰國買珠寶，回來後如果覺得品質不滿意，可趕快與旅行社聯絡退費事宜，愈早退能退的金額愈高，如果旅行社故意拖延，可與當地消費者協會聯絡。

▲ 合成紅寶石。

▲ 合成藍寶石。

◀ 出門旅遊最常買到這類乾淨透亮的合成紅藍寶石。天然紅藍寶石多少都會有一些內含物，如果紅藍寶石非常乾淨，價錢卻不高（3,000~5,000 元），就要注意是否為合成。

7 怕被騙，有證書就好？

　　很多消費者有錯誤的觀念，以為買寶石有鑑定書就好；只要付得起鑑定費，就可以得到正確的鑑定報告，確保寶石的真假與等級。但試問：您在公立大醫院身體檢查的報告書，就能確保身體健康嗎？同樣的，有寶石鑑定書就代表一定買到高檔貨嗎？其實未必，最重要的是要看得懂寶石證書描述的內容。

　　坊間很多鑽石標榜附有 GIA 證書，但如果證書上標註的瑕疵與切工等級是比較差的，那麼鑽石的價值也不會因為有證書而增加。我有個學生到新加坡旅遊時，買了附有 GIA 證書的祖母綠寶石，以為自己買到真貨很開心；五年後到社區大學上我的寶石學課，才發現自己買到的是「合成祖母綠」而大喊冤枉，因為 GIA 證書上明明就寫著這是顆「合成祖母綠」！所以，有鑑定書雖然重要，但看得懂證書內容，才是王道。

GIA 鑽石鑑定書怎麼解讀？

　　下面以 GIA 的鑽石鑑定證書為例，說明證書具有的基本資訊，並提醒消費者閱讀證書時應注意的事項。

❶ 日期：送鑑定時間

❷ GIA Report Number：GIA 鑑定書編號

❸ Shape and Cutting Style：形狀和切割款式
記載鑽石的切割外形或款式，例如：圓明亮形（Round Brilliant）。
除圓明亮形外，其他切割方式（如心形、梨形、公主方形等）都稱為花式切割。

❹ Measurements：直徑和深度

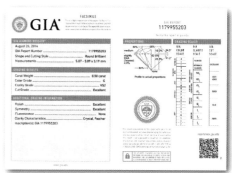

▲ GIA 小證書。（圖片提供：李兆豐）

直徑是以最小直徑到最大直徑乘以高度，單位：mm。

❺ Carat Weight：克拉重

鑽石的裸石重，以克拉計算。通常計算到小數後第二位。

❻ Color Grade ：顏色分級

鑽石顏色等級。顏色等級從 D 級開始到 Z 級。

❼ Clarity Grade： 淨度（內含物）分級

鑽石淨度的鑑定結果。分為 FL（內外皆無瑕疵）、IF（內部無瑕疵）、VVS（極微瑕疵）、VS（微瑕疵）、SI（瑕疵級）、I（嚴重瑕疵）。

❽ Cut Grade： 切工分級

切工等級有 Excellent（極優良）、Very good（很好）、Good（好）、Fair（尚可）、Poor（不良）五級。

❾ Polish ：拋光

分為 Excellent（極優良）、Very good（很好）、Good（好）、Fair（尚可）、Poor（不良）五等，通常鑽石的拋光等級都在 Good 上下，Very Good 一般是較好的拋光，Excellent 算是最好的拋光。

❿ Symmetry： 對稱

切工的好壞也要看鑽石整體對稱是否完整、鑽石是否磨圓、桌面與尖底是否偏離中心、桌面左右兩邊是否對稱、每一條相鄰稜線是否交於一個點。每一個切割小面也要上下左右對稱，那就是切磨得好。其分級同於拋光也分五級。

⓫ Fluorescence ：螢光反應

就是在長波紫外線下有無螢光，螢光強度可分：None（無）、Faint（弱）、Medium（中）、Strong（強）四級。

天然鑽石強藍色螢光反應會讓鑽石看起來白一點，若無螢光則表示本來鑽石就很白，條件好，價錢會比較高一點。

⓬ Comments：備註、補充說明

⓭ Proportions：鑽石切工比例剖面圖示

顯示鑽石各部位比例與角度所有資料百分比。

⓮ Granding Scales：等級尺規

顯示鑽石的顏色、淨度與切工在 GIA 等級中的相關位置。

⓯ Clarity Characteristics ：淨度特徵

指內含物的特徵，以 None 為最好，另有 Crystal（內部含晶）、

Twinning Wisp（孿晶紋）、Feather（羽狀物）、Cloud（雲狀物）等。

※2007 年以前的 GIA 證書沒有切工比例好壞的標示，是以切磨比例來註
示。新版證書已無此項鑑定。

Proportions：切磨比例

　Depth：全深百分比

　　　指的是深度除以平均直徑，一般而言市場上認為較好的比例為
57~63%。

　Table：桌面

　　　指的是俯視時桌面占冠部全面積的比例，比較標準的桌面百分比
為 52~62%。

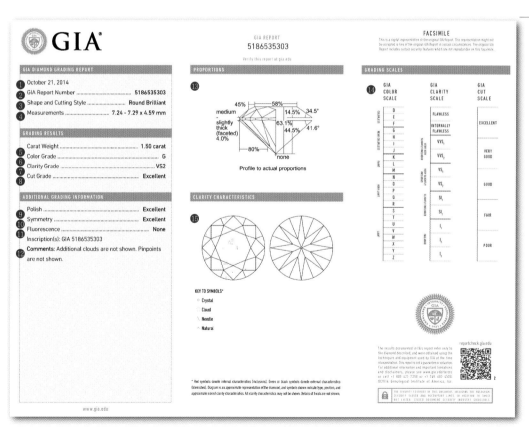

▲ GIA 最新版大證書。舊版為直式，新版為橫式。右邊多了 GIA 防偽雷射標
籤與查詢證書編號的二維碼，方便消費者查詢鑽石真偽。（圖片提供：李兆豐）

Girdle：腰部

指的是鑽石的腰部厚度，過薄或過厚都是不當的，過厚影響其美觀，過薄會導致脆弱易碎。一般形容腰部有極薄、薄、中等、厚、極厚，其中以薄到稍厚較佳。

Culet：尖底小面

指的是小面的面積大小，分為無、極小、小、中等、大、極大等，其中以無到中等都算好。

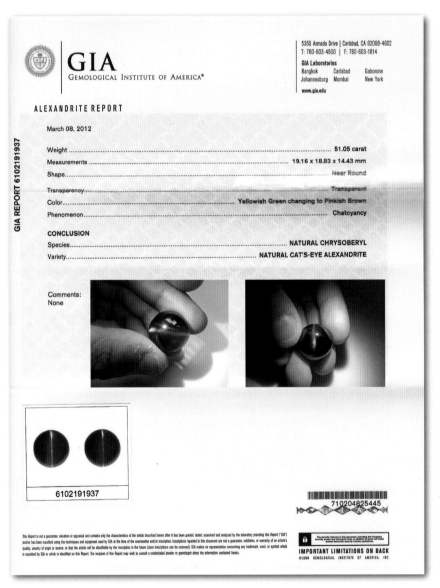

▲ 亞歷山大貓眼 GIA 證書。

國際珠寶鑑定證書查詢網址
美國 GIA 鑽石鑑定書查詢網址：http://www.gia.edu/reportcheck
美國 AGS 寶石公會查詢網址：http://www.agslab.com
泰國 GRS 寶石鑑定查詢網址：http://www.gemresearch.ch/Search.php

臺灣珠寶鑑定機構

　　很多人要我推薦珠寶鑑定師，在此也提出一些看法，讓消費者參考。首先要看鑑定師的品德，再優秀的鑑定師若沒有好的品德，往往為了金錢而毀了自己累積多年的聲譽。再來就是鑑定師的學歷，也就是專業背景，通常執業的鑑定所負責人都有 GIA 或 FGA 證照，如果鑑定師本身有地質研究方面的學歷背景，時常在國內外珠寶或地質相關雜誌發表學術研究更好。最後是鑑定設備，除了基本鑑定儀器外，紅外線光譜儀、UV 可見光譜儀與拉曼光譜儀，甚至是更高檔的儀器，都是專業的儀器。

　　寶石鑑定師都是相當的主觀，見解也不一定一樣。優化處理的寶石剛出現時，很多鑑定師自己也一頭霧水（如同 SARS 一樣，一開始幾乎所有醫生都束手無策，甚至性命也不保），等發現不對勁時，恐怕已經開出幾十張鑑定書了。國內外沒有一家鑑定所敢打包票 100% 鑑定正確。同一顆鑽石，不同人或隔兩三年在同一家鑑定所，也有可能得到相差一兩級的鑑定結果。就是因為有這樣的鑑定誤差，有位鑑定師曾打趣地說：做鑑定師如果沒跑過法院，那大概是知名度不夠或者是鑑定的寶石數量太少！

　　消費者在買寶石之前，除了多看多問之外，購買貴重珠寶時，也可以聽聽不同珠寶鑑定師的看法，同一顆寶石，如果能有兩家以上的鑑定所同時看過，得到的結果通常會比較客觀。

　　以下介紹臺灣較知名的鑑定所，提供參考。消費者在選擇珠寶鑑定所時，應多詢問親友或專家意見，並與鑑定師充分溝通。如果是要鑑定未知的礦物，可做 X-RAY 礦物成分分析或電子微探針分析與電子顯微鏡分析（EDS）。

臺灣著名寶石鑑定所

政府機關		
經濟部礦務局	臺北市中華路一段 53 號	02-2311-3001
寶石協會		
中華民國寶石協會	臺北市松山區南京東路四段 100 號 11 樓	02-2577-7476
寶石鑑定所		
吳照明寶石鑑定中心	臺北市大安區忠孝東路四段 101 巷 16 號 3 樓之 2	02-2731-4174
賴泰安寶石鑑定中心	臺北市仁愛路四段 401 號 3 樓	02-2731-8355
張宏輝中國寶石鑑定顧問公司	臺北市衡陽路 6 號 8 樓 808 室	02-2314-1075
林書弘臺灣聯合珠寶玉石鑑定中心	臺北市中山區復興北路 92 號 9 樓之 1	02-2752-5292
林嵩山全球寶石鑑定研習中心	桃園市縣府路 320 之 4 號 5 樓	03-337-2638
崔維禮國際珠寶鑑定學院	臺中市中正路 142 號 4 樓	04-2223-1930
世宏寶石鑑定中心 盧政文	臺中市五權路 251 號	04-2203-0539
吳舜田國際寶石鑑定研習中心	高雄市七賢二路 398 號 11 樓之 3	07-216-7748
魏思凱珠寶鑑定顧問公司	高雄市中山路 240 號 3 樓之 9	07-235-3982

聲明：以上寶石鑑定所為近年來消費者接受度較高者，僅供參考。每家鑑定所作業獨立，消費者請自行斟酌選擇，任何鑑定結果由鑑定所負責。

8 基本工具使用介紹

　　正確地使用寶石放大鏡與夾子，不但可以看清楚寶石的內含物與分布，在購買寶石時，更可以展現自己專業，讓店家知道您受過寶石基本訓練，不至於胡亂開價。

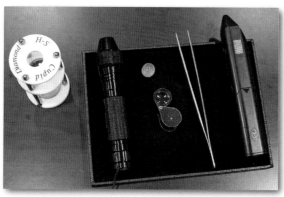

▲ ①八心八箭觀察器 ②筆燈 ③ 10 倍放大鏡
　④夾子 ⑤鑽石探針。

▲ 1. 將寶石正面朝下，寶石與夾子前緣切齊。

▲ 2. 夾起寶石，寶石不能超出夾子末端。
　手握在夾子中間偏下的位置。

▲ 3. 手持放大鏡，食指置於放大鏡中，
　以大拇指及中指扣緊。

▲ 4. 將寶石移至放大鏡下觀察（介於中指與無名指之間）。放大鏡與夾子大致平行，不可超出放大鏡上端。

▲ 5. 將寶石移近眼睛，大拇指緊貼臉頰。眼睛直視前方，盡量張開雙眼。若不習慣，可閉起一眼。先觀察寶石正面，看內部是否有內含物，表面拋光是否光亮，切割面是否有磨損等。待正面觀察完，繼續觀察寶石背面。邊觀察，邊將寶石前後移動調整焦距，至最清楚為止。

如何測知寶石的折射率？

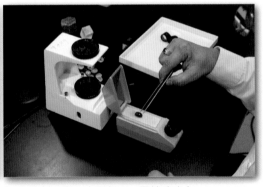

▲ 1. 於折射儀中滴一滴約 2~3ml 的折射液。

▲ 2. 將刻面寶石桌面朝下，置於玻璃上面。蛋面或不透明寶石凸面朝下。

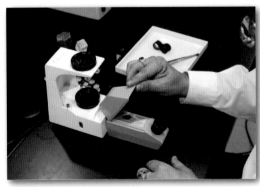

▲ 3. 打開光源，關起蓋子。

▲ 4. 眼睛貼近折射鏡，觀察寶石的折射率。切割面寶石用近測法觀察折射率，蛋面寶石用遠測法（距離目鏡約 25~30cm）。

各種儀器操作示範

▲ 以偏光鏡觀察寶石有無偏光，如紅寶石與尖晶石的區分。

▲ 觀察圓明亮形鑽石是否有八心八箭。

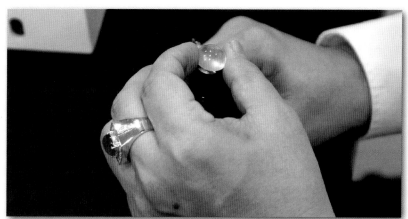

◀ 以筆燈觀察寶石有無裂紋。也可用筆燈觀察星光或貓眼現象，黃色光源也可以看寶石有無變色。

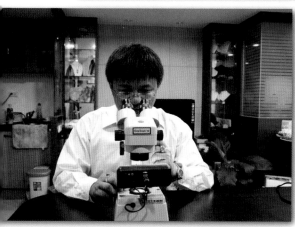

▲ 用顯微鏡觀察寶石內含物，最好兩眼同時睜開，先調整目距，由兩個影像變成一個影像後，再調整顯微鏡倍率，由低倍往高倍調整，才能找到寶石。

▲ 看到寶石後，右手微調寶石位置，左手微調焦距，直到看清楚寶石內含物分布與種類為止。

Chapter 2

出　門　篇

歷久彌新

——寶石界的六大天王

1 鑽石 Diamond

長久以來，鑽石一直是世間男女互締盟約的最佳信物，它無可匹敵的璀璨和堅硬更是愛情忠貞不渝的象徵。根據戴比爾斯公司的統計資料，光是臺灣的消費者在購買鑽石首飾的總金額，即為世界排名第 11 位，可見國人對鑽石的喜愛程度絕對不亞於歐美及其他國家地區。

還記得鑽石知名品牌 De Beers 迷惑系列的電視廣告嗎？一位男士坐在美容院裡剪髮，窗外忽然走過一個胸前戴著鑽石墜子的女孩，鑽石的光芒穿透過玻璃，閃進男士的眼裡，使他不顧剪刀在臉龐，轉頭看向窗外，結果，頭髮就這麼缺了一角。由於 De Beers 廣告與影歌星的推波助瀾，讓很多人將擁有一顆美鑽，當成事業努力的目標與肯定。

成分	C
晶系	等軸晶系
硬度	10
比重	3.52
折射率	2.42
顏色	淡黃或無色、淺綠、淺褐和略帶紅色、藍色，有黑色，但是 深色彩鑽較少見。一般而言，除了全美的白鑽以外，白鑽都略帶有黃色
解理	完全八面體解理
斷口	貝殼狀

更多人的第一顆鑽石，往往就是婚戒，步入婚姻的新人用鑽石來見證愛情的堅定與長長久久。隨著鑽石業競爭的白熱化與透明化，除非是購買知名品牌，不然鑽石價格也漸漸平民化。以結婚新人最常選擇的 30 分六爪鑽戒來說，同樣的品質等級（E, VVS）、附 GIA 證書，在網路購物上 2.8~3.3 萬元即可購得，在銀樓或珠寶店家售價約 3.5~5 萬元，若是國內知名品牌約售 5~10 萬元，國際品牌則要價 10~30 萬元。消費者可以依照自己購買習慣與品牌認同度進行選擇。

鑽石顏色等級簡易區分

顏色等級	鑽石裸石外觀
D	白色極透明（很亮），極稀少
E	白色透明（亮）
F	白色透明，傾斜桌面稜線部分帶一點點微黃
G	正面看桌面呈白色，傾斜看桌面帶一點微黃色
H	正面看桌面帶一點輕微的黃色
I	正面看桌面，沒受過訓練的人都可以看出有一點微黃色
J	正面看桌面，很清楚看出黃色
K	正面看桌面，除了黃之外還帶點輕微褐色
L, M	褐色顏色比 K 更深
N~Z	即使未受過訓練也可輕易看出其明顯呈黃色

說明：若鑽石的成色超過 Z 則為黃色彩鑽。並非每一個人都可以輕易判斷鑽石顏色，若要準確判斷，要先受專業訓練，還需要專業燈光與比色石的比色，才比較正確。

（圖片提供：萬立集團）

▲ 克拉鑽戒通常是有經濟基礎新人或是結婚 5~10 年紀念信物。（圖片提供：鑽石小鳥）

2015 年鑽石最新行情資訊

　　1 分（0.01ct）小鑽每克拉 1.8~2.8 萬元。1 克拉鑽石，顏色 I~J 等級、淨度 VS 級市價每克拉約 20~30 萬元。1~10 克拉白鑽都有報價表參考價錢，除了名牌鑽戒外，1 克拉裸鑽價差在 3~10% 之間。在所有珠寶中算

是成本最高、毛利最低的行業，只有薄利多銷才有辦法維持公司運作。小型工作室接的幾乎都是服務熟客，甚至鑽石不賺錢，只賺戒托的錢。以結婚鑽戒 30~50 分，大概只能賺 4,000~5,000 元，有時連來回車資油錢都不夠。彩鑽平均每一年都有三至五成左右的增幅。1 克拉 Fancy light pink，VS2 等級市價約 150~180 萬元；1 克拉 Fancy light blue，VS 等級市價約 200~250 萬元。1 克拉 Fancy yellow 市價約 15~30 萬元；Fancy intence yellow 每克拉 25~40 萬元；Fancy Vivid yellow 每克拉 35~45 萬元；2 克拉 Fancy yellow 每克拉 25~30 萬元；5 克拉 Fancy light yellow 每克拉約 35~40 萬元；15 克拉 Fancy yellow，VVS 級，每克拉 90~110 萬元。供大家參考。彩鑽未來行情還是看好，要注意紅與藍色鑽石顏色建議最好要 Fancy 等級。黃色鑽石顏色最好 Fancy intence 等級。棕色彩鑽基本上產量較多需求較少，勿盲目投資，除非拿來設計搭配款式。

鑽石淨度分級

根據 GIA，可以將鑽石的內含物分成以下等級：

淨度等級	特徵
FL（全美）	內部和外部都無法看到瑕疵
IF（內部無瑕）	外表腰圍部分有天然面或多餘面，但不影響鑽石內含物等級
VVS1、VVS2（很輕微的瑕疵）	在 10 倍放大鏡下連專家都不容易找到的瑕疵，通常為白色針點，VVS1 與 VVS2 的區別在瑕疵量多寡。這已是相當高級的等級
VS1、VS2（輕微的瑕疵）	10 倍放大鏡下，一般人不太容易找到的小瑕疵。瑕疵不可能在桌面上。通常為白色針點或小的裂紋與小的包體，VS1 與 VS2 的區別在瑕疵量多寡。VS 級以上具有投資、保值與美觀的效用
SI1、SI2（微瑕）	10 倍放大鏡下很清楚看見瑕疵。瑕疵可能在桌面上。通常為白色針點、雲霧狀包體、小的裂紋與小的黑色包體，SI1 與 SI2 的區別為瑕疵量多寡與分布位置
I1、I2、I3（瑕疵級）	肉眼可見的瑕疵。通常為雲霧狀包體、裂紋占直徑的 1/3~1/2 與黑色包體，I1、I2 與 I3 的區別為瑕疵量多寡與分布位置。已經嚴重影響鑽石光澤與透明度，不適合當寶石

說明：FL 是 Flawless 的縮寫。IF 是指 Internally Flawless。VVS 指的是 Very Very Slightly Included。VS 是 Very Slightly Included。SI 是 Slightly Included。I 就是 Imperfect。

如何挑選婚戒？

◆ 預算有多少？

　　挑選鑽石，就像結婚的其他開銷，諸如：拍婚紗照、訂喜餅、蜜月旅行一樣，在心中要先有個預算。以鑽石來說，建議可以估算為 2.5~3.5 萬元買 30 分，5~7 萬元買 50 分。若要 1 克拉鑽石，國內無證鑽石，顏色等級約 J~K，內含物等級約 VS，市價大約 15~20 萬元，臺灣證書上通常會標示為「F, VVS」等級。如預算大約在 25 萬元，網路上查詢可以買到 GIA 證書「E, VS2」或「F, VVS1」等級的鑽石。如果要求「D, IF」顏色最白，完全無瑕等級，依報價 1 克拉將近 80 萬元。

　　鑽石報價以美元計算，價位會因國際匯率波動而變動。要是經濟狀況比較不充裕的朋友，只有 1 萬元，可以買到多大顆的鑽石呢？在網路上還是可以找到 1 萬塊、大約 15 分的鑽戒。如果只有 5,000 元的預算呢？銀樓有 8~10 分左右結婚鑽石對戒，款式至少 20 種，不管任何款式，不分男生女生，也沒戒圍大小之分，大約 5,000 元就可以買到。如果預算不到 5,000 元，那建議找個蘇聯鑽（Cubic Zirconia，簡稱 CZ，仿鑽石）來戴戴，網路上價錢 300~1,500 元，等以後工作賺到錢了，再買顆真鑽來補償囉！

◆ 分跟團、自助與半自助

　　就像出國旅行可以選擇跟團或自助一樣，買鑽石若要「跟團」——

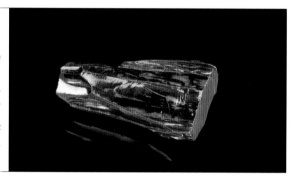

什麼是蘇聯鑽？

　蘇聯鑽的化學成分為 ZrO_2，比重 5.9，硬度 8.5，是一種人造寶石，因為價格便宜，是市面上最常見的仿鑽。地球上根本沒有 ZrO_2 這種成分的礦石，乃是人工造出來的。

即是到銀樓或百貨專櫃，挑選已經設計鑲嵌好、款式滿意的鑽戒，那麼除了鑽石、戒臺K金的價錢之外，店家的店租（百貨公司管銷費）、金工工資、人事成本、營業稅、店家利潤等，無形中都加在鑽戒的售價裡。

▲ 對於新人來說挑選結婚鑽戒是一種享受，也是一種對愛的承諾。（圖片提供：鑽石小鳥）

若要自助——即自己買鑽石裸石，再請金工鑲嵌。從鑽石比價、店家詢價、設計款式、找鑲工師傅，自己做足了功課，以30分鑽石為例，與買現戒中間的價差約3,000~5,000元。優點是可以做出一顆具有紀念性又獨一無二的鑽戒，還可節省預算。但是自助選購鑽戒，事前準備工作非常費時，也要承擔許多風險，如鑽石被掉包、戒臺K金成數不足、金工不如預期精緻等問題。

▲ 新人挑選的通常為30~50分，或甚至只是象徵性的10分小鑽。（圖片提供：鑽石小鳥）

另外，半自助購買鑽戒是我認為最經濟實惠的方式，就是消費者可上網尋價比價，挑選自己喜歡的鑽石配合自己喜歡的設計款式，就可以買到符合預算、品質又不錯的鑽戒。

去哪裡買？

◆ 傳統銀樓

大多數的銀樓以賣金飾為主，但也會兼賣水晶、珍珠、紅藍寶、鑽石、翡翠等珠寶。傳統銀樓基本上都會提供清潔珠寶、測量指圍、修改戒圍、戒臺電鍍的服務，而且多位於住宅附近，如果就親切性與方便性來說，銀樓確實占有很大優勢。而且所有銀樓都必須加入公會，最重視信譽，因此在銀樓購買鑽戒比較有保證。消費者若到銀樓選購鑽石，最好先瞭解鑽石行情，可以上網蒐集鑽石行情相關資料，做為議價參考。

◆ 百貨公司鑽石專櫃

「李小姐，您這套衣服穿起來感覺年輕十歲。」「王董，您最近身材愈來愈苗條，看起來像羅志祥。」「老闆娘，您長得好像林志玲。」「陳小姐，您戴這戒指好有氣質，簡直就像『中國小姐』。」如果聽到這類的讚美，想必一定心花怒放，這就是百貨公司專櫃行銷人員的賣點。

在百貨公司的鑽石專櫃購買鑽戒主要是享受備受推崇的氣氛與尊貴的感受，當然刷卡累積紅利點數、分期付款也是誘因，再者百貨公司專櫃販賣的鑽石款式多半設計新穎、流行性高。但是百貨公司專櫃有專櫃業績抽成與刷卡手續費及發票稅務問題，消費者想要買到相當便宜的GIA鑽石，恐怕並非易事，不過百貨公司周年慶時，業者為衝業績，較有折扣優惠。國內知名品牌鑽戒也可以在百貨公司買到，送禮比較有面子。

◆ 品牌珠寶店

品牌珠寶店大多裝潢華美高雅，氣氛高貴雍容，吸引選購的消費族群多半是中高階主管、社交名媛、貴婦、公務人員或是講究品位的消費者。有品牌的珠寶對於手工相當講究，對於鑽石的切工毫不馬虎，不論是流行風或復古風，還是簡約或奢華的設計風格，都可以在這裡找到。

在品牌珠寶店看珠寶，更可以享受VIP的包廂服務，專人介紹解說，提供點心咖啡；隨行的小朋友也會受到如小王子與小公主般的照顧呵護，現在連傭人都有休息空間。在這裡談的不是價位，只看品質滿不滿意、款式喜不喜歡、戴起來好不好看。同樣品質的鑽石在品牌的加持下，價錢可能要翻好幾倍，如果想在品牌珠寶店撿便宜，絕對會大失所望。

◆ 網路拍賣鑽石連鎖批發

從1994年起，國內鑽石買賣起了很大的變革。從傳統店銷零售的方式，轉變為網拍批發的銷售，而且大多數網拍賣家都有店面，消費者可以前往親自挑選，這樣的銷售方式已搶走約六、七成選購鑽石婚戒的年

輕族群。一般來說，網拍業者從國外買進鑽石，透過網路曝光直接賣給消費者，中間沒有經過經銷系統，省掉盤商利潤，便可直接回饋給消費者。再者，網拍業者會把鑽石顏色、內含物、切工、螢光等級等分類明確標示，按照鑽石重量大小清楚列表，讓消費者可以輕鬆按照預算來挑選。

　　消費者在網拍購買鑽石時，貨比三家不吃虧，在確定想購買的鑽石或鑽戒款式後，可親自到賣家實體賣場檢視挑選，不用擔心買貴、買到等級不合、買到假貨或被掉包的問題。現場可以透過顯微鏡，觀察鑽石腰圍 GIA 雷射編號，也可以上 GIA 鑑定書網頁查詢這一顆鑽石的真偽。特別注意不是所有 GIA 鑽石腰圍都有雷射編號，送證書鑑定人可自行要求，並付費打雷射編號，臺灣也有人提供打腰圍編號。

選購訣竅

　　提醒讀者：有些網拍賣家為了吸引客戶，會故意刊登很便宜的價錢，等消費者到賣場，店家會說：「那顆賣掉了，要不要改看別的？」為避免白跑一趟，最好先去電詢問有沒有現貨。另外，由於網拍賣家之間競爭激烈，消費者若是同時購買鑽石裸石與戒臺，已有部分賣家可提供優惠價格，消費者也可先打電話去詢問。聰明消費者若是善用網路比價，相同品質的 30 分鑽戒鑽石，網購比起其他方式，可以省 3,000~5,000 元，50 分鑽石可省 5,000~8,000 元左右。

　　很多人問：網路上哪些賣家賣的鑽石比較便宜、信譽比較好？我有個社大的學生，想買鑽戒向女友求婚，他多方比價後，最後在「大亞鑽石」買了一顆 GIA, 34 分鑽石（D, IF, 3EX，無螢光），店家依售價打七五折後售價 36,900 元，加上 18K 白金戒臺 9,800 元。若光買鑽石不買 K 金戒臺，須另加 4,500 元。這樣的價錢公道實惠，供您參考。（此為 2010 年報價）

　　再者，在「法蘭克珠寶」網路賣場，可以將自己想要的重量、顏色、淨度、切工條件、螢光反應等條件輸入，便能得到折扣後的參考售價列表，然後再以同樣的條件，在網路上搜尋其他鑽石賣家比價，自然就能以最便宜的價錢，買到符合自己需求的鑽石。另外，「京華鑽石」還創新提供「保證回收書」，讓消費者買得更安心，並請務必要將發票、證書與店家保證卡收好。

大亞鑽石
臺北市羅斯福路二段 70 號 8 樓之 5
02-2357-6102
http://dy-jewelry.com

京華鑽石
0800-091-789
http://www.emperor-diamond.com.tw

法蘭克珠寶
02-8954-1313
http://www.happydiamond.com

捷德國際
02-2702-2311
http://www.jildiamond.com/index2.htm

◀ 鑽石。（圖片提供：萬立集團）

◆ 電視購物臺

「許總，拜託啦，今天鑽石再升等！顏色原本 F Color，今天看錯檔次，直接升級 E Color，讓您現賺兩萬！」（掌聲鼓勵）「現在現場滿線，觀眾朋友如果打不進來，老客戶可以直接撥打語音專線，只要今天下單，我們再送您八心八箭晶鑽耳環一對！」打開電視購物臺最常聽到這類的對話。電視購物臺賣鑽石或寶石，通常會透過廠商與講師逗趣幽默的對話、專業的介紹與美麗模特兒的展示，並強調 7 天或 10 天的鑑賞期，而引起觀眾的購買衝動。消費者電視購物可享受刷卡付款、分期零利率、無償退貨等好處。

大家最想知道，那些購物專家講的都是真的嗎？在購物臺買鑽石會最便宜嗎？鑽石顏色與切工好壞及內含物多寡都與價錢息息相關；每一張鑑定書的內容與含義，都有一些蛛絲馬跡可循。消費者在購物臺購買鑽石，只要自己覺得價錢可以接受，寶石款式喜歡就好。若還不放心，可以利用 7 天（或 10 天）的鑑賞期，拿去請教懂鑽石的朋友，也可多問問哪一家廠商品質好，哪一家品質普通，至於價錢是不是最便宜，是不是真如購物臺珠寶廠商說的那樣賠本賣？消費者可以用智慧去判斷。

另外，提供您一條撿便宜的管道：與電視購物臺合作的廠商，並不是每一家都能每檔出清所有的貨，檔期過後，相信很多廠商都有一些庫存貨，倒是可以詢問看看，相信他們都很樂意用存貨換現金的。

去哪找金工？

看過全聯福利社的廣告，就知道全臺的省錢達人總是千方百計省到

介紹幾家珠寶代工與開發設計廠，謹供讀者參考

大東山珠寶——大東山希望天地 Luperla
臺北市南京東路三段 89 巷 3 弄 14 號
02-2503-1991

金鈺珠寶
臺北市東園街 92 號
02-2301-2077

瑩樺珠寶
新北市中和區員山路 512 之 7 號 8 樓之 1
02-3234-5000

佳寶首飾加工廠
臺北市中正區吉林路 199 巷 11 號 1 樓
02-2542-1211

滴水不漏；臺灣已故經營之神王永慶曾說過，做生意不是看賺多少，而是看能省多少錢。如果在網路上標得或購買到鑽石裸石，除了找原公司幫您代工外（比價下來會貴一點），也可以委託金工鑲成鑽戒。如果您本身就會金工，恭喜您，您是省長，省最多；如果您有認識鑲工的親戚朋友，也可省不少。此外，您若有認識的鑄模場，可找現成的戒臺；或也可以上網搜尋優秀的金工師傅。

自己找金工鑲嵌鑽石，雖然比較節省預算，但也有不少缺點：第一，做出來的成品不一定滿意，可能需要不斷修改；第二，要擔負 K 金成數不足的風險；第三，最後所需的價錢可能與當初預估有出入。事前應請金工估價，金價可以交件當天為準，工資多少錢、旁邊配鑽 1 克拉多少錢都應白紙黑字寫清楚；第四，交貨時間可能有所延誤。很多金工師傅手邊案子很多，如果遇到結婚旺季、母親節，有時候會拖延交貨日期。

提醒大家，自己買鑽找鑲工很花時間，本身多少要具備一些專業知識，還得與鑲工師傅充分溝通，如果您工作很忙，這方式就可以不用考慮了。

鑽石小常識

◆ 有 GIA 證書的鑽石一定比較好嗎？

大多數消費者買鑽石最怕買到假的，其次怕買太貴，最後才是買到等級差的。因此業者抓緊消費者的心態，便打著有 GIA 證書比較有保障的旗幟，降低消費者的疑慮，但這是真的嗎？其實，同等級的鑽石有沒有 GIA 證書價錢沒有差多少。從前業者會把品質好、等級高的鑽石送去鑑定以取得 GIA 證書，而顏色黃、雜質多的鑽石就不會送去鑑定，所以很多人認為有 GIA 證書的鑽石比較好。其次是有臺灣鑑定所證書的品質好，而沒有證書的是品質差的，這其實是錯誤觀念。

現在有業者把切工比例差的鑽石送去鑑定取得 GIA 證書，搞不好這顆鑽石的切工比例只有 Good，鑽石腰圍可能很粗而且會漏光，還故意保留重量剛好 1 克拉。在「入門篇」時就告訴過大家，切工等級 Good 上面還有 Very Good 和 Excellent 兩個等級。所以只要清楚自己的需求，買不

買有 GIA 證書的鑽石就看自己選擇了。不過，等級高、切工比例較完美的鑽石，通常有 GIA 證書會比較好轉手出售。另外，2007 年以前的 GIA 舊證書並沒有切工比例好壞的標示，若是您收購到這些有舊證書的鑽石，要特別留意鑽石的切工比例好不好（桌面 52~62%，深度 57~63% 較佳）。

購買附有證書的鑽石，應該特別注意證書中標示的鑽石重量，如果剛好是 1 克拉的鑽石，盡量不要買，若要買也可以談很好的折扣，因為鑽石有沒有到達 1 克拉價差很大，重量剛好在 1 克拉，便不能有任何碰撞缺角失分。如果可以的話，盡量挑選 1.03 克拉以上的鑽石比較妥當。

另外，還要看證書中標示的切工幾個 Excellent，若是切工、拋光、對稱性有三個 Excellent，螢光反應為無 (None)，表示鑽石的品質很好，相對價錢會比較高。

◆ 鑽石形狀會影響價錢嗎？

通常鑽石最常見的是圓明亮形切割（Round Brilliant Cut），將鑽石的腰圍分成上下兩部分，上面是冠部（Crown），下面叫亭部（Pavilion），總共切割成 57 個面。除圓明亮形切割外所有的鑽石切割都叫花式切割（Fancy Cut）。隨著設計潮流的改變，設計師需要不同形狀的鑽石來搭配主要的寶石，因此花式切割也非常多，常見的有心形（Heart）、梨形或稱水滴形（Pear）、馬眼（Marquise）、公主方形（Princess）、祖母綠形（Emerald）、橢圓形（Oval）、三角形（Triangle）、雷地恩形（Radiant）等。

鑽石的形狀主要考量的是依照原石外形，在重量損失最少與價值最高的情形下來切割成各種形狀。因此，圓明亮形的鑽石通常價格最貴，其他形狀的鑽石，並不會因為特殊切工而增加價錢。很多業者會對消費者說：「這是特殊切工，比較稀有，因此需要按照報價表再加 10%~30%

選購訣竅

GIA 證書鑽石，顏色 J，瑕疵 VS2，美元報價為 4,800 元。若匯率以 1:30 計，1 克拉要新臺幣 14.4 萬元，其實很符合臺灣無證鑽石的行情價。臺灣鑽石鑑定書通常標註顏色 F，瑕疵 VVS1，售價通常都在 15~20 萬元。

切記，讀者看到英文證書，不要以為一定是海外鑑定所開出的鑑定書。山寨版的證書常常與海外鑑定所開出的證書只差一、兩個英文字，公信力就差很大了！

▲ 八心。（圖片提供：萬立集團）

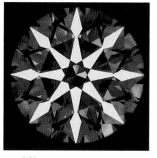

▲ 八箭。（圖片提供：萬立集團）

▲ 由紅、綠、黃、橘、藍五種顏色組合而成的彩鑽手鏈，是許多人夢寐以求的生日禮物。（圖片提供：鑽石小鳥）

的價錢。」實際行情剛好相反，花式切割的鑽石報價遠比明亮形圓鑽來得低，反而有議價空間。

◆ 鑽石八心八箭（丘比特切工）一定比較好嗎？

走訪各大銀樓珠寶店，幾乎所有店家都會強調他們的鑽石有八心八箭。什麼是八心八箭呢？這是「丘比特切工」所造成的一種視覺效果。我們利用觀察鏡將鑽石桌面朝上，眼睛貼近觀察鏡，可以看到八支箭；將鑽石反過來尖底朝上，可以看見八顆心。這種切工最早源自日本，他們稱做 Happy Diamond，是業者因應結婚市場而推出的產品，並且在開立的證書上附有八心八箭的照片，就像愛神丘比特的箭射中新人，兩人心心相印，深受新人的喜愛。後來這樣的切工慢慢傳到臺灣鑽石市場。

因此在臺灣早期沒有八心八箭的鑽石，業者都會重新切磨出八心八箭。八心八箭的鑽石真的比較好嗎？要有八心八箭的現象，鑽石必須有良好的對稱性；桌面每個部位的小切面，上下左右對稱；桌面與尖底之間不能偏移，所以這當然算是良好的切工。現在幾乎只要切工是 Excellent 的鑽石都有八心八箭，消費者可以大大放心。

◆ 魔星石（莫桑寶石）是什麼？

早期消費者買鑽石最怕買到假的，因為大約 1970 年代市面上出現一種假鑽石——蘇聯鑽。

蘇聯鑽並不是鑽石，成分與鑽石不一樣，物理與化學性質也不一樣；

它也不是合成寶石，只是長得很像鑽石的人造寶石。在蘇聯鑽造鑽技術剛研發出來的時候，1克拉蘇聯鑽可以賣到1,000~2,000元，那時候公務人員每月的薪水只有6,000~7,000元，大約要月薪的1/4。如果以現在公務人員一個月薪水4萬元計，那就是要1萬元。假鑽石1克拉要1萬元，真是超級貴啊！但是，現在1克拉八心八箭的蘇聯鑽，大概30~50元就可以買到。

自1998年起，市面上出現另一種取代蘇聯假鑽的假鑽石──魔星石（Moissanite，成分SiC）。當時短短一個月的時間，全臺就有上百家當鋪受騙，訛騙金額超過千萬。因為早年測試鑽石真假時都使用測鑽機，而魔星石不僅外觀長得像鑽石，又因導熱速度快，所以也能通過測試。現今臺灣業者代理魔星石，已不稱它是鑽石，而稱做「莫桑寶石」。莫桑寶石目前市價1克拉約3~5萬元（直徑約6.3毫米）。

莫桑寶石的顏色偏黃，約J~K色（若技術提升，會愈做愈白）；有特殊針狀內含物；從桌面往下看亭部的稜線上可以看到疊影；如果是裸石可以浮在3.32比重液「二碘甲烷」上，真鑽會沉下去。目前已經研發

鑽石和常見幾種仿鑽的區別

	鑽石	蘇聯鑽	魔星石	鍶鈦石	釔鋁榴石	合成金紅石
成分	C	ZrO_2	SiC	$SrTiO_3$	$Y_3Al_5O_{12}$	TiO_2
折射率	2.42	2.15	2.65~2.69	2.41	1.83	2.60~2.90
雙折射	無	無	0.04	無	無	0.29
色散	0.044	0.065	0.104	0.19	0.028	0.28~0.30
比重	3.52	5.40	3.22	5.13	4.57	4.22
硬度	10	8.5	9.5	6	8.5	4.25
親油性	是	否	──	否	否	否
解理或裂紋	腰部毛髮狀	無	無	無	無	無
內含物	礦物晶體	無	針狀物	氣泡	無	氣泡

選購訣竅

學生常常問我可不可以買莫桑寶石來代替鑽石？我建議：天然鑽石會愈來愈稀有，莫桑寶石在實驗室中產量與技術會愈來愈提升，售價只會愈來愈便宜，可以依自己的喜好並衡量財力做選擇。對於這樣的回答，學生似乎不滿意，又問：「老師，如果您有5萬元，您會買1克拉的黃鑽或香檳彩鑽，還是要買1克拉的魔星石？」我個人還是喜歡天然鑽石。

出新型的測鑽機分辨真鑽與莫桑寶石。注意在使用前必須將裸石擦乾淨，才不會誤判。

UNDS	RAPAPORT : (1.00 - 1.49 CT.) : 09/03/10										
	IF	VVS1	VVS2	VS1	VS2	SI1	SI2	SI3	I1	I2	I3
D	245	180	155	120	95	73	61	49	42	29	16
E	165	154	128	105	85	68	58	46	40	28	15
F	144	131	116	95	80	65	55	44	38	27	14
G	110	104	95	82	73	61	53	42	37	26	13
H	92	87	80	70	63	58	51	41	35	25	13
I	78	72	66	59	55	52	46	38	32	23	12
J	64	60	56	53	48	46	43	34	28	21	12
K	58	54	50	48	41	40	36	31	26	19	11
L	51	48	45	43	38	36	32	29	24	17	10
M	44	41	38	35	31	29	26	23	21	16	10

W: 114.16 = 0.00%　◇ ◇ ◇　T: 56.15 = 0.00%

▲ 鑽石 2010.9.3 報價

UNDS	RAPAPORT : (1.00 - 1.49 CT.) : 11/07/14										
	IF	VVS1	VVS2	VS1	VS2	SI1	SI2	SI3	I1	I2	I3
D	257	185	162	129	113	87	74	60	47	27	17
E	179	157	127	113	100	84	70	58	45	26	16
F	150	127	113	103	90	81	68	56	44	25	15
G	121	111	101	89	84	77	65	54	43	24	14
H	99	93	86	80	76	70	62	51	41	23	14
I	83	79	73	71	68	65	58	47	37	22	13
J	71	66	64	62	60	57	54	42	32	20	13
K	59	57	55	54	53	50	46	37	30	18	12
L	51	49	48	47	46	44	40	34	28	17	11
M	43	41	39	38	36	34	31	27	25	16	11

W: 121.80 = 0.00%　◇ ◇ ◇　T: 62.43 = 0.00%

▲ 鑽石 2014.11.7 報價

▼ 1~1.49 克拉圓鑽四年間價差（單位：美元）

	If	VVS1	VVS2	VS1	VS2	SI1	SI2	SI3	I1	I2	I3
D	1,200	500	700	900	1,800	1,400	1,300	1,100	500	-200	100
E	1,400	300	-100	800	1,500	1,600	1,200	1,200	500	-200	100
F	600	-400	-300	800	1,000	1,600	1,300	1,200	600	-200	100
G	1,100	700	600	700	1,100	1,600	1,200	1,200	600	-200	100
H	700	600	600	1,000	1,300	1,200	1,100	1,000	600	-200	100
I	500	700	700	1,200	1,300	1,300	1,200	900	500	-100	100
J	700	600	800	900	1,200	1,100	1,100	800	400	-100	100
K	100	300	500	600	1,200	1,000	1,000	600	400	-100	100
L	0	100	300	400	800	800	800	500	400	0	100
M	-100	0	100	300	500	500	500	400	400	0	100

價差	0 以下	1~500	501~1,000	1,001 以上

▲ 由圖表可以看出，1~1.49 克拉圓鑽每克拉漲幅在 1,000 美元以上都值得投資，漲最多的並非「D, IF」，而是「D, VS2」，每克拉漲了 1,800 美元。
淨度 VS2、SI1、SI2 是平均漲幅最高的，顏色上 D~J 都有人投資。高品質淨度 VVS~VS1 漲幅沒預期高，可能是單價太高的緣故。
有三個等級不漲反跌：「E, VVS2」、「F, VVS1」、「F, VVS2」。分析原因，「E, VVS2」可能因投資者選擇了買更便宜的「D, VS1」；而「F, VVS1」、「F, VVS2」同樣價錢，寧可再買白一點的顏色如「D, VS1」、「D, VS2」。

◀ 黃鑽戒指。（圖
片提供：侏蘿紀）

◀ 綠彩鑽戒。（圖片提
供：駿邑珠寶）

◆ 鑽石報價表

　　鑽石的行情最早是由美國鑽石商（Martin Rapaport）收集鑽石零售價格，根據 GIA 的等級以表格方式制定出來。目前 GIA 鑽石價格都要參考這個報價表，每兩週更新一次報價（臺灣還要考量美元匯率起伏問題）。鑽石報價表是以重量、淨度、顏色做為報價的依據，但是沒有考量鑽石切工的好壞，因此在銷售的時候通常都有折扣空間。但是 1 克拉以上的全美鑽石，切工有三個 Excellent，加上無螢光反應，因為數量稀少，大多數店家都要加成 5~15% 出售。

◆ 優先選擇鑽石顏色還是淨度？

　　每次上鑽石課的時候，學生都會問：「老師，在預算有限的情況下，不可能買全美鑽石，那要優先考量鑽石的顏色還是淨度？」

　　如果預算是 20 萬元，大致可以挑選顏色 I 以上，內含物 VS2 以上的組合，如「I, VVS2」（報價 6,600 美元 , 折合 198,000 新臺幣）、「H,VS1」（報價 7,000 美元，折合 210,000 新臺幣）兩種組合。

　　基本上我會選擇（H, VS1）的組合，因為我個人比較喜歡白一點的鑽石，而且不會有人拿 10 倍放大鏡來觀察您手上戴的鑽戒，所以內含物等級稍低一點倒也無妨；然而顏色等級 I 用肉眼就可看出微黃的色澤，就算內含物等級是專家也不容易看出的瑕疵，對視覺感官來說，實在沒有太大的加分作用。

　　若預算是 30 萬，有「E, VS1」（報價 10,500 美元 , 折合 315,000 新臺幣）、「G, VVS1」（報價 10,400 美元，折合 312,000 新臺幣）兩種選擇，雖然都稍高出預算，但是在切工等級從 Very Good 到 Excellent 可以有彈性折扣。我基本上會選擇「E, VS1」，同樣的道理，它顏色是相對的白。

　　當然如果您個人對內含物相當在意，當然可以選擇（I, VVS2）或（G, VVS1）。

◆ 投資鑽石會賺錢嗎？

　　學生常常問我：「老師，買鑽石投資會賺嗎？」或說：「買的時候很貴，急著要賣，買15萬的鑽石，拿去當鋪只有5~7萬元，哪有賺錢啊！」說實話，任何人缺錢拿1克拉白鑽去當鋪，有臺灣證書的大約只有5~7萬元的行情。

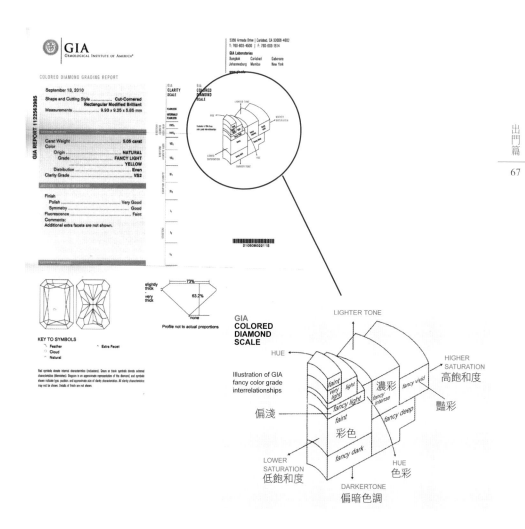

▲ 彩色鑽石的等級好壞，取決於鑽石顏色深淺、色調（亮或暗）、鮮豔程度與均勻程度。彩鑽等級愈往右，色彩愈鮮豔，等級愈高；愈往左，顏色愈淺，等級愈低。等級落在最左邊偏上，顏色偏淡。等級落在左下角，顏色偏暗。（圖片提供：萬立集團）

學生又說：「那這樣不就不能投資了嗎？老師不是說鑽石每年都會漲嗎？」請大家想想：當鋪回收鑽石是要賺利息，萬不得已才會流當。如果以市價 15 萬的鑽石抵押，不會有人借您 15 萬吧？這也是相當合理啊！另外，根據我的觀察，1 克拉全美「D, IF」鑽石這十幾年來已經從 40 多萬元漲到將近 80 萬元，未來如果沒有意外的話，還是會繼續漲，也就是說十幾年前買的全美鑽石，以目前的行情就有 30 餘萬的利潤。以 1 克拉鑽石為例，如果要能保值與增值且好脫手，我認為顏色至少要在 G 以上，內含物要在 VS2 以上。這就像投資房地產，地段好，增值最快；鑽石等級愈高，漲幅也愈大。

不光是白鑽，彩鑽的漲幅也是相當驚人，其中又以粉紅色與藍色的彩鑽稀有程度最高，升幅最多。深受熟女喜愛的粉紅鑽（Fancy Light Pink），由於相當稀有，市價 1 克拉要 130~150 萬元，未來上漲空間還很大。1994 年我看過一顆水滴形 1.5 克拉的藍灰色彩鑽，當時售價要 400~450 萬元，現在預估價格應該在 800~1,000 萬元了。如果您喜歡黃色彩鑽，Fancy Intense 或 Fancy Vivid 比較有漲幅；棕色或咖啡色彩鑽，算是彩鑽裡面價位較低的，上網路拍賣大概 3~5 萬元就可以買到；至於黑色鑽石，早期都為工業用鑽，現在大多為搭配設計使用，1 克拉價錢在 5,000~7,000 元就可以買到。

選購訣竅

鑽石的克拉數愈小，等級要挑愈高愈好，因為價差並不是太大。以 30 分鑽石為例，2010/07/02 報價，「D, IF」，1 克拉 4,500 美元，以匯率 1:30 換算新臺幣約 40,500 元。如果是挑「G, VS1」，1 克拉報價 2,200 美元，換算新臺幣是 21,120 元。買一顆全美鑽石，鑲嵌成六爪鑽戒總共約需 5 萬元左右，兩相比較，不過差 2 萬，但字面上的意義卻差很大！全美＝獨一無二＝無可取代，相信這樣贏得美人心的投資是非常值得的！

投資彩鑽一定要是有 GIA 證書的彩鑽，也要看清楚 GIA 證書內容，顏色是不是天然（Natural）的。黃色彩鑽最好是 Fancy Intense 或是 Fancy Vivid，5 克拉以上比較稀有，10 克拉以上更稀有。粉紅鑽石最近相當熱門，最好選 1 克拉以上，Fancy Pink 以上愈稀有，如果超過 5 克拉，Fancy Light Pink 也可以。藍色彩鑽也是要 1 克拉以上，Fancy Blue 以上最好。

此外，所有彩鑽的淨度最好要 VS 級以上。在這 M 型社會，有錢人對要購買鑽石的品質也是愈來愈挑剔，多去參觀蘇富比或佳士得拍賣的彩鑽，就知道該怎樣投資彩鑽了。

▲ 各種不同切割形狀與顏色深淺彩鑽，是目前最夯的投資標的。（圖片提供：鑽石小鳥）

出門篇

◆ 「牛糞」鑽石？

用牛糞來做鑽石，有沒有搞錯？戴在身上不就臭氣沖天？一點也不！「牛糞鑽石」其實是一種合成鑽石，是由享譽世界的毛河光教授所研發出來的方法。他以一塊成色不錯、厚度 5mm 的天然鑽石裸石為母石，再利用高純度甲烷（CH_4，由牛糞或垃圾等物產生的沼氣）、加上氫、氮等氣體輔助，在微波爐中以高壓方式，讓甲烷中的碳分子不斷累積到鑽石原石上，鑽石就一層層增生，長高長大了。這原理稱為「化學氣象沉澱」（Chemical Vapor Deposition，簡稱 CVD）。過程看似簡單，但是要讓鑽石快速成長卻不容易。尤其以 CVD 方法造出來的鑽石，普遍帶棕、黃色，顏色等級不好，且很難長到 3 克拉。

2005 年 5 月，毛河光院士等人在日本舉辦的第十屆「國際新鑽石科技會議」上，展示了一顆 10 克拉、透明無色的 CVD 鑽石，轟動世界；接著在美國實用鑽石會議上，以「大鑽石量產快」（Very Large Diamonds Produced Very Fast）為標題發表，立刻引來各方媒體大幅報導，這真是 CVD 鑽石的大突破。講到這裡，您是不是擔心鑽石會不會崩盤呢？手邊

▲ 粉紅彩鑽戒。（圖片提供：駿邑珠寶）

▲ 5 克拉鑽石飾品，WANG CHEN LING 皇室小品系列，紅酒設計製作。
（圖片提供：紅酒珠寶）

的鑽石要不要趕快脫手呢？請大家安心，有 GIA 等鑑定機構的把關，還是可以分辨出天然與合成的鑽石，不會影響消費者的權益。另外注意要看備註是否有寫這是經過輻照處理改色鑽石。

◆ 國際上還有哪些知名鑽石鑑定所？

除了 GIA 之外，還有 AGS（美國寶石學院）、HRD（鑽石高階會議）、SSEF（瑞士寶石協會）。這些都是國際上常見的、有公信力的鑑定公司。由於國內大部分珠寶廠商都採用 GIA 證書，因此消費者對 GIA 以外的其他鑑定中心，相對比較陌生。

鑽石真的可以升值嗎？

從本書第一版 2010 年 9 月的鑽石報價表，可以得知 1 克拉全美「D, IF」報價 24,500 美元。2013 年 5 月全美鑽石報價是 28,400 美元。將近兩年半時間，1 克拉全美鑽石漲了 3,900 美元，約 12 萬元。如果以比較平價的「G, VS1」來看，當年報價是 8,200 美元，如今報價是 9,000 美元，漲了 800 美元。這說明一點，若是以投資報酬率來說，鑽石中等級（H、I 顏色，淨度 VS 級）的投資報酬率與其他寶石的報酬率來講，只能說是保本，因為鑽石回收都得打折，在不同地方折扣不一樣，想要靠投資 1 克拉鑽石在短時間（一、兩年內）獲取利潤實在不太可能，甚至得虧本賣出。投資等級高的只有 D、E 顏色，淨度在 IF、VVS 等級的鑽石，升值潛力才相對較高，轉手賣給同事或朋友比較有實質的利潤。

多數的消費者購買白鑽心態需要調整，因為自己沒有銷售管道，不論是在網路上賣還是送回珠寶店，都得打 4~6 折。此外，很多人都是拿到當鋪去問時，才知道買貴了，要賣卻只有三分之一到一半之間的買價。

▲ 新人挑選鑽石體驗中心。（圖片提供：鑽石小鳥）

▲ 挑選鑽戒可依個人喜好，像是有大主石的或是由許多小碎鑽組合成的鑽戒。（圖片提供：鑽石小鳥）

中國大陸鑽石去哪買？

目前中國大陸鑽石最大的銷量大概就是結婚鑽戒了，其次就是珠寶用的配鑽。很多人第一次接觸鑽石就開始上網去查詢該如何挑選，到底要看切工還是要挑品牌，還是和學鑽石鑑定的同學開工作室買，哪個比較可靠呢？

記得兩年前到上海，朋友帶我去看鑽石小鳥專賣店。藏身在一棟辦公大樓內，豪華的裝潢與亮麗的燈光，讓我驚訝的是買鑽石居然要抽號碼牌。消費者可以在等待時間自行觀賞或查詢喜歡的鑽石等級與價位，等到去櫃檯時還可以與銷售服務員溝通，最後挑選自己喜歡的戒指，並在約定的時間內來拿訂製的結婚鑽戒，這樣行銷鑽石真的無往不利。

朋友告訴我，上海人結婚挑選鑽石有六、七成都是要 1 克拉的，兩、三成要 50~90 分鑽石，只有一成左右是挑選 30 分的。據朋友說，一次婚博展中，知名廠商甚至可以賣出好幾百顆一克拉鑽石。與臺灣相比，恰好相反。臺灣年輕人結婚 30 分鑽石占了約六、七成，50 分大概兩、三成，1 克拉鑽石應該不到一成。

2011 年我來到北京，朋友帶我逛位於百貨公司內的「全城熱戀」鑽石專賣店，光是展示空間就讓人歎為觀止。鑽石是依照大小等級不同來分櫃子。30 分鑽石就有好幾個櫃檯，接著還有 50 分好幾個櫃子。達 1 克拉的「鑽石島」也有好幾個櫃檯，然後不同切工 1 克拉的鑽石還有好幾個櫃檯。親切的服務與豪華的裝潢，讓人來到此就感到無比的尊貴與時尚。這樣大手筆賣鑽石的展示廳，全世界大概也只有中國才能做得到。

◀ 彩色鑽石墜。（圖片提供：駿邑珠寶）

▲ 彩色鑽石戒。（圖片提供：駿邑珠寶）

▲ 三色彩鑽戒。（圖片提供：駿邑珠寶）

就我所知，中國大陸許多 60 歲以上的父母挑選鑽石送子女，還是會到百貨公司裡大品牌的黃金、鑽石專賣店消費。寧可多花一點錢，也不要買到假貨或品質較差無法保障。20~40 歲的年輕消費族群會上網比較價錢，然後到實體店鋪去挑選自己喜愛的品牌。少數的人會找珠寶專業的朋友來幫忙挑選，在價格上會比網路品牌便宜一些。也有極少數人到典當行去找流當的鑽戒，為了省荷包。結婚是一輩子的大事，挑選婚戒在這年頭已經和拍婚紗、度蜜月一樣不可少。如果您還是剛出社會的月光族也沒關係，畢竟沒有鑽戒也是可以領證完婚的。打拚個三、五年，一樣可以補送親愛的妻子一顆代表傳家的鑽戒，做為一輩子的愛情見證。

國際網路票選十大鑽石品牌

1. 卡地亞 (Cartier)：1847 年創於法國巴黎。
2. 蒂芬尼 (Tiffany&Co)：1837 年創於美國紐約。
3. 寶格麗 (Bvlgari)：1884 年創於義大利。
4. 梵克雅寶 (VanCleef&Arpels)：1906 年創於法國巴黎。
5. 海瑞溫斯頓 (HarryWinston)：1890 年創於美國紐約。
6. 蒂爵 (Derier)：1837 年創於法國巴黎。
7. 德米亞尼 (Damiani)：1924 年創於義大利。
8. 寶詩龍 (Boucheron)：1858 年創於法國巴黎。
9. 御木本 (Mikimoto)：1893 年創於日本。
10. 施華洛世奇 (Swarovski)：1895 年創於奧地利。

2 綠柱石 Beryl

▼ 祖母綠鑽戒。（圖片提供：駿邑珠寶）

　　綠柱石是一種矽酸鹽礦物，因在形成過程所含的微量元素不同，而產生許多不同顏色的寶石，例如：翠綠色的祖母綠（Emerald）、淡藍色或藍綠色的海藍寶石（Aquamarine）、粉紅色的摩根石（Morganite）與黃金綠柱石（Gold Beryl）等。值得注意的是紅色的綠柱石（Red Beryl）是非常稀少的，產地在美國猶他州西部 Wahwah 山脈，由於產量不多，價格並不便宜。以下介紹綠柱石家族中的四大明星。

成分	$Be_3Al_2(Si_6O_{18})$
晶系	六方晶系
硬度	7.5~8
比重	2.67~2.78
折射率	1.566~1.600
顏色	綠色、紅、粉紅、藍、黃
解理	發達
斷口	貝殼狀

祖母綠（綠寶石）Emerald

　　祖母綠長久以來象徵著信仰與仁慈，更是尊貴崇高的代名詞。因此不管古今中外，對於祖母綠有非常多傳說：有人說，如果祖母綠變了顏色，就表示情人對愛情不貞；有人說，祖母綠有保養眼睛的功用，也有人說它可以增加記憶力與智力，更有人說可以借助它的力量預測未來。

　　在中國歷代帝王中，以明、清二代君主，最為喜愛祖母綠，如今在定陵博物館內，還收藏有明萬曆皇帝曾佩戴的鑲有特大祖母綠的玉

▲ 祖母綠鑽石項鍊及耳環。（圖片提供：駿邑珠寶）

帶。清朝的慈禧太后生前也特別喜愛祖母綠。而在西方，祖母綠一樣魅力無窮，根據歷史記載，早在 6,000 年前的古巴比倫王國就曾將祖母綠做為神聖供品，用來供奉女神。他們也相信男人若佩戴祖母綠可以為他帶來更多財富；孕婦若是佩戴祖母綠則能順利平安生產。且不論這些傳說的真實性，但我們卻不難瞭解祖母綠這個聽起來讓人蕭然起敬的名字，的確有它不凡的價值。

◆ 2015 年祖母綠最新行情資訊

這幾年搶購祖母綠的人愈來愈多，尤其是很多哥倫比亞與巴西商會，直接到中國接洽生意。早些年還是有很多人分不清楚翡翠與祖母綠，祖母綠如同是西方人的翡翠，又是六大貴重寶石之一，它沒有不漲的理由。芝麻綠豆都漲了，閉著眼睛買都會漲。

要注意祖母綠有泡油問題，另外也有灌膠問題。除了有 GRS 證書外，也可以參考大陸國檢證書，因為把關特別嚴格。祖母綠價格除了顏色就是乾淨度。想要全乾淨，1 克拉至少要 30 萬以上。沒泡任何油的祖母綠特貴。消費者可以挑選祖母綠切工，喜愛正方形或矩形的人特別多。臺灣鑑定所目前沒有對充油量多寡做分級或標示，泡油多寡會影響價錢相當大。

要記得蛋面祖母綠與切面祖母綠單價不一樣。不同產地價差也很大。祖母綠投資最好買 5 克拉以上。但是雜質過多不透明的話，再大顆也沒用。所以得取平衡點，品質好一點的祖母綠 1 克拉在 15~25 萬元。肉眼看不到雜質的每克拉至少要 25~40 萬元才買得到。尚比亞蛋面祖母綠 1 克拉 1~5 萬元，品質差的每克拉 1,500~5,000 元。

◆ 祖母綠怎麼挑？

祖母綠以哥倫比亞所產品質最好。一般來說，品質好的祖母綠，1 克拉市價可達 30 萬元，但我建議入門款大概

▲ 祖母綠彩鑽戒。（圖片提供：駿邑珠寶）

是 1 克拉 3~10 萬元的祖母綠。

　　由於祖母綠底部很淺，折射率低，火光少，首重顏色、亮度與乾淨度。因此挑選祖母綠，第一看顏色，顏色要深、濃、帶點藍；第二是看內含物，愈乾淨愈好，祖母綠通常多少都會有包裹體，要乾淨相當不容易；第三要看亮度，愈亮愈好，不要發暗。當您看到一顆綠中帶藍又乾淨的祖母綠，價位都高得嚇人，1 克拉不是幾萬塊可以買到的，像這種上等貨常在蘇富比與佳士得拍賣會上出現，如果您在路邊攤看見，可以百分之百篤定說它是假的。

▲ 哥倫比亞祖母綠墜子。（圖片提供：李秀桃）

　　如果剛入門，想擁有一顆 1 克拉大小的祖母綠，又不想花大錢，建議可以上網拍找找。

◆ 蛋面與切割面價差很大

　　品質好一點的祖母綠通常都是切割成方形（祖母綠切工），偶爾有水滴形，而雜質多一點的會以蛋面形狀出現。通常方形的哥倫比亞祖母綠最常見為 5 克拉以下，5~10 克拉已算稀少，10~20 克拉更是少見，超過 20 克拉以上就算是收藏家級了。至於哥倫比亞蛋面祖母綠，一般來講重量都會大一點，我曾在曼谷看過一顆 100 克拉的哥倫比亞祖母綠，淺綠色，1 克拉以 12,000 元成交。

　　雖然說愈大的寶石愈稀少，理論上價格愈高，但是同樣是哥倫比亞祖母綠，切割面與蛋面價差很大，例如：有切割面的 5 克拉哥倫比亞祖母綠，每 1 克拉就要 5 萬元；5 克拉蛋面哥倫比亞祖母綠，每克拉要價 1 萬元。

◆ 祖母綠都有泡油嗎？

將近 90% 的祖母綠都會浸泡白色的油，充填石紋，使外觀看起來更加美麗，這已是世界公認可接受的處理方式，就像女人買保養品美白皮膚一樣。在國內外很多鑑定書上，就算是泡過白色油的祖母綠仍是標註「天然」祖母綠，GRS 證書會特別註解有浸泡白色的油。如果是泡綠色的油，就不能算是天然祖母綠，而會註明優化處理，這一點消費者要特別注意。最好是買第三級泡油 Minor（微量）以上。

◆ 會買到合成（培育）祖母綠嗎？

有位學生去新加坡買了一只附有 GIA 證書的祖母綠戒指，直到上課時，才拿來讓我鑑定，一聽是新加坡買的，就知道買到合成祖母綠，因為新加坡根本不產祖母綠啊！

現在國外有許多業者販售合成或人工培育的祖母綠，國內也有做這方面的研究，我的朋友李佩倫教授便是以「由助熔法所產生的包裹體有金綠寶石或矽鈹石」（1995）為題目，發表碩士論文。所以消費者買祖母綠要特別注意看證書內容，以免買到合成的。

但並不是說不能買合成祖母綠，只是您應該知道買到的是天然或合成祖母綠，就像醫生開藥，您也有權利知道開哪些藥、作用是什麼、有無副作用等。

▲ 祖母綠彩鑽墜。
（圖片提供：駿邑珠寶）

◆ 保養注意事項

祖母綠的硬度雖然高，但是質地較脆，容易碎裂，尤其自己找鑲工時要特別注意，以免在鑲嵌的過程中發生碎裂的情況，最好選擇經驗老到的師傅（一樣的工法，鑲嵌祖母綠的鑲工價格較高），或直接買成品，避免風險。

最好每隔半年就回珠寶店清洗戒臺（建議不要用超音波清洗），順便做保養，自己

在家也可以利用嬰兒油保養。這樣就可以讓您的祖母綠看起來永遠翠綠。

海藍寶 Aquamarine

▲ 海藍寶裸石。（圖片提供：彼得）

海藍寶的顏色非常清透、乾淨，深受年輕族群的喜愛，而它的價值高低也取決於顏色。若是透明無色的海藍寶，1 克拉 200~300 元就可以買到；如果是淺海水藍，1 克拉就要 500~1,000元；而市場上較受歡迎的中度海水藍，1 克拉2,500~3,000 元；至於深色頂級海藍寶，1 克拉要價 7,000~8,000 元。乾淨透亮、顏色深藍的海藍寶最常見的大小在 10~20 克拉，20 克拉以上較少，30~50 克拉已是稀有，50 克拉以上更是極稀有。

◆ 2015 年海藍寶最新行情資訊

▲ 海水藍寶鑽戒。（圖片提供：駿邑珠寶）

挑選海藍寶時要注意顏色，不要偏綠，要偏藍色才受歡迎。這兩年海藍寶石價格至少漲一倍，未來還是持續看好。

高品質的深藍色海藍寶每克拉約 1.5~2 萬元，中上品質藍色每克拉1~1.5 萬元，中等品質大約每克拉 5,000~10,000 元，中低品質每克拉大概2,500~5,000 元，淺色幾乎快看不見藍色每克拉 500~1,000 元，蛋面淺色每克拉 500~1,500 元。切記，海藍寶一定要挑全乾淨的。

◆ 喜歡要及早進場

2010 年 8 月在泰國曼谷購買海藍寶時，看到來自中國大陸的珠寶商也開始收購 20 克拉以上，品質顏色高檔的海藍寶，當我們出價 1 克拉 3,000泰銖，他們馬上加價到 3,200 泰銖，從他們志在必得的態勢，就可以嗅到市場的走向。因此提醒大家，喜歡就要及早進場，5 年後，海藍寶的價格將會上漲。

摩根石 Morganite

粉紅色系的寶石向來受到年輕女性喜愛，更別說有 Baby Skin 之稱的摩根石了！有著如嬰兒般粉紅色、玫瑰色肌膚的顏色，光是這種又透又嫩的顏色，就叫人愛不釋手。除此之外，幾家國際知名品牌珠寶公司以摩根石為設計主石，讓摩根石的知名度大開；臺灣的電視購物臺也紛紛推出摩根石的相關產品，讓很多家庭主婦見識到它的美，加上它的價位屬於中等，使得摩根石的詢問度與接受度都大大提高。

一般來說，1~10 克拉、顏色淺粉紅的摩根石，每克拉只要 500~1,000 元；顏色粉紅或桃紅等級的，1 克拉 1,000~2,000 元就可買到乾淨、切工完美的摩根石。超過 30 克拉以上的摩根石比較稀有，若顏色粉紅或桃紅飽滿，每克拉價位在 2,500~3,500 元。

◆ 2015 年摩根石最新行情資訊

粉橘或淺粉紅色摩根石算是在低檔寶石中，未來升值空間最高。目前最高檔顏色每克拉大約在 4,000~5,000 元，中上等級顏色每克拉約 3,000~4,000 元，中等級每克拉約 2,000~3,000 元，淺色摩根石每克拉約 1,000~2,000 元。摩根石也是要挑乾淨的，超過 20 克拉就算大顆了。

◆ 摩根石宜逢低進場

摩根石主要有淡粉紅、粉橘紅、粉紫紅等顏色，是粉紅色寶石中最受年輕粉領新貴青睞的一種，因為它比粉剛大得多（粉剛常見的大約 1~3 克拉），產量也比粉剛多，價錢

為什麼叫摩根石？

摩根石的命名是用來紀念美國的銀行家摩根 (John Pierpont Morgan, 1837~1913)。他畢生收藏許多寶石，最後全都捐贈給美國紐約史密斯桑尼亞博物館。據説，他的心願就是能有一種寶石是以他的名字來命名。他的好友昆茲博士，也是當時美國蒂芬尼公司的副總裁，於 1911 年在加州發現新的粉紅色寶石時，便以他的名字將寶石命名為 Morganite，在摩根晚年總算完成了他的心願。

▲ 54 克拉摩根石。

卻只有粉剛的 1/5。據我的觀察，臺灣 40~50 歲的消費者喜歡挑 10~20 克拉大小的摩根石當墜子，5~10 克拉當戒指。如果從投資的角度看，建議要挑選 20 克拉以上，顏色愈深愈飽和愈好，而且要內部乾淨、火光閃爍。

▲ 摩根石戒指。（圖片提供：良和時尚珠寶公司）

　　目前摩根石算是價位低檔，宜逢低進場，因為中國大陸寶石的流行資訊，大概比臺灣晚 3~5 年，若等到他們認識摩根石，大量收購時，那時進場就比較晚了。目前市售摩根石有部分經輻照與加熱處理，通常鑑定所只能經驗判斷，無法以儀器正確判斷有無處理。

▲ 黃金綠柱石。（圖片提供：慶嘉珠寶）

黃金綠柱石 Gold Beryl

　　在臺灣，黃色寶石大多是以可以招財來吸引消費者，而金黃色寶石中，除了黃色藍寶石與金綠寶石外，大概就是黃金綠柱石最受注意，而且黃金綠柱石的單價更為平民，1~10 克拉大小的，每克拉 500~1,000 元；10~20 克拉等級的，每克拉 1,200~1,500 元；超過 20 克拉的比較稀少，每克拉 2,000~3,000 元。

◆ 2015 年黃金綠柱石最新行情資訊

　　黃金綠柱石目前知名度不夠，需要多推廣宣傳，升值空間很大。要挑金黃色乾淨的，20 克拉以上，目前單價每克拉約 3,000~5,000 元。

◆ 設計師的最愛

　　很多設計師很喜歡使用黃金綠柱石來當作石材，一方面因為黃金綠柱石顏色乾淨透亮、切割多變化，另一方面當然就是價錢相對合理。黃金綠柱石的顏色澄透，一有雜質便無處遁形，所以切工完美與無雜質是挑選時最基本的要求；而它的顏色有深有淺，以金黃色最受歡迎，價格較好，選購時應盡量不要挑偏暗色的。

3 剛玉 Corundum

剛玉家族最重要的當屬紅寶石（Ruby）與藍寶石（Sapphire）。其他粉剛也很受歡迎，當然更不可不介紹黃色藍寶石、蓮花剛玉、紫色剛玉與星光剛玉等剛玉家族成員。

▼ 無燒紅寶石。（圖片提供：慶嘉珠寶）

2015 年剛玉家族寶石最新行情資訊

這兩年是紅藍寶石最輝煌的年代，漲勢一發不可收拾。緬甸紅寶石市面上常見的幾乎都是燒過的，無燒緬甸紅寶石要 4 克拉就非常難找了。目前最多的是非洲莫三比克紅寶石。莫三比克 1 克拉鴿血紅的

成分	Al₂O₃
晶系	六方晶系
硬度	9
比重	4.00
折射率	1.76~1.77
顏色	顏色很多，有白、灰、黃、棕、綠、粉紅、深紅、藍
解理	差
斷口	貝殼狀

寶石約 20~25 萬元，2 克拉的整顆約 45~60 萬元，3 克拉整顆約 130~200 萬元，4 克拉整顆約 200~300 萬元，5 克拉整顆約 300~600 萬元，6 克拉以上就很難找了。

斯里蘭卡藍寶石皇家藍的漲幅最凶，有加熱 1 克拉約 2.5~3 萬元；2 克拉的，每克拉約 3.5~4 萬元；3 克拉的，每克拉約 5~6 萬元；4 克拉的，每克拉約 7~8 萬元；5 克拉的，每克拉約 9~10 萬元；10~19 克拉以上的，每克拉 15~20 萬元。無燒斯里蘭卡皇家藍 1 克拉約 4~5 萬元；2~3 克拉的，每克拉約 6~8 萬元；4~5 克拉的，每克拉約 10~15 萬元；10~19 克拉的，每克拉約 30~35 萬元。

無燒緬甸或斯里蘭卡黃色藍寶石要注意 10 克拉以上的，每克拉單價在 6~10 萬元，算還在低檔價位。而 1~2 克拉大小的，每克拉 6,000~8,000 元；3~4 克拉等級的，每克拉 8,000~10,000 元；5~10 克拉以上的，每克拉 1~2.5 萬元。另外泰國檸檬黃色藍寶石大部分是綠色或藍色剛玉加熱改色而成，在售價上比較平易近人，1~2 克拉大小的，每克拉 1,000~1,500 元；3~5 克拉大小的，每克拉 2,500~3,500 元；5~10 克拉等級的，每克拉 4,500~6,500 元；10~20 克拉等級的，每克拉 1~1.2 萬元；20~50 克拉的，每克拉 1.2~1.5 萬元。

　　蓮花剛玉通常都經過熱處理，1 克拉多的，每克拉市價約 3~4 萬元；2 克拉以上的，每克拉市價 4~5 萬元；4 克拉以上就很稀有了，4~5 克拉的，每克拉在 6~12 萬元。

　　粉剛通常 5 克拉以上就很稀有，價格上以顏色帶紫、帶粉紫的較高，1 克拉多的粉剛，每克拉 1~1.5 萬元；2 克拉大小的，每克拉 2~2.5 萬元；3~4 克拉有熱處理的，每克拉約 5~7.5 萬元；4 克拉以上內含物乾淨的粉剛幾乎找不到。

　　斯里蘭卡星光藍寶要注意 10 克拉以上，每克拉通常在 15~25 萬元。黑色星光剛玉通常都有灌膠，價錢實惠，價格根據大小來看，每克拉 1,000~2,500 元。

　　變色剛玉變色良好的，1 克拉的，每克拉 1~1.2 萬元；2 克拉的，每克拉 2~2.5 萬元；3~4 克拉大小的，每克拉 3~5 萬元；5 克拉以上的，每克拉約 5~10 萬元。10 克拉以上比較稀少，每克拉在 20~25 萬元。

　　整體來說，要關注無燒紅藍寶石；紅寶石要鴿血紅 3 克拉以上；藍寶石要皇家藍 5 克拉以上；蓮花剛玉要 3 克拉以上；星光紅寶石要 5 克拉以上；星光藍寶石要 10 克拉以上；變色剛玉最好收 5 克拉以上。

　　剛玉家族未來潛力還是看好，尤其是紅藍寶石，愈多人認識，收藏的人就會愈多，與翡翠價錢比，這些都是算小兒科。

紅寶石 Ruby

　　關於紅寶石的傳說不勝枚舉，如《舊約聖經·約伯記》第 28 章 18 節提到：「智慧的價值勝過紅寶石。」說明了當時紅寶石是非常貴重又多麼被珍視。在西方古老的著作《寶石》（*Lapidaie*）中談到：「瑰麗、

▲ 非洲蛋面紅寶石。

▶ 7.64 克拉無燒純淨鴿血紅紅
寶石吊墜。（圖片提供：瑞梵珠寶）

清澈而華貴的紅寶石是寶石之王，是寶中之寶，其優點超過所有其他寶石。」另外，傳說戴紅寶石的人會健康長壽、發財致富、愛情美滿、幸福、聰明又睿智；而左手戴上一個紅寶石戒指，就會逢凶化吉，有化敵為友的功效。緬甸人相信紅寶石能保佑人不受傷害。13 世紀就有人用紅寶石治療膽汁過多和腸胃脹氣的問題。

外形貴氣典雅的紅寶石，多受到四、五十歲以上女性的喜愛，因此，紅寶石常用來做為母親節禮物或生日贈禮。挑選紅寶石首重顏色，顏色愈深、愈鮮豔、愈均勻愈好，其次是火光，再來是看內含物。因為乾淨的紅寶石很少，所以挑紅寶石與挑鑽石不同，只要肉眼看不見雜質，就算是品質不錯，可以購買。若是拿放大鏡仔細檢查，多少都會發現雜質石紋。

◆ 無燒紅寶，有錢人的新玩意

所謂無燒就是沒有經過熱處理。這一類的紅寶石在市場上更加稀有，全世界想要收藏的有錢人卻很多，價錢自然高，無燒藍寶也有同樣的狀況。提醒大家要買無燒的紅藍寶石，最好是買有國際認證證書的比較安心。一般來說，古柏林（Cubelin）鑑定所與 SSEF 證書是有色寶石的鑑定權威，另外就是 GRS 的鑑定證書。GRS 對紅寶石顏色的分級有 Red（正紅）、Vivid Red（豔紅）、Pigeon's Blood（鴿血紅）這三種，不同的鑑定所對同一顆寶石的認定顏色不一定一樣，消費者要看清楚鑑定內容。

◆ 非洲莫三比克新興紅寶石

2007 年起，非洲莫三比克礦區開採出高品質的紅寶石，顏色接近緬甸紅寶，價位也差不多，並不便宜。畢竟顏色好、火光佳的紅寶石真的不多，愈來愈多人可以接受莫三比克的高級紅寶石，在整個市場來講，也算是正面的消息。最近幾年坦尚尼亞、馬達加斯加也出產高品質紅寶石。

▲ 1.5 克拉 Vivid Red 莫三比克紅寶石戒指。

◆ 非洲玻璃充填紅寶可以買嗎？

2006 年前後，非洲玻璃填充紅寶開始充斥珠寶市場，大小從 1~20 克拉都很常見，由於量大，色澤多元化，有些很接近緬甸紅寶顏色，

▲ 莫三比克無燒鴿血紅寶石 5.01 克拉。（圖片提供：陳敔）

因此令買家一頭霧水，分不清真偽。最早出現時，市場上非洲玻璃填充紅寶的價位很亂，有人 1 克拉幾百元就買到，也有人幾千元買到，甚至有人上萬元買到。不同時間，價位不一樣，但是有個趨勢，就是愈來愈便宜。

加玻璃尚未切磨的非洲紅寶石。

尚未加玻璃的非洲紅寶石。

加玻璃、已切磨的非洲紅寶石，顏色與緬甸紅寶石非常像，一般消費者幾乎無法分辨。

我認為只要不是常接觸熱的環境，不至於使紅寶內部的玻璃熔解，所以不需要花大錢就可以買到3~5克拉，甚至10克拉玻璃充填的紅寶石，也是不錯的選擇。目前網拍上1~5克拉大小的裸石，每克拉200~500元；5~10克拉等級的，每克拉500~800元；超過10克拉的，每克拉約800~1,000元。

▲ 用顯微鏡觀察天然無燒的緬甸紅寶星石，可以發現金紅石內含物，看起來就像霓虹燈，非常炫目多彩。（圖片提供：林書弘）

◆ 在產地比較能買到好品質的紅寶？

很多常去東南亞（柬埔寨、越南、泰國、緬甸）旅遊的人，一定會安排一個行程去看寶石，不管是紅寶、藍寶石，一顆3~5克拉的紅藍寶只賣3,000~5,000元，他們想出門觀光，又是到珠寶產地，價格也不貴，因此買了好幾顆回來送親友。事後有學生對我說：「那些

▲ 紅寶鑽戒。（圖片提供：駿邑珠寶）

紅藍寶很漂亮，也很乾淨，真的很便宜。珠寶店賣太貴了，一顆就要3~5萬元，我在產地買才3,000元，簡直賺到了！」

唉，那是合成紅藍寶，一顆300~500元就可以買到啊！若要買合成紅藍寶，銀樓、玉市、夜市、網絡拍賣都可以買到，何必專程飛到東南亞呢？賣家賣合成紅藍寶石，常會打著「高科技培育剛玉，成分、物理性質與天然紅寶一模一樣」的旗幟，其實都是騙外行人的字眼。希望您不要再當下一隻羔羊，任人宰割！

買紅藍寶這類貴重寶石，大多數人都可能是一生一次，因此建議先增加個人寶石學知識，多看多認識，多上網找資料，瞭解寶石有哪些處理方式，再慢慢下手，切勿一時衝動！

緬甸紅寶石礦區。（圖片提供：徐秉承）

▲ 緬甸莫谷出產全世界最聞名的鴿血紅紅寶石，一般外國人無法進去一窺究竟。

▲ 紅寶石礦必須挖豎井下去，有時深達 20~30
公尺，危險性相當高，工作環境非常惡劣。

▲ 緬甸婦女正在工寮挑選紅寶石礦。

▲ 並不是每一顆紅寶石都能達到鴿
血紅等級。

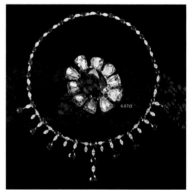

◀ 緬甸婦女在路邊販售紅、藍寶石原礦，一般品質都是中低檔。

▼ 緬甸紅寶石套鏈。（圖片提供：承翰珠寶）

▲ 緬甸莫谷紅寶石博物館陳列了許多珍貴紅寶石原礦標本。

藍寶石 Sapphire

　　與它的同門師姐「紅寶石」一樣，藍寶石也有許許多多傳奇故事。在波斯，當地人認為大地是由一顆巨大的藍寶石所支撐，而藍寶石的光芒便將天空照映成藍色。傳說中藍寶石也有醫療的功效，可以用來醫治眼疾。在東方古老的傳說中，藍寶石可以用來當作指路石，而佩戴藍寶石的人將不會遭受壞人的傷害；商人佩戴它可以帶來財富；一般人手中握有一顆藍寶石，便能心想事成，無往不利。

　　與紅寶石一樣，藍寶石的顏色與火光，在價位上占很大因素，顏色愈深、愈均勻、愈接近寶藍色愈好。藍寶石的內含物比紅寶石少，大部分是透明液泡體，或是加熱處理產生的裂紋。透明液泡體較易被接受，裂紋則會影響寶石價值。

◆ 藍寶的行情

　　在臺灣，最常見的藍寶是斯里蘭卡藍寶。要提醒讀者的是，選購紅寶石與藍寶石時，切割面與蛋面的價差非常大，一般蛋面寶石都是內部雜質多一點，價格只有切割面寶石的 1/5 左右，但是特殊挑選要求磨出來的蛋面寶石例外。

▲ 斯里蘭卡藍寶石套鏈。（圖片提供：承翰珠寶）

▲ 斯里蘭卡藍寶石原礦，部分原礦是接觸雙晶，外型像不像一般潛水艇呢？

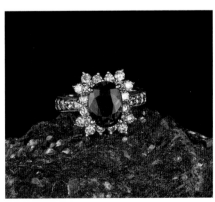

▲ 藍寶石戒指。（圖片提供：羅美圓）

藍寶石的形狀和價錢不會有太大關係，以橢圓形最常見，另外有長方形、心形、馬眼、鑽石切割，因單價高，不會做太多花式切割，會以較傳統的面貌呈現。

◆ 矢車菊藍、皇家藍

▲ 3克拉斯里蘭卡皇家藍無燒藍寶石。（圖片提供：Jewel Deco）

矢車菊藍（Cornflower Blue）是藍中帶一點紫色調的藍寶石，主要是指印度北方喀什米爾地區所產的藍寶石，是公認最美的藍寶石，目前幾乎是停止開採，通常在蘇富比或佳士得拍賣會上可以看見。而皇家藍（Royal Blue）是指緬甸所產的藍寶石，顏色濃厚，也深受廣大消費者喜歡。目前市面上斯里蘭卡也產矢車菊藍與皇家藍顏色的藍寶石，購買時請注意有無標示產地。

◆ 會不會買到二度燒藍寶？

怕買到二度燒的藍寶石，最好找認識或有信譽的商家，而網路拍賣店家最好能找7天內可以退貨與有店面的賣家比較可靠。另外，最好有鑑定書，如果是無燒的藍寶石，至少要有GRS的鑑定書比較妥當。

▲ 斯里蘭卡無燒矢車菊藍 10.08 克拉。

▲ 斯里蘭卡無燒皇家藍 8.23 克拉。

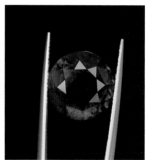

▲ 緬甸無燒皇家藍 15.16 克拉。

（圖片提供：陳敔）

▲ 藍寶石 GRS 證書，證書上標註「無熱處理的天然藍寶石」。（圖片提供：賴清賢）

　　至於二度燒的藍寶值不值得買？我覺得只要自己喜歡且價錢不貴，倒也無妨。但要特別提醒大家，經過二度燒的紅藍寶石在正常的環境下是不會改變顏色的，包括清洗及超聲波清洗，然而如果遇強酸、強鹼或修改形狀、樣式，或在高溫的情況，就可能會褪色了。

◆ 紅藍寶的鑑賞

　　其實所有有色寶石的鑑賞觀點都差不多，就是著重顏色、火光、透明度、瑕疵與形狀。

　　顏色講求均勻且不偏色。以紅寶石為例，鮮豔的鴿血紅最好，若顏色偏桃紅或粉紅色，價錢就差了十萬八千里。至於火光與底部切割面多少有關係，面切得愈多，火光相對增加，因此斯里蘭卡藍寶除了顏色鮮豔之外，它底部的切

▲ 斯里蘭卡的藍寶石大多有天然的色帶。色帶是構成藍寶石顏色的主要因素之一。若切磨到色帶分布不均的地方，則寶石顏色也會不均勻。

割面多，火光也相對好；而泰國的紅藍寶石底部小，切割面自然少，因此也就沒有斯里蘭卡的藍寶石那樣搶眼。再者，透明度愈高的紅藍寶，價值愈高；反之，縱使寶石有不錯的顏色，但不透明的話，價位也會大打折扣。

而瑕疵大小、多寡與分布當然也會影響消費者的購買意願，通常沒有瑕疵的紅藍寶石也會造成消費者的疑慮，因此建議以肉眼看不見為原則。另外羽狀包裹體如果影響光澤時，就可以考慮放棄。至於外形則以個人喜愛為原則，通常以橢圓形的最貴；圓形則因為桌面看起來比較小，消費者比較難接受。

◆ 紅藍寶石行情看漲？

一顆 4 克拉、顏色鮮豔且均勻、火光極佳、透明度高、肉眼看不見瑕疵的橢圓形切割緬甸紅寶，市價可高達 200 萬元以上；相對的，如果只是顏色紅、不透明、沒火光、瑕疵多的 4 克拉紅寶石，頂多只有 5 萬元的價值。說到這裡，您應該知道重點在於要挑漂亮且重量大的寶石，因為這樣的寶石已經愈來愈少，所以未來一定有升值的空間。

紅寶石因重量小，1 克拉以下的裸石相當多，1.5 克拉以上的優質紅寶愈來愈少，至於 3 克拉以上優質紅寶石的市場潛力更是可觀。藍寶石 2 克拉以下相當多，馬達加斯加的藍寶在 2~5 克拉的不在少數，5 克拉以上的優質斯里蘭卡藍寶石，投資報酬率則相當高。

▲ 藍寶石鑽花戒。（圖片提供：駿邑珠寶）

▲ 藍寶石鑽戒。（圖片提供：駿邑珠寶）

▲ 藍寶石鑽戒。（圖片提供：駿邑珠寶）

▶ 粉剛造型鑽花戒。（圖片提供：駿邑珠寶）

▲ 六顆不同顏色深淺的粉剛。（圖片提供：賴清賢）

粉剛、紫剛
Pink, Purple Sapphire

　　粉剛也屬於少女夢幻系列的寶石。很多年輕女性不喜歡紅寶石那麼鮮豔成熟，於是粉剛便成為 30~40 歲女性上班族群的最愛。粉剛也是很多設計師的最愛，不管設計花朵或是套鏈都相當合適，國際知名品牌寶格麗（Bvlgari）就用水滴狀的粉剛，拼出粉紅色花朵，相當迷人。

　　粉剛顏色有紫色、粉紫色與粉色系，主要產地在斯里蘭卡，結晶顆粒不大，很少超過 5 克拉，通常都在 1~2 克拉。

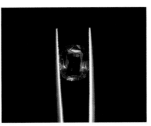
▲ 斯里蘭卡 Vivid Pink 粉色藍寶石 5.12 克拉。（圖片提供：陳敔）

▲ 斯里蘭卡無燒黃色藍寶石 20.16 克拉。（圖片提供：陳敔）

黃色藍寶石
Yellow Sapphire

　　黃色藍寶石在剛玉家族中也是「頂港有名聲，下港有出名」的寶石。黃寶石的顏色從水晶檸檬黃到威士卡黃都有，一般以威士卡黃價位最高，檸檬黃價格比較便宜。黃色藍寶石的價錢比紅藍寶低很多，對想要進階剛玉家族的朋友，是一個不錯的選擇。

　　投資黃色藍寶石以無加熱斯里蘭卡為主，在大陸加熱的黃色藍寶石不被接受，大陸國檢證書不易通過。

蓮花剛玉（帕德瑪剛玉）
Padparadscha Sapphire

▲ 產量稀少的蓮花剛玉，購買時最好有 GRS 證書。（圖片提供：Jewel Deco）

▲ 蓮花剛玉鑽戒。（圖片提供：駿邑珠寶）

Padparadscha 是斯里蘭卡語，意思就是橘粉紅色，也有人音譯為「帕帕拉差」剛玉。這是斯里蘭卡特有的寶石，產量相當稀少，在國內屬於專家收藏級的寶石。我的一位好友常常跑斯里蘭卡買寶石，除了買貓眼石外，就是要找蓮花剛玉，將近半個月的尋寶之旅，只找到 1~2 顆而已。

蓮花剛玉通常都不大，最常見的就是 1~2 克拉。買蓮花剛玉幾乎都要有 GRS 證書，以免花大錢買到優化處理（加鈹）或是顏色等級不到的剛玉。網路上有人把加鈹處理過的剛玉當成蓮花剛玉賣，消費者花 1,000~3,000 元買到號稱蓮花剛玉的寶石，以為撿到便宜，其實加鈹處理的剛玉 1 克拉只要 300~500 元。蓮花剛玉 4 克拉以上屬稀有，若是無燒更要把握。10 克拉以上非常罕見，粉紅帶橘色最受收藏家喜愛，其次是粉橘色，除了斯里蘭卡外，馬達加斯加也有產。

變色剛玉 Color-Change Corundum

大約在 1995 年，非洲出產了一批量非常大的變色剛玉，當時常見的大小是 1~3 克拉的，4 克拉以上比較稀少，5 克拉以上就更是稀有。這批變色剛玉應該是有人便宜買去囤貨，再慢慢釋出，賺取利潤，以致目前在曼谷光是要找 1 克拉多的變色剛玉都很難。因為罕見，所以多為收藏家收藏，流通性沒有紅藍寶石普遍。

變色剛玉在變色寶石中，價格排名第二，僅次於亞歷山大變色石。除了大小、淨度，變色能力深淺也是影響價錢高低的因素。大陸目前懂的人不多，可以提前部署。變色剛玉價錢不會比藍寶石貴，大約是三分之二藍寶石的價錢。

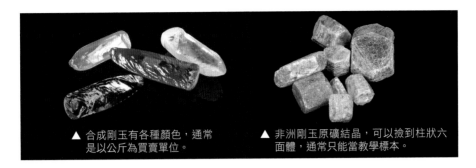

▲ 合成剛玉有各種顏色，通常是以公斤為買賣單位。

▲ 非洲剛玉原礦結晶，可以撿到柱狀六面體，通常只能當教學標本。

星光剛玉 Asterism Corundum

會產生星光效應的寶石很多，其中以星光紅藍寶最貴重。1995 年，我曾在緬甸仰光的拍賣會上看見一顆 10 克拉的緬甸星光紅寶石，當時底價是 1,000 萬元，可見星光紅寶石的貴重。星光紅藍寶也算是專家收藏品，市面流通較少，變現比較不容易。目前以緬甸和斯里蘭卡產的最好，挑選時要特別注意星光是否夠清楚、有沒有在正中間、星光有無斷掉。星芒愈細愈好，也要注意透明度、顏色是否鮮豔、有無裂紋。

緬甸產星光紅寶，重量小、雜質多、不透明、顏色淺，1~3 克拉的，在玉市或網路拍賣上，1 克拉只要 300~600 元就能買到，想要蒐集星光寶石標本，這是很好的選擇。市面上也有合成的星光紅藍寶石，到東南亞旅遊時，也容易買到合成的星光紅藍寶石，一顆售價 3,000~5,000 元。另外，市面上也出現人造星芒的星光紅藍寶（寶石是天然的，星芒是人造的），大小通常在 20 克拉以上，消費者要注意！高品質斯里蘭卡星光藍寶 1 克拉 5~10 萬元起，星光紅藍寶石在大陸也將造成收藏熱潮，喜歡收藏的朋友要趁早。

▲ 斯里蘭卡星光藍寶石 7.78 克拉。（圖片提供：陳敢）

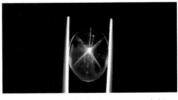

▲ 斯里蘭卡星光藍寶石 12.53 克拉。（圖片提供：陳敢）

◀ 泰國黑寶星石是黑色寶石中最有特色的，也是剛玉星石中最便宜、最容易輕鬆擁有的。

◀ 斯里蘭卡紅寶星石。（圖片提供：張機福）

4 翡翠（緬甸玉、輝玉、硬玉）
Jadeite

翡翠一詞的由來

翡翠一詞最早說法是一種鳥名，雄的為紅色羽毛，雌的為綠色羽毛。在臺灣有商家認為紅色為翡，綠色為翠。

古代中國的玉以白色的和田玉為主（被稱為翠玉），在清朝乾隆皇帝時，緬甸玉大量流入中國，使得綠色的玉大量增加，加上慈禧太后的厚愛，翡翠便從宮中到民間流行起來。至於為何要稱翡翠，眾說紛紜，有人說在清末時為了要區分緬甸玉與中國玉的差別，所以將緬甸運來的玉簡稱「非翠」（非中國的翠玉），到了北京之後，北京音就變成「翡翠」了。在中國大陸各種顏色的緬甸玉都可以稱為翡翠，然而在臺灣的消費者心裡，只有剔透且滿綠的緬甸玉才能叫翡翠，這是兩岸消費者認知的差異。

如今翡翠的消費已經有凌駕於和田玉之上的趨勢，不論是銷售量或者是消費金額，在學術上或者是商業上也認可用翡翠一詞的說法。翡翠的產地主要是緬甸，其他產地包括俄羅斯、瓜地馬拉、日本等國家，但論品質與產量，緬甸翡翠永遠無可取代。

▲ （圖片提供：翠靈軒）

成分	NaAlSi$_2$O$_6$
晶系	單斜晶系
硬度	6.5~7
比重	3.33
折射率	1.66~1.68
顏色	蘋果綠至祖母綠色、紅、黃、紫、黑、白色
解理	屬集合體結構，看不見解理
斷口	粒狀斷口

翡翠定義

關於翡翠的定義，有狹義與廣義之分。狹義的翡翠，指以硬玉為主要礦物成分的玉石；廣義的翡翠來自於歐陽秋眉的說法，即由各種在晶體化學上與硬玉有關聯的輝石類礦物組成，並且此類礦物的含量大於 60%，具有顆粒鑲嵌結構的玉石。目前在寶石界是使用翡翠的狹義定義。

▲ 滿翠如意鎖石吊墜。（圖片提供：大曜珠寶）

翡翠的品種

經常會有朋友拿翡翠來問我：「老師你幫我看看這是翡翠嗎？是屬於哪一個品種？」是不是翡翠得看您是從哪個角度看，因為在臺灣幾乎都認為翡翠是綠色的，只有整個全綠色才能叫翡翠。也有部分的人主張紅色為翡，綠色為翠，即紅翡綠翠。然而在中國大陸，不管什麼顏色，主要礦物成分是硬玉（輝玉）、綠輝石、鈉鉻輝石者，就可以稱翡翠。因而，紅、黃、藍、綠、紫、灰、黑、白等各種顏色都可以稱之為翡翠。

以下簡單用翡翠的透明度與顏色、產地來區分，讓大家聽得懂、看得懂行話。

◆ 依照顏色與組成顆粒區分

老坑（廠）

根據商業的說法是較早的次生礦床發現開採的翡翠。通常顏色符合頂級的濃、陽、正、勻的綠色翡翠。純正的綠色不偏暗也不偏藍、灰、黃。老坑基本上質地比較透，礦物顆粒小到肉眼看不見，可以是非常剔透的玻璃種，也可以是半透明的冰種或微透明的糯種。

基本上老坑種翡翠都是屬於高檔翡翠，

▲ 老坑玻璃種葫蘆吊墜。（圖片提供：翠祥緣）

市面上把頂級的翡翠稱為「老坑玻璃種」，也有色豔綠、水頭足（長、透）的說法。商業上有一種說法是「祖母綠」色或「皇家綠」顏色。老坑翡翠在商業上都是價位高的翡翠，一個大拇指頭大小的蛋面都要上百萬，一個翡翠手鐲要上千萬。

新坑（廠）

新坑或新山廠的翡翠，意味著結晶顆粒較粗，大多數是原生礦，綠顏色較沉、質地不透，組成礦物複雜且雜質多。商業上若是說這塊翡翠是新山廠或新坑，意味著價值較低，無法出好色、好品質的翡翠。但這說法也不是百分百正確，原生礦床依然會有好的翡翠產生，只是概率問題。好多風景區的賭石都是這種新山廠翡翠，因為一顆手掌大小的石頭只需一、二千元，有興趣的朋友可以去試試看。

◆ 依照透明度與組成顆粒粗細區分

玻璃種

玻璃種是一種無色透明的翡翠，就如同玻璃一般透明，組成顆粒肉眼看不見，如果拋光完美在翡翠表面會造成「起螢」現象，商業上也稱「放光」。「起螢」是玻璃種翡翠的一種光學效應，現專指在翡翠飾品內部飄浮的亮光，隨翡翠飾品的擺動，亮光的位置也發生移動的現象。這是玻璃種翡翠極致的表現，常出現在蛋面、吊墜、手鐲上面。

「起螢」與翡翠的「螢光」反應無關，兩者千萬不要搞混。螢光反應是翡翠經過灌膠，在紫外線螢光燈底下所造成白色的螢光反應，主要是環氧樹脂所造成的螢光。

記得 18 年前，我這傻小子第一次到香港廣東道買貨蒐集標本就發生了有趣的事。當時剛好看見有人在鑽手鐲，我就問老闆這是不是水晶手鐲，她說：「年輕人，這是玻璃種的手鐲，包你賺錢，一只 1 萬

▲ 玻璃種滿翠鑲鑽耳墜。（圖片提供：大曜珠寶）

就好。」當時大學生畢業薪水在 2.5~3 萬元左右，等於是 1/3 的薪水，一手一共 12 只（即一塊石頭共切出 12 只手鐲，批發一次要全買），我想了想實在太貴了，誰會去買這無顏色的透明玻璃翡翠呢？怎知如今找也找不到了，一只手鐲的價值如今都可以換一棟房子，真是千金難買早知道。有寶貴的翡翠知識，也要有膽識與眼光，每個人都有機會掌握，下次千萬別再錯過。

一個玻璃種手鐲有可能局部為全透玻璃種，也有可能出現大部分是冰種。這時候可以稱「冰帶玻璃種」手鐲。如果是玻璃種多，帶一些冰種，就可以說「玻璃帶冰種」手鐲。在科學上定義，把手鐲或蛋面、吊墜放在字的上面，完全可以看出寫的字，就可以稱為玻璃種；如果是字模糊無法分辨就稱為「冰種」；如果隱約看出一些線或黑點就稱為「糯種」；完全看不見就稱為「豆種」。這是最簡單的分法，連小學生都會分辨。請注意這裡是指已經切磨好或雕刻好的成品，不要去討論樣本厚度與雜質，因為翡翠的厚度會影響透光度。

目前玻璃種的翡翠非常受年輕人的歡迎，也是最值得投資與收藏的品種，全透、無白棉且放光是最高指導原則。

冰種

很多人聽過歌手阿雅的〈剉冰舞〉，您要加什麼料都可以。冰可能大家都看過，冰種翡翠就是透明度略低於

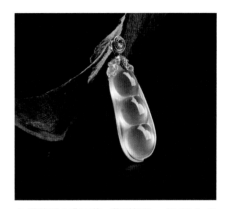
▲ 玻璃種白翡豆莢，乾淨無瑕。（圖片提供：翠祥緣）

▲ 冰種翡翠胸墜兩用飾品，芷翎精品有限公司，Amy 設計。

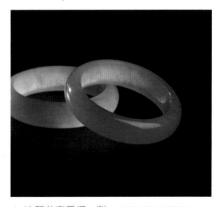
▲ 冰種花青扁鐲一對。（圖片提供：翠靈軒）

▲ 三彩糯種手鐲。（圖片提供：仁璽齋）

▲ 糯種。（圖片提供：上海沈言）

▲ 白底青雕件。（圖片提供：葉金龍）

玻璃種，通常會有些白棉絮在其中，肉眼仍然無法看見礦物結晶顆粒。十幾年前的冰種白翡翠幾乎沒人要，無色冰種蛋面，幾百到上千元就可以搞定。時過境遷，現在沒有上萬元，是摸也摸不到。再挑選時最常聽到的為冰種飄藍花或冰種飄綠花。

糯種

有微細顆粒，肉眼並不是很容易觀察，微微透明，可能帶紫色或帶綠色。

豆種

豆種有粗、中、細顆粒之分，完全不透明。豆種依照顏色還是可以分豔綠豆、淺綠豆、黃綠豆、白豆、灰豆、紫豆等。

▲ 三彩豆種。（圖片提供：陳玉蟬）

◆ 依照顏色區分

白底青

白底青是一種顆粒粗的山料，表面無風化皮。很清楚可以看見底部呈現不透明白色，表面帶一團（或一片）豆綠或蘋果綠。常見的產品有手鐲、吊墜與雕件。價位算是便宜，大眾消費者都可以買得起，小產品幾百到幾千元就可以入手。白底青在市面上並不常見，看到喜歡的就要趕快下手。

◀ 白底青馬鞍雕花戒指。（圖片提供：純翠堂闞雨）

花青

花青的顏色範圍相當廣，可以是冰種花青、豆種花青，只要是不均勻的綠都可以叫花青。透明度可以從透明到不透明。花青也可以帶一些雜質，例如黑色礦物。

花青價錢由它翠綠顏色深淺與多寡、透明度高低與礦物結晶顆粒大小而定，這是市面上最常見的翡翠品種。

2010 年筆者前往廣州華林玉市考察，看見一個小攤位有一手花青種手鐲 8 只，很翠綠、半透明，綠色部位占了 1/2 到 2/3，算是寬版的手鐲，聽到對方開價差點暈倒：人民幣 1,600 萬（約新臺幣 8,000 萬元）。老闆說有人出人民幣 1,000 萬（約新臺幣 5,000 萬元）不賣，至少要人民幣 1,200 萬（約新臺幣 6,000 萬元）才肯賣，光這一手 8 只手鐲就要數千萬元，您會覺得小攤位的實力如何呢？由此可見花青種價差很大，豆種花青便宜的幾千元，玻璃種花青貴的可以上千萬元，消費者可以依照自己的經濟能力來挑選。

▲ 花青種雕件。（圖片提供：仁璽齋）

▶ 金絲種如意吊墜。

▲ 油青種手鐲。（圖片拍自：潘家園）

金絲種

金絲種翡翠的綠色是絲狀與條狀分布，而且綠色是明顯平行排列。質地大多不透或微透明。綠色的分布可粗可細，顏色可深可淺綠。若綠色面積大一點，價錢就會高一點。基本上也算是中價位，通常就是幾千到幾十萬元不等。

油青

多位學者都認為油青種是以綠輝石主要礦物的硬玉所組成。油青種翡翠顏色是指帶有灰綠或是灰藍色，可以不透到透明，主要特徵是色調

偏暗，表面具有油脂光澤。這顏色比較受到中國大陸北方人喜愛，南方的消費者比較喜歡顏色翠綠點的。油青種的價位偏低，通常幾百到幾千元就可以買到。心動了嗎？可以馬上行動。

芙蓉

芙蓉種顧名思義應該是顏色像芙蓉葉子的顏色，它是帶一點黃綠色，微透明，可以是糯種或冰種。一般市面上也不常見，價錢高低看綠色的分布均不均勻，顏色深不深。與花青種差異就是它綠中泛黃。價位在中低價位，幾千到幾萬元之間。

▲ 芙蓉種吊墜。（圖片提供：純翠堂闕雨）

黃帶綠（黃加綠）

黃帶綠是目前常見的品種，常見有吊墜、手鐲、把玩件、擺件。黃色主要是翡翠表皮受風化產生。幾乎水石都有玉皮，很多賭石都是黃加綠，就看綠色顏色深淺與面積分布。黃加綠通常為糯種到冰種，價位算是中偏高檔，早期臺灣稱黃加綠為老玉，吊墜通常不貴，幾百到幾千元就可以買到。

▲ 黃加綠（蘋果綠）手鐲。（圖片提供：純翠堂闕雨）

最近這幾年，黃加綠作品很受設計師與雕刻師歡迎。著名的王月要設計師最喜歡用黃加綠翡翠加上珊瑚或 K 金與結藝來設計，表現出中國古典女性風，兩、三塊翡翠串在一起，佩戴在旗袍上面，真的很有派頭。黃加綠的吊墜從簡單的幾千元到好幾十萬元都有，目前算是中高檔的翡翠。

紫帶綠（春帶彩）

紫色通常緬甸話又叫春色，紫帶綠色早年也算是中低檔價位，主要是因為紫色都不濃，

▲ 春帶彩仕女雕件。（圖片提供：翠靈軒）

而且紫色以豆種居多，所以有一句話「十春九木」來形容紫色的質地。然而目前由於原石較缺少，價格也漸漸提升。紫色若顏色較深或綠色鮮豔一點，價錢就會高一點，常見的有小把件與擺件。

春帶彩目前算是中檔的價位，幾千到幾十萬元都有。這顏色受到很多人歡迎，尤其是雕刻師傅最喜歡找來當素材。

三彩玉

三彩玉又稱福祿壽，特色就是三種顏色在一起。最常見的是綠、白、黃，有的是紫、綠、黃；也有四種顏色在一起，紅、黃、綠、紫，又稱「福祿壽喜」，人生追求的都有了。三彩玉在臺灣玉市賣到缺貨，沒有人不喜歡多彩又吉祥的翡翠。三彩或四彩的翡翠常見在吊墜與擺件，也是屬於中高價位，幾萬到幾百萬元的都有，全國各地的人都非常喜歡這品種，店家只要介紹完就會很快售出。

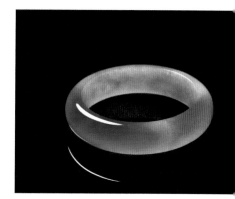

▲ 高冰三彩手鐲。（圖片提供：王俊懿）

紅翡、黃翡

老人家通常以為紅翡是古代墓葬挖出來的，是人體血液浸染所形成。這一點聽起來有點恐怖，但是沒有科學根據。人過世後不久，血液就凝固了。真的有古玉（白玉），也大多數是地下水裡面含鐵質較高，接觸玉器氧化變紅。市面上的翡翠幾乎都是最近幾十年的作品，明清時代流傳下來的寥寥可數。翡翠原石經過數百年到幾千年的搬運與滾動到河床裡，與空氣和水接觸氧化，初期會變黃色，氧化程度再深一點就變成深紅色了（黃色主要是由褐鐵礦致色，紅色主要是因為赤鐵礦致色）。不管變紅與變黃，大體上都保留原來翡翠的構造。黃翡與紅翡基本上都是

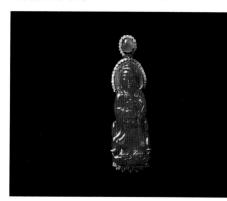

▲ 紅翡觀音吊墜。

▲ 黃翡關公吊墜。（圖片提供：徐翡翠徐翔）

豆種不透居多，少數會達到糯種或冰種。質地是評估黃、紅翡價值最重要的因素之一。黃、紅翡在雕刻上是最常見的材料之一，也是雕刻家的最愛，許多把玩件與擺件都是利用俏色與巧色將作品表現得栩栩如生、維妙維肖。最高檔的黃翡稱為「雞油黃」，帶一點油脂光澤，價錢也要幾萬到幾十萬人民幣。深紅色翡滿色鐲子比較少見，有收藏家在收藏，價錢也不便宜。

紫羅蘭

紫羅蘭顏色可以分成粉紫、藍紫、茄紫三種色系，因主要含有錳而致色，每一種顏色都有深淺之分。紫色通常質地較粗，百分之八、九十都是豆種，少數為糯種到冰種。國內知名品牌昭儀推出新品牌翠品屋，其中「昭儀之星」由重達 9,499 克拉紫色頂級玻璃種翡翠搭配鑽石、紅藍寶鑲嵌而成，成為最近紫色翡翠的一個亮點。

▲ 冰種滿紫羅蘭手鐲，市場價格扶搖直上，值得投資。（圖片提供：王俊懿）

緬甸公盤一塊重 6,000 克的冰種紫羅蘭翡翠，經過激烈競標，被買家炒到接近十億元，足可見高檔紫羅蘭翡翠與綠色翡翠價位有不相上下的感覺。十幾年前筆者曾在臺北光華玉市買到一手紫羅蘭手鐲，冰種紫羅蘭帶點綠的平均一只約 4,000 元，現在要好幾十萬才可以買到。喜歡紫羅蘭的消費者通常偏年輕點，大概在 30~40 歲。

墨翠

墨翠主要是由綠輝石礦物所組成。1993 年，筆者在臺大地質系就接觸墨翠，臺灣高鈺公司提供標本，利用電子探針分析，Cr_2O_3 含量為 0.02%，FeO 含量為 3.58%，是造成墨翠外表黑色的原因之一。墨翠從外表看起來是黑色，在強光（手電筒）下則呈現墨綠色。

墨翠當初在臺灣銷售也備受消費者青睞。一只手鐲當時售價大約 8,000~10,000 元。2000 年 9 月的世貿珠寶展上，一個大拇指頭大的戒面約 2,000 元左右。1999 年筆者帶學生去緬甸旅遊考察翡翠，在仰光翁山市場

參觀珠寶店，店家拿出三片切好的墨翠要賣給我，一片 2,000 元，每一片可以切出兩只手鐲、兩個大吊墜、無數個蛋面。當時想這墨翠還要找工人加工切磨挺麻煩的，就沒有買。回臺灣後問珠寶店行情，一只手鐲當時平均售價要 1 萬元左右。2010 年暑假去廣州考察翡翠，我問華林玉市的商家，手鐲開價一只人民幣 13 萬（約新臺幣 65 萬元），我還以為聽錯，結果隔壁開價 15 萬（約新臺幣 75 萬元），我差點崩潰了。經過這兩年，相信墨翠價格會繼續往上漲。

墨翠挑選要注意，在強光燈下照射內部需要無白棉，且可以呈現墨綠色才行。許多墨翠吊墜都雕成佛像，現今的雕刻技術已經出神入化，不管身材比例與五官的神韻，都顯莊嚴與慈祥。同時也結合拋光與亞拋光對比，呈現不同風味。

▲ 墨翠戒指。（圖片提供：李雅玲）

▲ 墨翠打燈光，內部無白棉，品質佳。（圖片提供：李雅玲）

乾青種

乾青種顏色較為豔綠，但不同於翡翠的綠，直覺非常不自然。通常與鉻鐵礦伴生（黑點處），外表不透明，水頭差。乾青種是大多數用來做成雕件與珠鏈，市價也不貴。17 年前筆者去緬甸買了一塊乾青種的翡翠，與白色鈉長石共生，一塊大概 100 元，沒想到在緬甸出海關時卻被海關沒收。這是一塊很好的標本，一塊可以瞭解翡翠與鈉長石共生礦的標本。後來在臺灣建國玉市買到一塊 150 元的小印鈕，也是有共生礦物存在。皇天不負苦心人，千里迢迢去緬甸沒帶回來，反而在臺北讓我找到標本，真是開心。

◀ 翡翠飾品。（圖片提供：千代珠寶）

烏雞種

會稱作烏雞種必定與烏骨雞顏色有關係，它是一種灰黑到黑的翡翠。這品種在市面上不多見，很多人誤以為是大理石。根據歐陽秋眉老師的研究，烏雞種主要組成礦物為硬玉，微透明到不透明，玻璃光澤，表面有時會呈現網狀紋路與黑花斑紋。最近在朋友的店裡看到幾件烏雞種的印璽，實在非常開心。底部是灰黑色，上面是翠綠色的巧雕，非常難見。若是單純的烏雞種，價位上應該不算貴，但要是出現高翠，那行情就扶搖直上。

▲ 烏雞種玉璽。（圖片提供：仁璽齋）

◆ 依照產地、開採時間區分

鐵龍生

「鐵龍生」一語在緬甸當地話是「滿綠」的意思，也是一個礦場所在地。1998 年左右是臺灣市場最熱門的話題。其特徵為有翡翠般的翠綠色，並且夾雜許多黑色斑點，大多不透明，而且多裂縫，其中還有些比重低於 3.32。筆者曾分析六個標本得知，其主要成分為輝玉與鈉鉻輝石，若比重稍低者，則含有大量鈉長石。

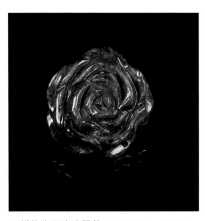

▲ 鐵龍生玉玫瑰雕件。（圖片提供：吳照明）

由於鐵龍生顏色太漂亮了，因此剛從香港引進時，曾造成臺灣市場一片混亂，一些鐵龍生玉因含較多鈉長石，多裂紋且質軟，因此不得不做去黃灌膠處理。至於比重較重、裂縫較少者，則以 A 貨的形式出現，價錢也比較貴。當時以一串 7~8mm、50cm 長的珠鏈為例，B 貨大約 4,000~5,000 元，A 貨則要 2~4 萬元左右。鐵龍生的翡翠，與玻璃種翡翠價差很多，消費者可以注意。

八三種

這是 1983 年在緬甸發現的新玉礦,原石不透明且質地鬆軟,顏色淡蘋果綠,並常出現淺紫顏色。由於此翡翠質地鬆散,因此商人將它送去「B玉」處理。經過優化處理之後,質地通透,綠顏色部分加深,因為價錢便宜又好看,所以整個市場充斥著八三玉。

早年在臺北建國玉市原本販賣 A 貨的老闆紛紛加入八三玉的行列,因為八三玉的原料便宜,優化處理後的成品乾淨又漂亮,許多不知情的消費者趨之若鶩。以一只手鐲為例,二十幾年前賣 4,000~5,000 元,這幾年大家都懂了之後,只能賣 1,000 元左右。這種翡翠外表所灌的膠接觸熱容易受風化變黃,就算再次拋光,也不會再光亮如新。

▲ 八三種礦原石局部有綠有紫。
（圖片拍自雲南瑞麗）

◆ 依照裂紋分類

雷劈種

光聽這名字就可以想像這石頭被雷打到,裂得亂七八糟,會呈現沒有一定方向的小裂紋。雷劈種通常為小蛋面居多,帶一點灰綠或藍綠色,不透明。在玉市上賣的價錢很便宜,大概是一顆幾十元到上百元。形狀也不是磨得很對稱,常常歪一邊,一看就知道是緬甸磨出來的。

▲ 雷劈種原石。（圖片拍自雲南）

翡翠 A、B、B+C 貨

早年翡翠加工到最後階段都會泡在酸梅湯裡,去除掉表面油垢汙漬,這不會破壞翡翠內部結構,也不會改變外表顏色。而最後一道手續是浸

蠟拋光，增加光澤。翡翠經過這些手續完工後稱為 A 貨，相信很多讀者都已經瞭解了，也可以接受。其實翡翠不是天生都很乾淨，總是會有一些灰色調或黃色調雜質，影響翡翠的賣相。聰明的商家於是想出去蕪存菁的方法，利用強酸浸泡翡翠，把雜質用酸洗掉，卻連帶把翡翠結構給破壞了，部分的表面被侵蝕得一乾二淨、支離破碎，必須經過抽真空將環氧樹脂灌入翡翠內部以填補裂隙，這就是 B 貨。

　　B+C 翡翠風行在 1996 年左右，主要是先用強酸去黃，然後染各種顏色，最後再注入環氧樹脂。最常見的是綠色，其次是紅色、紫色、褐色與三彩等。它可以局部上色，或者染成色帶，也可以在淺綠色的部位加綠使顏色更明顯。比起單純的染色（C 貨），消費者反而更容易被 B+C 貨欺騙。鑑定方法與上述方法相同，可以利用濾色鏡、分光鏡、螢光燈、放大鏡等觀察。

　　B 貨因為與空氣接觸後容易風化變黃，沒有收藏價值，另因為泡酸，長期佩戴也對身體沒有益處。消費者常在旅遊景點買到 B 貨、B+C 貨或 C 貨，需要多加注意。

B 貨翡翠的鑑別

1. 酸蝕紋的有無

　　「橘皮效應」是翡翠 A 貨在拋光平面上，透過反射光觀察，會出現類似橘子皮一個個大小、方向不同的凸起與凹陷的特徵。「橘皮效應」只有在 A 貨中才表現得比較突出，並且凸起與凹陷之間的界線逐漸平滑過渡；B 貨中凸起與凹陷之間不是平滑過渡，而是有一道道裂隙隔開，猶如蜘蛛網狀的裂隙紋路，稱之為「酸蝕紋」。稍不小心容易判斷錯誤，只能當作判斷 B 貨的方法之一。

2. 顏色變化的自然與否

　　B 貨翡翠的外觀綠色與白色對比較為鮮明，絕對沒有黃、灰褐色等雜顏色，只保留綠色、紫色、黑色部分，且部分雜質空位已經被環氧樹脂充填置換，被侵蝕的空位就顯現出特別白或透明。許多行家觀察總結 B 貨翡翠有「色形不正」、「色浮無根」、「種質不符」等特徵。色形不正指的是翡翠顏色過於鮮豔，底色過於乾淨。色浮無根是指綠色與底色的界線模糊，顏色有飄在上面的感覺。種質不符就是明明是顆粒粗，卻是水頭好又乾淨，違背了天然翡翠的常律。

3. 表面光澤是否偏黃

　　B 貨翡翠因為灌了樹脂，與空氣接觸久了之後就會氧化，尤其常處在高溫的環境（廚房）下更容易風化變黃。因此觀察 B 貨翡翠都可以看見表面有一些微黃的

光澤。另外遭受風化的外表，光澤就會變差，但是無法再拋光回原來光澤，A貨翡翠只要重新拋光就可以恢復原來的光澤。

▲ 時間久了，B貨手鐲便無法恢復原來的光澤。

4. 敲擊的聲音是否清脆悅耳

翡翠A貨手鐲經瑪瑙棒或錢幣放在耳邊輕輕敲擊，可以聽到清脆悅耳的聲音。翡翠B貨因為受到樹脂充填裂隙，因此聲音會變得悶悶的，不夠清脆。通常購買翡翠，老闆都會表演給你看，要注意手鐲需要用細繩綁住，不可以用手拿。這方法只能用來輔助觀察，因為部分A貨手鐲質地較差、顆粒鬆散，也會造成聲音低沉，容易造成誤判。少部分B貨手鐲因為泡酸時間短，或是只有局部灌樹脂，聲音也相當清脆，一時難以分辨，這點要非常注意。

▲ 聽翡翠清脆度辨別A、B貨。

5. 比重液的差別

經過酸洗灌樹脂的B貨，因為有樹脂成分，會造成比重降低。因此我們可以將翡翠放入二碘甲烷的比重液中，A貨翡翠比重約3.32~3.45，比重液比重在3.3，所以A貨翡翠會沉入比重液底下。經過實驗測量的B貨戒面比重通常在2.93~3.21，會浮在比重液上。要注意的是墨綠色翡翠（綠輝石）與鈉長石的比重較低，也會懸浮在比重液上。這方法比較可靠也方便，有九成的可信度。要注意比重液都有劇毒，操作時必須保持空氣流通，使用完後要馬上洗手，觀察時最好暫時閉氣幾秒鐘。

▲ B貨翡翠浮在比重液上。

6. 紫外螢光反應

天然翡翠在紫外螢光燈下通常沒有螢光反應，B貨翡翠則有強的藍白色螢光反應。影響因素就是充填樹脂的種類，以及部分浸蠟也有弱到中等的藍白螢光反應。因此螢光反應也只能提供準確率七、八成的參考價值，不能做為百分百的鑑定依據。

▲ 用紫外線螢光燈檢查翡翠有無螢光。

▲ B貨手鐲特別的螢光反應。（圖片提供：吳照明）

7. 摩擦生熱法

我的學生鄭燦煌先生發現，將翡翠戒面摩擦生熱，可以吸引小小衛生紙屑。這是樹脂摩擦後產生靜電，非常符合科學原理，在任何地方都可以操作。不過此方法要看天氣溼度、摩擦的熱度以及衛生紙屑大小（2~3mm 長），看到這裡你可以試試身手，將翡翠在毛料衣服快速摩擦約 30 秒，直到手感覺燙為止，再將翡翠輕輕碰一下紙屑，如果能吸引起來就是 B 貨了。不能吸引起來的，不代表就是 A 貨，準確程度大約九成。

▲ 紅外線光譜儀。（圖片提供：吳照明）

8. 紅外光譜檢定

紅外光譜是目前最科學、最準確、最靈敏、最快速檢測翡翠的方法，B 貨裡面是否含有環氧樹脂，只要一試便知。它解救了翡翠低迷的市場，讓消費者重拾對翡翠的信心。主要是用來鑑定物質的化學組成，透過離子振動來測定物質是否含水，對於有機物偵測最靈敏，常用在紡織、化工、材料科學方面。

9. 拉曼光譜檢定

拉曼光譜儀是研究物質分子結構和檢測物相的現代光譜學方法與技術，多利用來鑑定礦物種類，也可以用來鑑定 B 貨翡翠。

拉曼光譜檢定的優點是不受鑑定物大小、厚度與透明度影響，不會破壞鑑定物，也不需要拔下戒臺。可以利用顯微鏡對焦，針對寶石內含物去分析成分，快速且準確。缺點是容易在激發光源下產生較強的螢光反應，會影響測試結果。對於灌樹脂量少或者是檢測點不含樹脂時會產生誤判為 A 貨情況。所以必須多偵測不同部位，建議正反面各偵測 5~10 點。

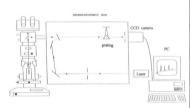
▲ 拉曼光譜原理。（引自湯惠民《輝石之礦物學研究》）

玉的分類

```
            ┌ 礦物學定義 ┌ 翡翠 ────────── 主要產地：緬甸、日本、哈薩克、
            │          │ 硬玉、輝玉 (Jateite)    瓜地馬拉、俄羅斯
            │          │ 明清至今 300 多年的歷史
            │          │
            │          └ 軟玉、閃玉 (Nephrite) ─ 產地：新疆、青海、甘肅、陝西、西藏、四川、
   玉        │            7,000 多年的歷史        貴州、廣西、江西、福建、江蘇、遼寧、吉林、
 (Jade)      │                                  黑龍江、河南，以及臺灣、韓國、俄羅斯、
            │                                  澳洲、加拿大等
            │
            ├ 歷史認定 ── 中國四大名玉：新疆和田玉、遼寧岫岩縣岫玉、河南南陽獨山玉、
            │            湖北鄖縣土耳其玉
            │
            └ 民間石之美者 ─ 青海的昆侖玉、新疆戈壁玉、西藏瑪瑙、江蘇東海水晶、湖北與
                          陝西土耳其玉、江西螢石、湖南芙蓉石、貴州清龍的貴翠以及上
                          述所有的玉石
```

常見的翡翠仿冒品

翡翠相當稀少，價錢比起其他天然礦物高出幾百甚至上萬倍，因此才會出現這麼多仿冒品。講翡翠與其仿冒品的分辨，除了讓消費者增加寶石知識外，也能避免花大錢買到其他像翡翠的礦物。

◆ 岫玉

市面最常見，主要產於遼寧省岫岩縣，是一種蛇紋石玉。它以蛇紋石為主，透閃石、滑石、方解石、磁鐵礦、硫化物為伴生礦物。主要化學成分為含水的鎂質矽酸鹽類，比重 2.44~2.82，較翡翠輕很多，可以放在手上掂掂作比較。硬度在 5~5.5，

▲ 岫玉手鐲。

比軟玉還低。折射率 1.56~1.57，拋光後沒有翡翠亮與出色。顏色有黃、黃綠、灰、白、黑、墨綠色，帶一點蠟狀光澤。內部常見白色雲霧狀的團塊，這是鑑定的最好證據。

許多到大陸探親的臺灣同胞會順便帶這種「內地玉」來各地菜市場或玉市賣。一個岫玉佩在臺北建國玉市賣約 100~200 元，而北京的潘家園也可以輕鬆買到，筆者在 2012 年 7 月也去逛了一圈，就像劉姥姥進了大觀園，相當熱鬧並讓人長見識。雕工普通的吊墜飾品，人民幣 5~20 元（約新臺幣 25~100 元）都可以買到。幾乎所有初學翡翠者都會見到它，因為便宜也會買兩件回去當標本蒐集或送親友。雕工精巧大器的擺件常見於全國各地各大古玩古董店或珠寶城，很多餐廳也會買大型的岫玉雕刻品放在大廳，增加飯店氣派。

◆ 酒泉玉

產在祁連山，墨綠色的蛇紋石大多製成茶壺、茶杯與手鐲，很多旅遊景點都有銷售。聞名中外的唐詩王翰的〈涼州詞〉：

▲ 酒泉玉，有人稱它為「夜光杯」。（圖片拍自潘家園）

「葡萄美酒夜光杯，欲飲琵琶馬上催。醉臥沙場君莫笑，古來征戰幾人回。」這首描寫邊塞風光的詩，讓人彷彿親身在邊塞軍營裡，與將士們舉著夜光杯，裡面盛葡萄美酒，那馬背上琵琶的彈奏聲，催促大家大口喝酒。假若不小心喝醉了躺在沙場上也請您不要笑我，自古以來能夠僥倖從戰場上回家團聚的將士們能有幾個呢？多麼慷慨悲壯的景象啊！每每念到此，就讓我回想起恩師譚立平教授親自解說夜光杯由來的情景。這夜光杯根據老師解釋，因為製作非常的透與薄，當月圓的時候舉起酒杯，月光穿透薄薄的酒杯，就成了聞名遐邇的夜光杯了。我這次在北京的潘家園也有看到攤商在賣，一個 300~500 元。臺灣花蓮也產黑色蛇紋石，到臺灣觀光旅遊也可以買到茶壺與茶杯。

◆ 獨山玉

產於河南省南陽縣獨山地區，又稱為獨山玉或南陽玉。獨山玉有很多色調，以綠、白為主，藍、灰色、粉紅色為輔。微透明到半透明，做雕件大多不透明。細粒緻密結構，到大陸旅遊常會買到這種玉石。顏色有紅棕、黃、綠、藍、棕與黑等顏色，成散點狀分布，這與常見翡翠顏色分布不太一樣。

▲ 獨山玉擺件。（圖片提供：劉海鷗）

陳奎英小姐曾提供一塊標本給筆者做實驗，比重 3.35，硬度為 6~6.5。具有玻璃光澤，比重與翡翠差不多，成分以斜長石、鈣長石、黝廉石、鈣鋁榴石、透閃石為主，在大陸一般的珠寶城與古玩城並不多見。2013年去了南陽獨山地區，許多大型商場也有販售，價錢並不輸給翡翠，雕工也非常講究，一個漂亮手鐲要 15~25 萬元。全國各地想要看到獨山玉的機會不大，想買的話要去河南南陽一趟。

◆ 水沫子

自從玻璃種翡翠大賣之後，價錢連漲好幾十倍，連帶著也把水沫子炒熱了。所謂的「水沫子」，是鈉長石的集合體（$NaAlSi_3O_8$）與少量的輝石類和角閃石礦物，折射率在 1.53 左右，比重大約 2.65，硬度約 6。乾

淨的透明類似玻璃種到冰種翡翠。有白色、黃棕色、黑灰色、藍色，其中常見到類似翡翠的「冰種飄藍花」。會叫水沫子的另一個原因，是它內部有如小氣泡般的微小白色泡沫成串出現。這是種現象，主要成分是輝石類，並非氣泡。同樣的兩只手鐲，水沫子

▲ 水沫子玻璃種手鐲（類似飄藍花）。

很明顯比翡翠輕，另外輕敲聲音也比較低沉，沒有翡翠的聲音悅耳。

　　筆者於 2012 年 6 月的雲南翡翠之旅中發現，不管是在昆明還是瑞麗、騰衝都有許多商家出售水沫子。主要產品有蛋面、手鐲、吊墜、雕件等，成堆成堆地任您挑選。若是玻璃種翡翠，那就嚇人了，隨便一個小地攤，至少要上幾千萬的成本，由此可以推斷這一堆應該是水沫子無疑。

　　水沫子小蛋面一個幾百到上千元，手鐲以全透的最貴，有飄藍花者最搶手。一個價位可以到 6,000~10,000 元，黃色半透價位在 3,000~4,500 元，灰黑半透在 2,500~3,500 元。此外，在騰衝看見一大塊重達上百公斤的水沫子帶蘋果綠的水料。就目前來說，人們漸漸玩不起翡翠，退而求其次接受水沫子，水沫子被炒作的可能性大增。今年玉雕大師王朝陽也推出個人水沫子雕刻作品，很顯然的是把水沫子帶入藝術殿堂中，讓更多人可以瞭解與收藏。最近上東森夢想街 57 臺節目帶藝人逛建國玉市，一個水沫子蛋面 300~500 元，喜歡的人可以前往購買。

　　水沫子鑑定以肉眼看與翡翠有差異，表面光澤較差，放在手上手感較輕，內部有明顯泡沫，與白棉不一樣，但是在不同燈光下還是容易搞混。要知道這價位與翡翠差十萬八千里，所以買高檔翡翠還是要有鑑定書做保障，鑑定可以從比重與折光率差異下手。另外市面還有一種「水沫玉」，其實就是水晶，消費者要弄清楚是買到哪種產品。

◆ 澳洲玉

　　是一種含鎳（Ni）的綠色石英岩，半透明、玻璃光澤，為隱晶質的集合體，比重只有 2.65 左右，折射率在 1.54。這是最常用來冒充翡翠的寶石，其特色就是顏色均勻，呈青蘋果綠，比較單調沒有混色。最常見是做成戒面或珠鏈。

品質好的澳洲玉，在香港珠寶展也賣得不便宜。很多人都想打開澳洲玉的市場，但是消費者常一聽到成分是石英就不感興趣了。

◆ 鈣鋁榴石

鈣鋁榴石是最近 30 年出現在市場上的仿玉材料，因為產在青海，所以也有人稱「青海翠」，除此之外，新疆、貴州也有產。由於各地說法不同，在緬甸有稱「不倒翁」，國際市場上有人稱「南非玉」。

鈣鋁榴石以鈣鋁榴石為主，含少量的蛇紋石、黝簾石與絹雲母。外表通常不透明到半透明，拋光後表面出現油脂光澤，由淺綠到深綠色，常出現點狀色斑。很多商人都栽在鈣鋁榴石身上，花了不少冤枉錢。

鈣鋁榴石比重在 3.60~3.72，比翡翠 3.32 要高。折射率在 1.72~1.74，也比翡翠 1.65~1.66 高。硬度 7~7.5，同樣高於翡翠 6.5~7。通常最快的檢驗方式就是翡翠在查理斯濾色鏡下綠色部分不會變紅，而鈣鋁榴石會變紅。提醒一下消費者，最近市面上也出現黃色的鈣鋁榴石，肉眼看還是很接近黃翡，最好的方式還是測一下比重與折光率；也可以打一下拉曼光譜，馬上就可以得到答案。市面上黃色或紅色翡翠也是鈣鋁榴石成分，要特別注意，尤其是擺件或小吊墜。

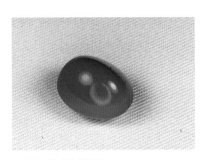

▲ 綠玉髓（澳洲玉）（圖片提供：吳照明）

◆ 東陵玉（耀石英）

東陵玉是旅遊市場上最常見的一種仿翡翠飾品，它其實是一種石英岩，內部含有片狀的鉻雲母，以及密密麻麻點狀。在濾色鏡下會變成紅色，最常用來做成手珠鏈，一串手鏈大概 200~300 元。

▲ 水鈣鋁榴石。（圖片提供：吳照明）

▲ 天河石珠鏈。（圖片提供：雲寶齋）　　▲ 東陵玉（仿玉）手鏈。（圖片提供：杉梵）

◆ 天河石

　　天河石屬長石家族，又稱為亞馬遜石，主要成分為鉀長石，為酸性偉晶花崗岩的造岩礦物，通常為綠色、天空藍、藍綠色。天河石常做成雕刻品、珠子、手鐲與蛋面。

　　有經驗的翡翠商人很容易區分出來，天河石微透明到不透明，單晶體，可以清楚看到有規則解理面（十字形網狀紋），與翡翠混雜的裂紋是不同的。比重比翡翠低，為 2.6，折射率 1.53，硬度 6~6.5，比翡翠略低，這些都是最好的區分方法。

　　2012 年 6 月雲南翡翠之旅時，參觀好朋友的雲寶齋，他店裡就有漂亮的天河石珠鏈與手鐲，現在市面上也相當多，天河石要注意有注膠的問題，買之前先詢問老闆。

◆ 葡萄石

　　葡萄石是最近 6、7 年炒得熱門的寶石。最初是從臺灣開始熱門，這股熱潮持續延伸到中國大陸。據保守估計，當年每個月至少好幾百公斤的蛋面葡萄石流入臺灣。

　　葡萄石因外表結晶像葡萄形狀而命名，命名者為葡利恩上校。葡萄石主要成分為含鈣鋁的矽酸鹽類，硬度在 6 度，比重 2.8~2.9，折光率在 1.61~1.63。大多為黃色、黃綠、翠綠、綠帶黃、淺藍色調。葡萄石裡面白色纖維狀結構與裂紋特別多，頂級翠綠顏色很像玻璃種老坑翡翠，這幾年也受到中國大陸消費者的追捧，黃綠色的葡萄石 10 克拉以上，1 克

拉可以賣到 1,000~1,500 元。品質再好一點，綠帶一點黃的，1 克拉賣到 1,500~2,000 元。而頂級翠綠色的葡萄石，1 克拉至少要 3,000~4,000 元才能買到。對比頂級的翡翠，一顆至少都要上百萬，因此說葡萄石是翡翠最佳分身一點也不為過。

挑選葡萄石除了要看顏色外，還要看它的乾淨度。葡萄石帶一點油脂光澤，偶爾也會雕刻成吊墜。通常 30 克拉就很大了，超過 50 克拉的很少。

葡萄石曾一度跌價，無人聞問。這兩年價錢又漲起來了，只要乾淨淺綠就有人要，曾經造成曼谷一堆人搶著屯貨。目前最高檔如翡翠帝王綠顏色，市場要價每克拉 7,000~10,000 元，想要也不一定有貨；中度綠色的葡萄石每克拉在 2,500~4,000 元；淺綠色的葡萄石看大小，超過 20 克拉的每克拉要 1,000~2,000 元；10 克拉以下的每克拉在 500~1,000 元之間。有雜質或裂紋的價錢並無太多起伏，通常每克拉都在 50~150 元。

▲ 染色石英。

▲ 玻璃心形吊墜，內部有氣泡。

◆ 黑色角閃石玉

黑色的角閃石玉在廣州玉市出現，有的全黑，有的有一點綠色斑點。表面光亮度不錯，價錢也不貴。可以定做手鐲尺寸，也可以打出證書。一只手鐲批發價在 5,000~10,000 元，看有無雜質與裂紋。也有做成珠鏈，一串價格在 4,000~8,000 元。根據歐陽秋眉老師的說法，它的礦物成分主要是角閃石，有少量的硬玉成分。比重在 3.0，折射率在 1.62 左右。

◆ 馬來玉（染色石英）

不知道為什麼會稱它馬來玉？它不是產在馬來西亞，主要是石英岩染色。這種成本非常低的仿翡翠，攻陷各大玉市與旅遊市場小攤販，有綠色、紅色，一個墜子開價 250 元、四

個 500 元，如果您殺價，也可以一個 50 元。不管送婆婆、媽媽還是晚輩，花個小錢都可以見者有份。馬來玉通常都是綠色，裡面有蜘蛛網狀構造，前一段時間到北京潘家園逛，也發現有紅色仿紅翡的戒面。

◆ 脫玻化玻璃

玻璃仿冒翡翠，這是在旅遊小販市場與玉市裡面常見的最低檔產品，主要特徵就是內部有小氣泡。很多人家裡爺爺、奶奶留下來的寶物就是此種材質，後來鑑定才知道是玻璃，一個只有 25~50 元。

翡翠會愈戴愈綠嗎？

很多人去買翡翠，店家都說翡翠會愈戴愈綠。其實要是本身沒有綠絲（色根），基本上是無法再變綠的。翡翠變綠主要是因為與身體接觸後，身體上油脂會滲透入翡翠內部，讓原本淺綠色的部分，看起來更潤、更鮮豔，因此翡翠要常佩戴，才能有這視覺效果。

另外顏色與燈光照射有關，不同光線下，顏色感覺也會不同。因此購買翡翠時要在陽光下觀察，因為顏色差一點點，價錢就會差很多，這是買家要注意的。

翡翠可以避邪嗎？

許多人買翡翠聽店家說可以保平安與避邪。翡翠價錢有高有低，如果您深信翡翠能保平安，那不管是幾百元的翡翠與幾百萬的翡翠都有相同的心理作用。當親友買翡翠送給您，就是希望您在外隨時注意安全，不要酒駕開車，更不要疲勞駕駛。女孩子戴上手鐲後就小心翼翼，怕走路跌倒，必然就減少許多無妄之災。但是假如您睡眠不足還開車、飆車、闖紅燈，就算身上有滿身的神佛加持也沒用。因此佩戴翡翠在身上，知道這是親友愛護送您的，就算是在病床上，就好像親友來探望您，希望您早日康復，心情也會變得愉快，身體也就康復得快了。

翡翠購買需知

決定翡翠等級高低、價錢的因素，不外乎顏色與質地。

◆ 顏色

翡翠的顏色有很多種，您能想得到的顏色幾乎都有。唯一用法不太一樣的，在中國大陸各種顏色的玉都稱為翡翠；在臺灣只有綠色的玉才能稱為翡翠，另一種說法是紅翡綠翠。總之，不要雞同鴨講就好。

隨著一個人年紀的增長與地區性差異，人們喜愛的翡翠顏色也會不一樣。翡翠顏色與致色因素有關係，翠綠色是因為含有鉻元素，紫色是因為含有錳元素，紅色與黃色是含有氧化鐵的緣故。年紀輕的女孩子不喜歡戴綠色的翡翠，除了經濟因素外，主要是感覺太老氣。年輕人比較喜歡白色、淺綠色或是紫色翡翠。

很多人說挑翡翠顏色的關鍵就是要濃、陽、正、勻。濃就是顏色的飽和度愈高愈好，而且要鮮豔。陽就是色調的明暗程度，不可過淺與太深。正就是色調要正，帶黃或帶藍都是顏色不正綠。勻就是顏色分布要均勻，而且濃淡顏色也要均勻。

◆ 質地（種地或水頭）

翡翠的質地好壞與翡翠的結晶程度、結晶顆粒大小有關係。結晶顆粒粗，相對的質地差，透明度也差；反之，結晶顆粒愈細膩則透明度就愈高（俗稱水頭好）。翡翠的質地分類以肉眼觀察，全透明的商業稱「玻璃種」，半透明者稱「冰種」，質地最差的就是不透明。

▲ 三彩翡翠化蝶。（圖片提供：王俊懿）

不太懂翡翠的消費者，會比較喜歡挑顏色，不會去挑選透明度。有鑑賞力的消費者比較喜歡挑翡翠的質地或水頭，有無顏色就要看自己的口袋深不深，因為一分錢一分貨，想要顏色深綠又要質地透明，並不是

一般家庭可以消費得起。以前值幾十萬或上百萬一顆的蛋面翡翠，現在都要好幾百萬到上千萬元，講明白一點，一顆玻璃種翡翠蛋面，現在可能需要一間房子來換了。只能說早買的都賺到了，還沒買的，就只能用雙眼去欣賞了。

由於消費者很難懂得商業的稱呼方法，每一地區的講法也不盡相同，同一顆翡翠不同商家的稱法也不太一樣。因此消費者只要直覺判斷，依照透明程度與顏色去分辨就可以。

◆ 絡裂

絡裂是翡翠最大殺手，買翡翠一定要帶手電筒觀察有無石紋與絡裂。尤其是手鐲，一旦有天然的石紋，價錢就自然降下來。店家通常都說翡翠哪有沒有石紋的呢？沒錯，不管是自然地底下遭受大地壓力造成，或是加工過程產生，都已經造成損傷。如果是搭配衣服戴著

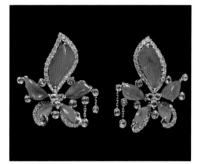

▲ 海星造型鑲鑽耳環，生動有趣、沒有重複性。（圖片提供：三和金馬）

好玩，花個幾千元那無傷大雅，要是具備投資眼光，價值幾十萬上百萬，就要小心翼翼仔細檢查。

玉墜雕件愈是雕工繁複，絡裂愈多，值得注意。擺件與手把件有細絡裂在所難免，要注意看其整體意境與雕工是否精美。

翡翠去哪賣？

好多人買了翡翠，一旦缺錢，就想說哪邊可以脫手出售？年輕族群可以拍照透過網路去銷售；一般人可以去珠寶店寄賣或賣斷；如果緊急用錢可以到當鋪救急；如果是收藏多年的精品，就可以拿去各大拍賣行看看是不是可以翻個好幾十番。這幾年翡翠市場價錢漲翻了，只要是10年前的收藏，眼光好的賺個三、五倍都不成問題。平常也可以透過朋友互相交流，把家裡不常佩戴的翡翠轉手讓人，再尋找新的珠寶配戴。

翡翠去哪買？

好多人都問我去哪找翡翠呢？去緬甸與昆明旅遊可以買嗎？其實到哪都可以買。買翡翠最好有軍師指點，軍師就是行家或前輩，他們買翡翠有多年經驗。如果要收藏級的翡翠，就到珠寶店、拍賣行、高級私人會所找；要撿便宜就去當鋪或各地玉市；如果要做翡翠批發就去臺北建國玉市、光華玉市、高雄九如玉市等，在大陸則為廣州、平洲與四會等地；要買原礦就去大陸雲南騰衝、盈江、瑞麗（姐告）等地；如果怕買到假貨而要選有品牌的，那就去百貨公司珠寶專櫃連鎖品牌買。

買翡翠眼力是很重要的，經驗也不可缺少。兩、三個人一起去可以互相討論。每一個人喜歡的角度不一樣，出的價錢也不會一樣。相信這都是花錢日積月累得來的寶貴經驗。一分錢一分貨，切記貪小便宜，有時候會買到有處理過的翡翠。

▲ 翡翠項墜。（圖片提供：三和金馬）

臺灣各地主要玉市

臺北建國假日觀光玉市
臺北市仁愛路、濟南路及建國南路高架橋下
每週六、日，AM9:00~PM6:00

臺北光華玉市
臺北市八德路一段與新生南路口
每日，AM10:00~PM9:00

臺中崇德觀光玉市
臺中市崇德路三段 728 號
每週六、日、一、二
AM10:00~PM6:00

臺中文心玉市
臺中市文心路二段 651-1 號（中港路、文心路口）
每週五、六，PM12:00~PM7:00

臺中公園玉市
臺中市公園路與平等街口
每週六，AM12:00~PM6:00

臺南中華西路玉市
臺南市中華西路五期重劃區內
每週一、二、六，AM8:00~PM4:00

高雄十全玉市
高雄市十全路二路與自立一路口
每週三、四、日，AM9:00~PM5:00

花蓮石藝大街
花蓮縣花蓮市重慶路與博愛街口
每日，PM2:00~PM10:30

▲ 翡翠小貓項墜。（圖片提供：北京甄藏拍賣公司）

▲ 玻璃種佛公，雕工比例與對稱均佳。
（圖片提供：翠靈軒）

出門篇

119

翡翠的價值評估

◆ 翡翠價錢參考

　　翡翠價錢一直是商業的最高機密，沒有人會說出真正的價位。不同專家、行家與前輩在不同的市場估價也會有不同的價位，原石與成品價位幾乎每個月都在波動。

　　影響翡翠成品價錢主要因素有原料、關稅、人工成本、開店成本、利潤等。有的貨已經買五年到十年以上，現在隨便賣都是穩賺。如果現在才進貨，成本肯定是非常高。

　　從 2012 年開始，受國內經濟龍頭產業建築業與股票影響，消費者荷包縮水，也影響大家投資與購買翡翠的意願。以筆者 2012 年 10 月份對北京、廣州、平洲、四會、揭陽、臺北訪問詢價（開價）為據，拿手鐲來說，老坑玻璃種豔綠手鐲，北京開出 2.5~3 億元，甚至更高，顏色陽綠也要 1.5~2 億元；蘋果色滿綠手鐲在 0.5~1 億元之間，基本上滿綠要是看得順眼的，沒有 5,000 萬元大概沒有機會入手；玻璃種無任何白棉手鐲市場價在 600~1,000 萬元之間，玻璃種無色有一小部分白手鐲約在 400~500 萬元之間；高冰無色手鐲價錢在 150~250 萬元之間，高冰帶一小節綠手鐲要 500 萬以上，高冰帶一節藍水要 1,000 萬元以上；玻璃種帶一節翠綠要 2,500~3,500 萬元，白底青帶一節翠綠要 25~40 萬元左右；淺粉

▲ 冰糯種花青手鐲一對。（圖片提供：翠靈軒）

紫滿色豆種（顆粒細）開價 15~25 萬元左右，淺粉紫春帶彩豆種（顆粒粗），價錢 5~7.5 萬元左右；冰糯種飄藍花約 25~50 萬元，玻璃種飄藍花開價 400~500 萬元；油青種手鐲開價 10~15 萬元左右；低檔手鐲大多在 1,500~15,000 元之間，大多數人拿來自用或送禮。以上價格只是參考，實際價錢要以看貨為準，翡翠價格會隨時間與業者利潤做波動。

滿翠老坑的蛋面 1.5~2cm，要觀察它的不同厚度，內部是否有白紋，顏色是否均勻與偏藍，通常價格在 150~500 萬元，如果是豆種滿綠價位就在 15~25 萬元。特大的蛋面價位在 2,500~6,000 萬元都有。

無色玻璃種蛋面 1~1.5cm，不同厚度，25~75 萬元；無色冰種蛋面 5~15 萬元左右。

無色玻璃種觀音或佛公 3~4cm，不同厚度，15~150 萬元；無色冰種觀音或佛公 5~25 萬元。

滿綠不同顏色深淺與厚度，觀音或佛公 3~4cm，豆種 10~25 萬元，冰種 100~1,000 萬元，玻璃種 500~5,000 萬元。

葉子 3~4cm，不同寬度與厚度，無色冰種約 5~50 萬元；無色玻璃種 50~150 萬元；滿綠色不同顏色深淺與厚度，50~1,500 萬元，這範圍相當大，就看質地屬於哪一種。

豆子 3~4cm，不同寬度與厚度無色冰種約 5~50 萬元；無色玻璃種 15~150 萬元；滿色不同顏色深淺與厚度，25~1,500 萬元，這範圍相當大，就看質地屬於哪一種。

墨翠觀音或佛公 4~5.5cm 左右，打光不同顏色、不同厚度與雜質，開價 50~500 萬元。

由以上詢問的價錢得知，價錢南轅北轍，有人開價只願意打九折，有人可以殺到一半或 1/3。有人缺錢也

▲ 綠葉鑽墜，水頭好，質地佳。
（圖片提供：翠靈軒）

可以賣到低於一折價錢，因此才有所謂「金有價玉無價」之說。但是有成交就有價錢，相信每一位行家心裡都有一把尺，只要買過就有經驗。行情是隨著時間變化，只要半年不接觸，可能就會偏離行情。當老闆開價的時候，有時候也會問消費者能開到多少價位，如果有經驗，也可以按照自己意願去談價。

這樣來來去去殺價還價，就形成翡翠交易的心理戰術，也是這麼多人願意跳進這市場來的主要原因。

◆ 翡翠投資指南

前幾年無色冰種與玻璃種翡翠的漲幅太高，因此當景氣不好的時候，最容易受到波及，這時候只能逢低進場，切勿再追高。根據最近一年觀察，頂級老坑種翡翠市場詢問度還是相當高，不管是蛋面、吊墜，還是手鐲，都沒有降價跡象，主要是貨主惜售。而高檔貨的貨源愈來愈少，相信也只有愈來愈貴的趨勢。

近幾年主要的拍賣市場以手鐲、蛋面、觀音、佛公、珠鏈這幾項最受關注。近幾年大家漸漸對紫羅蘭的翡翠關注多一點，滿色玻璃種紫羅蘭曾經有億元以上的交易行情。此外春帶彩的手鐲、擺件、吊墜，也受到消費者大大歡迎。另外一個重點，翡翠在雕刻大師的加持下，愈來愈多人樂意收藏，而它的藝術價值增值性就高了。相信在未來的拍賣市場，會有玉雕大師的專門系列作品出現。

消費者在投資之前，可以多和幾位朋友討論，通常行家買貨也會徵求朋友的意見，四、五個人只要有一半的人反對，就應該放棄，切勿躁進。再次提醒，千萬不要借錢來投資翡翠（應該是拿自己賺來的錢），以免利息太重周轉不靈，造成全家負擔不起的悲劇。

▲ 翡翠鑽墜。（圖片提供：駿邑珠寶）

5 閃玉（和田玉、軟玉、碧玉）
Nephrite

說起軟玉，實在是千言萬語，主要是因為牽涉層面太廣，拿來寫一本書、講一學年的課都不為過。為了說明玉的產地，下面就不用 2008 年 3 月新疆質檢局公布的《和田玉文字標準草案》與《和田玉實物標準（草案）》了，而是以不分產地的原則，只要是軟玉都稱「和田玉」，不管是青海產，還是俄羅斯進口的。並將和田玉分為羊脂白玉、白玉、青玉、黃玉、碧玉、墨玉、糖玉七大類。

現在所講的軟玉，也就是上述七大顏色分類，不涉及古玉、老玉及朝代的範疇，就是近一百年來開採原礦或雕刻成成品者。

成分	$Ca_2(Mg,Fe)_5$【Si_4O_{11}】$_2(OH)_2$，透閃石－陽起石的固溶體
晶系	單斜晶系
硬度	6.0~6.5
比重	2.90~2.95
折射率	點測法約 1.62
顏色	白、灰白、黃、黃綠、綠、黑等

成分分類與結晶形態

通常成分含透閃石多者多為白玉，陽起石成分較多者為綠色（碧玉）。主要晶形為纖維狀或是長柱狀。原生礦主要以塊狀或片狀為主，次生礦主要以礫石為主。軟玉大多半透明到不透明，具有油脂光澤或瓷白光澤。在臺灣與俄羅斯的軟玉中，部分具有纖維排列的貓眼效應，具有收藏與鑑賞功能。

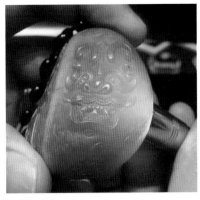

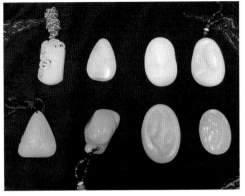

▲ 雞油黃和田玉。（圖片提供：翠天玉地）　　　　▲ 不同白度的新疆和田白玉吊墜。（圖片提供：翠天玉地）

主要產狀

通常依照軟玉出產的環境可分為山料、山流水料、籽料與戈壁料等。產量最大的就是山料，一年可有幾千噸生產。籽料是品質最好的料，塊頭小、水頭足，外表圓滑沒稜角，溫潤有油脂光，價格最昂貴。一顆幾公斤的籽料售價可以高達好幾千萬甚至上億，目前產量最稀少，一年只生產十幾噸左右。戈壁料產在戈壁沙漠中，長期受到風吹沙與日晒，部分氧化變黃或紅色，表面有稜角產生。

主要三大產地

1. 新疆和田玉：根據同濟大學廖宗廷教授研究，和田玉分布在塔里木盆地之南昆侖山－阿爾金山地區，和田玉成礦帶綿延約 1,100 公里，海拔在 3,500~5,000 公尺，並且在高山上分布著原生礦床。主要有三個產區：

a. 昆侖山產區：又可以區分成和田－于田礦區（白玉、青玉、青白玉）、且末礦區（白玉、青玉、青白玉）、莎車－塔什庫爾幹礦區（以青玉為主，少量白玉，為古代采玉重要場地）三個產地。

b. 天山場區：主要產碧玉，所產的碧玉又稱「馬納斯碧玉」。

c. 阿爾金山產區：主要產碧玉與少量青玉。又稱「金山玉」。

（知名的白玉專家李永廣老師在《白玉玩家實戰必讀》一書中將和田地區分成若羌－且末礦區、和田－于田礦區、莎車－葉城礦區三個產地）

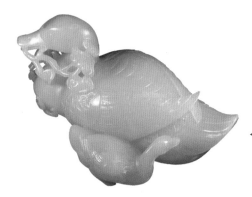

▲ 新疆和田玉擺件，色澤白，不帶灰，玉質溫潤，具有油脂光澤，雕工細膩。
（圖片提供：阿湯哥寶石）

2. 青海軟玉：主要產在青海省格爾木市東、昆侖山玉女峰附近三岔口地區。

李永廣老師將它區分出：

a. 三岔河（白玉、青白玉、翠青玉。2008 年奧運金、銀牌用料）

b. 拖拉海溝（糖白色、糖青色，目前已封礦）

c. 小灶火河（碧青玉、糖青色、糖玉、黃口料。其中碧青玉為 2008 年奧運銅牌用玉）

青海軟玉，俗稱青海料。玉質溫潤，透明度高，油性高，少部分可見蘿蔔絲紋。主要有白玉、青白玉、青玉、糖玉等品種。最有特色的是「白帶翠」品種，不知道的人還以為是翡翠呢！

3. 俄羅斯貝加爾湖軟玉：主要產地在貝加爾湖東南方的薩彥山脈。

主要顏色有白色、青玉、青白玉、黃玉、墨玉、碧玉等。根據行家市場調查，目前河南南陽原石市場有將近一半都是俄羅斯進口的山料白玉。

▲ 青海山料打圓仿籽料珠子。

市場上還有哪些軟玉產地？

1. 遼寧岫岩縣產的軟玉：有人說「老玉」，也有人說「河磨玉」，就是在河床裡滾圓的玉。這裡出產的軟玉顏色有綠色、黃白色、青色、黑色等。

2. 江蘇溧陽軟玉：主要產在溧陽縣小梅嶺村東南方。主要產白玉、青白玉、青玉、碧玉等。

3. 福建南平軟玉：主要產在南平市東約 20 公里左右。大部分是青白玉，少量是白玉。

4. 河南欒川軟玉：主要產在伊河源頭的伏牛山北部，又稱伊河玉。主要顏色是青白與灰白色。

5. 河南西峽軟玉：主要產在河南省西峽縣。主要顏色有淡綠色、灰綠、黃綠色、灰白色等。

6. 貴州羅甸軟玉：主要產在貴州省羅甸縣紅水河鎮。主要顏色有瓷白色、淺綠、青色、糖色等。

7. 吉林磐石軟玉：主要產地在吉林省磐石市石嘴鎮。顏色為單一白色。

8. 廣西大化軟玉：主要產在廣西大化縣岩灘水電站附近。主要顏色為灰綠色、綠白、黃白、灰白等。

9. 臺灣花蓮豐田、西林玉：主要產在花蓮壽豐鄉，顏色以碧玉、乳白、青玉、灰綠色為主，並且生產獨特的軟玉貓眼，有黑色、黃褐色、黃綠色等。「臺灣軟玉」在後文會特別介紹。

和田玉投資與收藏

　　和田玉投資在中國大陸這十幾年來真是如火如荼，不管是買原料還是買成品，真是閉著眼睛買，閉著眼睛賣都可以賺錢。早期大多數人都要收藏珍貴的水料（籽料），現在要是好的山料，其實都是不錯的標的物。因為好的籽料一公斤都已經飆破好幾千萬，不是一般人可以玩的。

　　品質好的白玉不怕沒人要，品質差的白玉堆得滿坑滿谷也沒人問。建議大家可以多與業內朋友交流，多參加拍賣會，提升自己的鑑賞能力，瞭解市場行情，與業內朋友合資去買原石。買過幾回賺到錢之後，自然就可以依照自己的判斷力單獨下手買，三、五年之後您也可以變成行家。

　　白玉不怕買貴，就怕您買的品質不夠好，不管買貴或便宜都與朋友分享，這樣才能知道自己的功力如何。最怕就是買回來就藏在保險箱，也不知道是否買到染色做皮還是山料人工磨圓仿水料原石。建議參加社

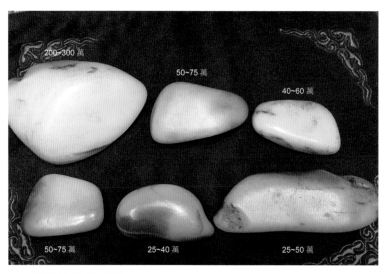

200~300 萬
50~75 萬
40~60 萬
50~75 萬
25~40 萬
25~50 萬

▲ 白玉籽料市場預估行情。（圖片提供：翠天玉地）

團，多看看別人收藏，多瞭解拍賣行情，多做一點功課。玩白玉的樂趣不只是賺多少錢，也是在看自己投資眼光與判斷力。買十顆原石有六、七顆賺錢就算成功了。

　　部分白玉原石像翡翠一樣會有皮殼，需要去賭運氣與經驗，要玩原石還是成品就看自己屬性。成品需要看是現代雕刻還是古代雕刻。好品質的白玉，自然找的工藝大師愈出名，現在一件手把件，大師級的工藝沒有幾萬元是無法搞定的。便宜的白玉山料頂多花幾百到幾千元就差不多了，至於名師雕刻品，就看自己的喜好，因為這些需要更多金錢才有辦法收藏，做收藏必定是閒錢，不要今天買，過幾個月就想賣，至少放個五年、十年再賣出去。甚至經濟能力高一點的收藏家可以開個私人博物館，或者捐出去給國家博物館，讓更多人來鑑賞白玉的美與質樸。

　　如果是買白玉山料的手把件或是手鐲，價位在萬元左右的，就別成天想要賺錢。要提醒消費者基本上這些東西量大，成堆讓您去挑都沒問題，就留著自己戴或給親人當紀念。市面上說自己是羊脂白玉的賣家，多半是唬外行人的，基本上能到達羊脂白玉等級的一萬塊中只可能有一塊，在許多電視購物或者是百貨公司裡聲稱羊脂白玉可以拿出幾十幾百件的，都是吹牛皮，這些成本大概只有幾百到幾千元，少數會超過上萬元。會賣貴是因為品牌與管銷費用，賣玉又不是賣菜，不可能排隊來買玉。

和田玉產地迷思

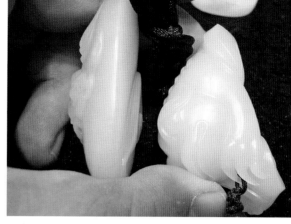

並不是所有人都有辦法分辨產地，就算是利用科學儀器去分析成分，也沒辦法百分百精準判斷，只有長期做原石買賣的行家才有辦法。是不是新疆產的，還不如說這白玉的白度與潤度。由於質地的差異，也造成價位的天差地遠，

▲ 任何一個白玉的白度都是需要互相比較的，右邊的明顯要比左邊的白。（圖片提供：翠天玉地）

難怪白玉這一行陷阱特別多。常常聽到有人要出售一塊幾年前收的白玉，有人看到出 30 萬，也有人看到出 60~70 萬。其實白玉世界裡，就是有人想賣，有人願意收藏的交易，貴與便宜都沒個準兒，只要雙方皆大歡喜就可以。

買白玉一定要多做比較，好幾塊同時放在一起，看它的白度與潤度，注意不要發灰，油脂光澤愈好、細微性愈大、重量愈重，則價錢愈貴、愈難找到。許多專門做白玉原石買賣的店家，店裡就是擺著許多原石待價而沽，隨便一顆都是幾十萬到好幾百萬。這是平常人無法瞭解的。要收藏白玉原石一定要有幾位行家陪同給您意見，但最後下決定的還是自己。

大家都知道白玉歷史最悠久，傳承著古老的中華文化，有著不可取代的地位，所以並不會輕易拋售，好的白玉只會愈來愈少。提醒所有讀者，也請轉達您的親友，白玉不管是產自新疆、青海、貴州、河南、俄羅斯，還是韓國產的軟玉，只要在中國大陸買賣，鑑定書上都稱「和田玉」，因此就算去新疆旅遊買到的和田玉，或者在廣州、上海、北京旅遊買到的軟玉，基本上都是稱為「和田玉」。只有老字號大小商家，才會親口告訴您這是新疆料還是青海料。

▲ 青海料，青白玉雕件。

白玉的仿冒品有哪些？

▲ 染色假的仿冒和田玉籽料。

　　只要有利可圖，商人基本上就可以拿來混淆消費者。白玉的仿冒品分天然礦物與玻璃類，與白玉最像的大概是石英、大理石與岫玉，基本上這三者是舊貨攤與觀光區最常見的仿白玉成品。三者的比重與硬度都與白玉不同，石英最大差異是比重，大理石最大差異是硬度較低，且遇鹽酸會冒小泡泡。這些通常都是一堆堆任您挑選，價錢在 100~1,000 元都有，不管雕工與質地都相當差。

　　市場上聽到的漢白玉、阿富汗白玉都是屬於大理石。東陵玉、京白玉、汴伕石、晴隆玉、密玉、隆皇玉都是屬於石英質，成分是二氧化矽，硬度 7，高於軟玉。區別的方式就是看比重不一樣，可以利用放在手上掂掂看。也可以放在溴仿（三溴甲烷，$CHBr_3$）內，比重在 2.9，石英會浮起來，軟玉會沉下去，相當方便觀察。

　　岫玉比重較輕，主要成分是蛇紋石，可以利用硬度不一樣來分辨。在野外我喜歡用鋼刀或鋼釘劃過玉石表面，若有刮痕就是岫玉，反之就是軟玉。至於作假方面，最多就是用玻璃與玉粉燒製。玻璃通常較輕，有氣泡，光澤也不自然，這最常在觀光區發現，售價在 300~1,500 元不等。如果發現墜子、雕件大小與雕刻內容都一樣時，就要注意了。

個人收藏準則

▲ 青海料，青白玉雕件。

　　我在學生時代接觸白玉也有一段時間，基本上沒有什麼過人之處，就是玉質與雕工這兩項。有牽涉到斷代（清朝例外）的問題基本上就不碰，因為轉手比較麻煩。早期只買和田玉水料，山料基本上也沒碰，因為山料太多了，想買也買不完。雕工與線條是否優美，布局是否勻稱，題

材是否眾所皆知，小從把玩件的十二生肖動物到擺件花瓶與人物類，只要合乎預算都收。體積愈大愈稀有也是我考慮的對象，因為我知道白玉會愈來愈稀有，價錢也會呈倍數增長。現在不管是和田玉還是青海料，甚至俄羅斯料，每年的漲幅都比您把錢放在銀行好。只要有閒錢，買個幾十公斤甚至上百公斤來放，相信三、五年後這些白玉的價格都有機會翻個幾倍。

白玉投資前景

　　根據李永廣老師的說法，昆侖玉從 1994 年到 2012 年這 18 年之間上漲了一萬倍。2012 年最好的羊脂白玉每公斤幾千萬也不一定買得到。這幾年中國大陸熱錢太多，政府打房的政策下，尋找投資管道要穩且有文化歷史背景就屬於白玉這一區塊了。如果是個人投資，幾十萬到上百萬人民幣都不足為奇，若是想開個店面，沒有一、兩千萬人民幣是無法做白玉生意的。如果是企業老總下手直接去礦區買貨，一出手就是上億資金，大家都想搭這白玉熱的順風車，將自己的財富短時間內迅速翻倍。至於像潘家園的小攤販，大概只要二、三十萬資本就可以搞定。今年起白玉好像到頂了，很多玩家轉向南紅、青金、琥珀、綠松石等，哪邊跑得快，資金就往哪邊放，投資要隨時注意風向球。此外，以白玉送禮的人也少了，普遍價錢回跌指日可待，但最高檔的羊脂白玉仍是往上衝。

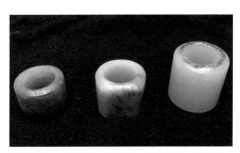

▲ 不同大小的和田白玉扳指。（圖片提供：翠天玉地）

如何玩古玉（閃玉）？

　　古玉容易下手嗎？我建議先拜師學藝、多問多看。此外，要有一群同好可以一起研究討論，不管是真偽、增值性、工藝，都可經過討論，一起進步。

　　古玉的鑑賞，斷代的困難度遠超過我們想像。一開始玩古玉的心態

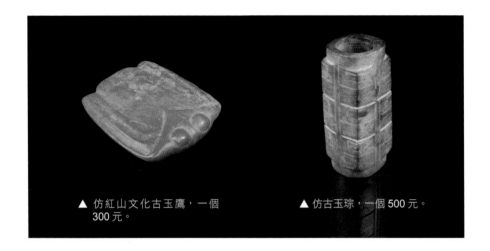

▲ 仿紅山文化古玉鷹，一個　　　　　　▲ 仿古玉琮，一個 500 元。
　　300 元。

要正確，千萬不要花大錢，可以先不管年代久遠真假，選擇水料算不錯的玉質，再慢慢蒐集。

　　玩古玉要先瞭解：玉料又分山料與水料，山料是在礦山開挖出來的，水料是從河裡挖出來的，一般來講水料的質地都會比較好。山料沒有黃皮、褐皮、黑皮等氧化現象，但現在有些古玉上的玉皮，是人工作色出來。

　　今日另有一種以現代技術精心仿古的古玉新雕，售價頗高，很多收藏家也會失手。要破解仿老工，可以多瞭解各朝代工藝、圖騰、特性，對古玉也要有比較深入的研究。

　　古玉會受沁，初期變黃，久了變紅、變黑以後，開始出現肉眼可見的坑洞凹疤。很多人寧可買沁色的古玉，也不要買人工作色的，沁得好就是美！

　　市場上要收藏真正古玉的機會渺茫，尤其是中國大陸仿製品滿坑滿谷，只求收藏到質地和雕工好的玉就好。

◆ 初學者該如何入門？

　　建議初學者先以民、清白玉收藏為主，相對而言沒有斷代與仿古的問題。白玉的價值在玉質（羊脂白、灰白玉、青玉、黃玉、墨玉等）和雕工（細膩）。和田白玉料在中國大陸 1 公斤已經要好幾十萬人民幣，好的白玉料已經千金難買了。當然好的玉料也要有好的雕工，建議可以

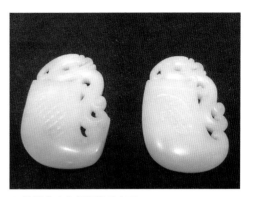

▲ 天然白玉表皮受風化造成黃顏色沁色。　▲ 造型仿古的新疆和田白玉。

參加古玉協會，與同好互相觀摩提升鑑賞品位。除了挑選玉質與雕工外，建議收藏品愈大件愈好，因為光玉料就難以估算價值了。

　　目前要買到便宜的白玉實在太困難了！建議在民間收購（可登報紙、網路廣告），因為有很多長輩的收藏品，後代子孫並不清楚價值，這樣比較有機會收到又便宜又好的白玉。

▲ 和田白玉觀音。（圖片提供：雅特蘭珠寶）

6 金綠寶石 Chrysoberyl

2015 年金綠寶石最新行情資訊

金綠貓眼愈來愈稀有，5~9 克拉的，每克拉在 7.5~12 萬元；10~19 克拉的，每克拉在 15~20 萬元；超過 20 克拉以上就很難找了。亞歷山大貓眼超過 5 克拉就很少了，每克拉在 15~25 萬元。亞歷山大石 1~3 克拉要看變色程度、乾淨度，紫紅變藍綠，1 克拉要 20~35 萬元；草綠變粉紅稍微便宜，1 克拉要 15~25 萬元；5 克拉以上就很稀有了。

成分	BeAl$_2$O$_4$
晶系	斜方晶系
硬度	8.5
比重	3.71
折射率	1.74~1.75
顏色	紅棕至黃綠色、咖啡
解理	不完全、柱狀
斷口	不均勻貝殼狀

收藏貓眼石的人沒有蒐集紅藍寶石人多，因此漲幅沒那麼快。金綠寶石（無貓眼現象與變色），以綠色最好，黃色次之。要注意 10 克拉以上的，每克拉約 15~20 萬元。貓眼石目前愈來愈難找，喜歡貓眼石的朋友，看見 10 克拉以上的金綠貓眼，下手就要快狠準，這樣才算是有投資潛力的收藏家。

金綠貓眼 Cat's-eye Chrysoberyl

您一定聽過「貓眼石」，寶石形成貓眼現象，主要是因為寶石裡含有很多細長而且平行排列的纖維內含物，在燈光照射下，寶石可呈現出

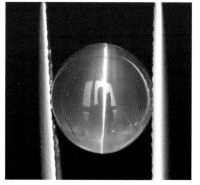

▲ 蜜糖色金綠貓眼 5.4 克拉裸石。
（圖片提供：陳敏）

▲ 金綠貓眼鑽石戒。（圖片提供：駿邑珠寶）

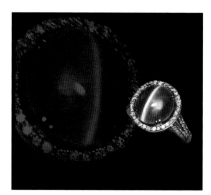

▲ 金綠貓眼戒指。（圖片提供：承翰珠寶）

如貓咪眼睛一般、一開一合的現象，就稱為貓眼。很多寶石都會有貓眼現象，例如透輝石貓眼、水晶貓眼、碧璽貓眼、磷灰石貓眼、臺灣玉貓眼等。如果只講「貓眼石」，指的就是金綠貓眼。

　　金綠貓眼主要產在斯里蘭卡、巴西與非洲，是貓眼中的貓王，為其他寶石的貓眼不能相比的。挑選貓眼石時首重顏色，以牛奶蜂蜜色（Milk & Honey）到褐色色系最受歡迎；第二是看貓眼的線，線不能太粗、不能斷，線要活、要正。所謂活，就是在光源忽遠忽近調整下，貓眼的線會跟著一閉一合；所謂正，就是燈光下，線正好在寶石中間。這也是挑選各種貓眼的準則。斯里蘭卡出產的「金線金綠貓眼」是貓眼中的極品，在斯里蘭卡人稱為「獅眼」，比一般金綠貓眼售價貴三成左右。

　　另外，雜質愈少、透明度愈高、沒有裂紋的金綠貓眼，價格就愈貴。貓眼石雖是貓眼之王，但是品質不透明的金綠貓眼，在網路拍賣上或玉市裡，1 克拉左右不透明的小貓眼，每克拉約 300~500 元就可以買到，這是初學者蒐集寶石標本的最佳入門款。

亞歷山大石 Alexandrite

亞歷山大石是為了紀念俄國皇帝亞歷山大而命名，俗稱變色石。很多寶石也有變色現象，如變色剛玉、變色石榴石、變色尖晶石，但一般說的「變色石」，指的就是亞歷山大石。

亞歷山大石因為含鈹，所以會產生變色現象。在日光燈或鎢絲燈下，寶石會呈現不同顏色。最好的變色石是藍綠色變紫紅色，產在俄羅斯烏拉山，其次是產在巴西。而非洲坦尚尼亞產的亞歷山大石在一般燈光下是草綠色，鎢絲燈下變成淺咖啡色。

挑選變色石，第一要變色明顯，第二要乾淨度夠，市面上兩者兼具的很少。通常變色明顯，雜質就多；透明無瑕的，變色就不明顯。俄羅斯烏拉山的變色石是品質最好的，但是目前幾乎停產。現在以巴西的變色石品質最好，而市面上最多的變色石大多來自馬達加斯加、坦尚尼亞。若超過 10 克拉以上，又變色明顯，就算是非常稀有了，市場行情就看買家出的價錢了。

▲ 斯里蘭卡的亞歷山大石，在黃光下呈紫紅色，在白光下呈藍綠色，變色明顯。（圖片提供：Jewel Deco）

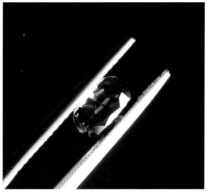

▲ 白光照射下的巴西亞歷山大變色石。　▲ 黃光照射下巴西亞歷山大變色石。
（圖片提供：陳敢）

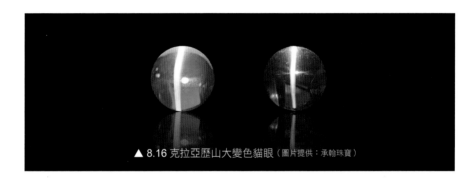

▲ 8.16 克拉亞歷山大變色貓眼（圖片提供：承翰珠寶）

亞歷山大貓眼石 Cat's-eye Alexandrite

　　亞歷山大貓眼石，既有變色又有貓眼現象，是金綠寶石中最稀有、最昂貴的一種，一直是收藏家的最愛。亞歷山大貓眼石主要產地在非洲坦尚尼亞，大多深草綠色變淺粉紅色。2010 年蘇富比拍賣行的臺北預展，我有幸見到 2~4 克拉的亞歷山大貓眼成品，不知道後來拍出了多少的佳績。

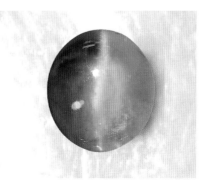

▲ 亞歷山大變色貓眼石，在白光下呈黃綠色，在黃光下呈紅褐色。（圖片提供：侏羅紀珠寶）

十五大流行寶石

　　除了寶石界的六大天王，有一類寶石市場詢問度高、國際名牌廠商與設計師喜歡採用、經常登上珠寶發布會與平面媒體，統稱為流行寶石。

　　流行寶石的價位不像貴重寶石那麼讓人望之卻步，從 1 克拉單價幾十元到一、兩萬元都可買到，所以從愛用名牌的時尚名媛，到愛在電視購物妝點自己的媽媽、小姐，或因修行、靈性等說法而佩戴的靈修者身上，都可以發現這些寶石的芳蹤。以下為您介紹 TOP15。

1 碧璽（電氣石）
Tourmaline

碧璽（電氣石）的名稱源自於斯里蘭卡僧伽羅族語 turmali，意思是顏色混雜的寶石。在中國歷史文獻中也可找到「碧霞希」、「砒硒」、「碧璽」、「碎邪金」等稱呼，有避邪的意味，是慈禧太后的最愛。碧璽在日本也一直很受歡迎且暢銷，很多業者將碧璽做成手機吊飾，宣稱可防電磁波；做成床墊，聲稱具有遠紅外線，可改善睡眠品質；用在泡腳，據說可以促進新陳代謝與血液循環。

成分	(Na,Ca) (Li,Mg,Al) (Al,Fe,Mn)$_6$(BO$_3$) $_3$Si$_6$O$_{18}$(O H)
晶系	六方晶系
硬度	7~7.5
比重	3.0~3.25 （因元素的不同而異）
折射率	1.615~1.638
顏色	隨成分變異大
解理	無
斷口	貝殼狀

碧璽在臺灣已經風靡將近 20 年，不管在珠寶店、國際知名品牌專櫃、名媛社交場合，始終是眾人注目的焦點。碧璽流行的原因，就是其擁有五彩繽紛的顏色，從紅、黃、紫、藍灰、橘到桃紅色，光是紅色系列就有五、六種不同深淺的色澤。以顏色為設計重點的國際名牌寶格麗，就常使用碧璽當作素材，設計出各款珠寶首飾，從時尚圈蔓延開來，帶動流行。

碧璽流行的第二個原因是價位平易近人。碧璽的顏色鮮豔均勻，僅次於紅藍寶石，火光接近於紅寶石，但是價位卻比紅藍寶石便宜許多，是初學寶石者入門的最好選擇。

常見的碧璽手鏈與項鏈，內部雜質多，通常單價以克為單位，一串手鏈看品質可以從幾千到上萬元；碧璽的墜子雕件，常有灌膠處理，也是以克計價，一塊墜子市價從 1~3 萬多元不等。至於蛋面碧璽，雜質會稍

▲ 天然純淨紅寶碧璽項鏈。（圖片提供：瑞梵珠寶）

微多一點，通常市價每克拉 500~3,500 元不等。

碧璽在地質學上稱電氣石，五顏六色，應有盡有，最有名氣的就屬紅寶碧璽與西瓜碧璽。尊貴的紅碧璽，有如火紅玫瑰般引人注目，晶瑩璀璨，燃燒著成熟女子的熱情；綠裡透紅的西瓜碧璽，更令人愛不釋手。然而也有人一眼就愛上雙色碧璽，因為顏色壁壘分明，相當特殊，這也是收藏家的最愛。至於藍色與綠色碧璽，各自代表男人成功事業的肯定與成熟女性精明幹練的特質。

選購訣竅

1993 年前後，10 克拉大小的紅碧璽，市價每克拉 5,000~6,000 元；到了 1998 年 10 克拉大小的紅碧璽，每克拉 500~2,500 元；2000~2006 年在建國玉市 10 克拉的紅碧璽，每克拉 1,500~3,000 元。

2009 年開始，中國大陸市場逐漸擴大，把寶石的低迷市場炒熱，大批的中國大陸寶石買家把乾淨、重量大的碧璽搜刮一空，以至於臺灣買家幾乎沒辦法補新貨，只能靠之前買進的庫存。也因此紅、綠、雙色碧璽的價格，幾乎每一個月的批發價錢都像坐直升機一般不斷上漲。不禁讓我想到，在 1999 年時，去泰國尖竹汶看到好多顆超過 100 克拉的紅碧璽，每顆只要 20 萬元左右，若是現在要買，恐怕需要 70 多萬元才有可能買到了。想到此，又要捶心肝了。

2015 年碧璽最新行情資訊

在彩色寶石中，碧璽的知名度最高，果然不負眾望，漲幅最大。以紅寶碧璽來說，這幾年已經漲了 4~5 倍之多。很多人問我還會再漲嗎？得關注一下經濟局勢，避免買得過高，像黃金一樣套牢。

目前高質量的紅寶碧璽，幾乎全乾淨，大克拉數的，每克拉 2.5~4 萬元。帶一些針狀內含物的，顏色豔紅色的，每克拉 2~3 萬元。針狀物稍微多一些顏色、稍粉紅的，每克拉 1~2 萬元。顏色與淨度稍差的，每克拉約 5,000~10,000 元。蛋面紅寶碧璽品質最好的，每克拉 1~2 萬元。稍差的紅寶碧璽品質，每克拉 2,000~5,000 元。

碧璽手鏈目前非常受歡迎，珠子看大小與乾淨度，6~8mm，一串約 5,000~15,000 元。10~14mm，每串約 2.5~6 萬元左右。碧璽小吊墜，以紅、藍、綠、黃最多，大小都在 3~20 克左右，每克約 3,000~7,000 元。

藍色碧璽這幾年一樣有增值，不帶黑，目前最好的每克拉約 2~3.5 萬。中高品質的，每克拉 1~2 萬元。1~5 克拉的，每克拉約 5,000~8,000 元。

西瓜碧璽與雙色碧璽，品質就看顏色深淺與分布比例。最好的西瓜碧璽每克拉約 2.5~4 萬元。顏色沒那麼深，分布比例差一點的，每克拉約 1.5~2 萬元。

雙色碧璽，價錢就看是哪兩種顏色搭配，品質好一點每克拉約 1.5~1.8 萬元。質量中等的每克拉 1~1.5 萬元之間。

綠碧璽也深受消費者喜歡，尤其是莫三比克產的。最好的顏色每克拉約 1.5~2.5 萬元；中上品質也要 1~1.3 萬元；發黑或偏色不討喜，價錢每克拉只有 1,500~2,500 元。而鉻綠碧璽價格大致上 10 克拉以下的，每克拉 2,000~2,500 元；10~20 克拉大小的算是市場主流，每克拉 3,000~3,500 元；如果是 30 克拉以上就算相當稀有，每克拉 4,000~5,000 元。

值得注意的是莫三比克的帕拉伊巴。最深藍色每克拉約 5~6.5 萬元。中上顏色，每克拉 3.5~4.5 萬元。淺藍色或淺綠色每克拉 1.5~2.5 萬元。巴西產的帕拉伊巴目前很難找到，有的話也只有 1~3 克拉左右的，高品質的每克拉價位在 60~100 萬元。

未來這幾年大家還是得關注紅寶碧璽、綠碧璽、西瓜碧璽、帕拉伊巴的走向。

紅寶碧璽 Rubellite

因為顏色很接近紅寶石，所以稱它為紅寶碧璽，顏色從紫紅到玫瑰紅、粉紅到深紅色，為碧璽中最受歡迎的顏色，以巴西產的最為有名。最近這幾年以莫三比克出產的最多。清朝時流傳到中國，多用作一品或二品官員朝服帽飾。

▲ 紅寶碧璽套鏈。
（圖片提供：雅特蘭珠寶）

▲ 紅寶碧璽鑽戒。
（圖片提供：駿邑珠寶）

▲ 紅寶碧璽鑽石吊墜。（圖片提供：駿邑珠寶）

綠碧璽 Verdelite

　　綠碧璽的綠可以從淺綠、黃綠、棕綠到暗綠，大部分產自巴西，顏色通常都很深，只有利用穿透光才看得出來寶石的綠，但是經過熱處理後，顏色可以改善一些。而淺黃綠色的碧璽，對於買不起祖母綠的消費者來說，也是另一種選擇。

▲ 鉻綠碧璽。（圖片提供：慶嘉珠寶）

鉻綠碧璽 Chrome Tourmaline

　　鉻綠碧璽因為含有鉻元素，產生鮮豔的翠綠色，這樣的顏色非常討喜，主要產地在巴西，大多切割成長柱狀。最近在大陸知名度大開，市場售價每克拉 2~3.5 萬元，是值得注意的寶石。消費者可以拿濾色鏡區分，燈光下若是變暗紅色就是鉻碧璽，不變色就是普通碧璽。

▲ 黃碧璽。（圖片提供：慶嘉珠寶）

黃碧璽 Dravite

　　黃碧璽顏色可深到帶點咖啡色、棕黃色、土黃色等，受歡迎程度沒有其他顏色來得好。以 1~10 克拉大小最常見，每克拉 3,000~5,000 元。

▲ 藍碧璽珠鏈。（圖片提供：瑞梵珠寶）

藍碧璽 Indicolite

　　藍色系列的碧璽可見淺藍到深藍色。純藍色的碧璽非常稀有，而淺藍色像高級的海藍寶石則最熱門。高品質在大陸售價每克拉高達 2~4 萬元，以巴西、莫三比克、尼日利亞、阿富汗、巴基斯坦產的最受歡迎，要注意顏色不要發暗。

▲ 藍碧璽戒指。（圖片提供：羅美圓）

黑碧璽 Schorl

含鐵量較多的電氣石會呈黑色，這是一般人不太喜歡的顏色，因此大部分黑碧璽都當做標本，很少琢磨成寶石。在臺灣，有人拿黑碧璽來練氣功；在日本則大多做成抗輻射與電磁波的產品。臺灣宜蘭南澳山區也有產，每根結晶都如針一般的細，可惜沒有商業價值，沒有市場，因此一般都是論斤賣，在建國玉市 1 公斤 500~1,500 元。

▲ 黑碧璽。

碧璽貓眼 Cat's-eye Tourmaline

有一些電氣石中含針狀包裹物，只要沿著電氣石垂直軸（C 軸）方向打磨成戒面，就會呈現貓眼光芒。碧璽貓眼常見有紅色與綠色兩種，高品質的碧璽貓眼不多見，大多為不透明的碧璽貓眼。挑選時要找貓眼的線較細、轉動時貓眼的線靈活而且線不能斷、不能歪斜的為佳。臺北建國玉市或者網路上常看得到，1 克拉售價 1,500~3,500 元，愈透明價值愈高，有興趣的朋友可以前往尋寶。我個人非常喜歡碧璽貓眼，因此在個人名片上就拿它來當做識別。

雙色碧璽 Bi-Color Tourmaline

雙色碧璽顧名思義就是電氣石內有兩種顏色，通常一端為紅色、另一端為綠色，其他也有一端黃、一端綠的雙色碧璽。莫三比克等非洲國家自 1995 年起，產出不少雙色碧璽，價位真如時下年輕女性最愛的高跟鞋——恨天高。

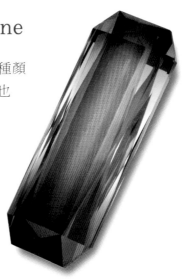

▲ 雙色碧璽。（圖片提供：慶嘉珠寶）

▲ 2010 年 8 月購於曼谷，產地為巴基斯坦與喀什米爾交界。

西瓜碧璽 Watermelon Tourmaline

西瓜碧璽就好像一顆西瓜，外面是綠色，裡面是紅色的。相傳慈禧太后的陪葬物中，就有許多西瓜碧璽。我曾在曼谷找到一顆碧璽標本，產地是巴基斯坦與喀什米爾附近，主要有長石、粉紅碧璽、綠碧璽、雙色碧璽、西瓜碧璽共生，裡面有 10~20 根碧璽結晶，相當難得，這將會是我永久的收藏。

▲ 西瓜碧璽吊墜。（圖片提供：大曜珠寶）

▲ 西瓜碧璽。（圖片提供：杉梵國際）

碧璽變石 Alexandrite Tourmaline

　　碧璽變石在日光與鎢絲燈的不同光源下，會產生不同的顏色。這是因為陽光與鎢絲燈會吸收不同的波長光線，陽光富綠色或藍色，而鎢絲燈富紅色光，所以變石在太陽光或日光燈下呈藍色或綠色，在鎢絲燈下呈紅色。碧璽變石非常稀少，多是寶石收藏家在收藏。

　　此外，1995 年前後，莫三比克出產過一批量非常大的碧璽，顏色變化相當多，甚至有酷似紫水晶的深紫色。小的從幾十分到 1~2 克拉，中的 5~20 克拉，大到 50~100 多克拉都有。淨度與火光都好，價錢也不便宜，每克拉要價 5,000~6,000 元。唉，只能說口袋的錢永遠都不夠多！

碧璽的投資與收藏

　　只要是中國大陸經濟持續長紅，碧璽的價錢就不可能降下來！因此建議：如果在臺灣市面上可以找到庫存貨 10 克拉以上的紅碧璽，價格在每克拉 5,000 元以下，翠綠碧璽每克拉 3,000 元以下，雙色碧璽每克拉在 1 萬元以下，都可逢低進場。若是要收藏，則建議愈大顆、愈乾淨愈好，10~20 克拉大小是最多人選購的，30 克拉以上才算是收藏家下手的目標。至於要收購哪些顏色的碧璽呢？帕拉伊巴、雙色碧璽、紅碧璽、含鉻綠碧璽都是不錯的選擇，當然也要看自己喜歡哪些顏色。

▲ 帕拉伊巴吊墜。（圖片提供：瑞梵珠寶）

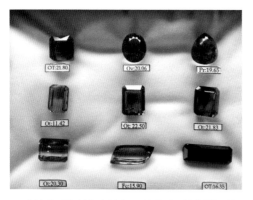

▲ 慈禧太后陪葬物中就有西瓜碧璽，這也增添了它的神祕色彩。碧璽有避邪的稱號，近年來在中國大受歡迎。

▲ 帕拉伊巴吊墜。
（圖片提供：長虹鼎業寶石）

▲ 含鉻綠碧璽，市場價位不便宜，1 克拉6,000~10,000 元。

▲ 綠碧璽吊墜。
（圖片提供：丁紅宇）

什麼是帕拉伊巴（Paraiba）？

1989 年被發現，產在巴西帕拉伊巴地區，便以產地命名為帕拉伊巴。因為含銅，呈現出深藍綠色、紫藍色，甚至有更罕見的湖水綠色，涵蓋了祖母綠、土耳其石、藍寶石的色調，因為有非常寬廣的色調變化，被稱為寶石界的藍霓虹，是所有碧璽裡最昂貴的一種。近年，莫三比克也出產了一批帕拉伊巴，但顏色較淺。

藍色的碧璽有些含鐵、有些含銅，必須含銅的藍碧璽才能叫帕拉伊巴。目前臺灣還沒有鑑定所有儀器可以辨別，若無法確定是否含銅，只能說是藍碧璽，亦即藍色的 Tourmaline。若是店家號稱為 Paraiba，通常必須要有 GRS 的證書才有保障。

2 丹泉石（坦桑石）
Tanzanite

丹泉石產於坦尚尼亞，因臺灣的寶石學家張心洽先生將坦尚尼亞的「坦桑」以上海話發音而得到「丹泉」石的名稱。丹泉石的原石常與紅寶石共生，顏色多呈深紫藍色到淡紫色。丹泉石以藍中帶紫的顏色最昂貴。近年受到蒂芬尼公司的推崇，在市面上非常搶手。

成分	Ca₂Al₃O
晶系	斜方晶系
硬度	6.5
比重	3.35
折射率	1.69~1.70
顏色	粉紅、黃、褐、綠、藍
解理	完全的軸面解理
斷口	半貝殼狀

據雜誌調查報導，2001 年，丹泉石的總銷售量僅次於藍寶石與珍珠，排名第三，為近年來十分搶手的寶石，珍貴度甚至可與高品質的藍寶石及祖母綠相比擬。丹泉石在市場上成為搶手貨，是因為產量稀少，未來漲幅空間高，甚至可媲美藍寶石，成為許多投資客與收藏家的最愛。

在美國，丹泉石的價格分得非常細，等級可分為 AAA、AA、A，價格也貴，一度因坦尚尼亞水災而停產，價格頓時飆高，後來因經濟不景氣，價格又慢慢降下來。

丹泉石的克拉數較藍寶石大，若要當做投資，建議購買 20 克拉以上的，若是佩戴，大多數人會選十幾克拉的寶石。我曾說過，中國大陸的寶石資訊大概落後臺灣多年，但是 2010 年起，我發現中國大陸有人開始買丹泉石了，而且都是挑十幾克拉以上的。以後，20~50 克拉的丹泉石會愈來愈稀有。

中國大陸的購買者通常不管價錢，愈大顆愈好。以 30 克拉的丹泉石為例，他們 1 克拉喊到 1.5 萬，整顆約 45 萬。這價錢只能買到「E, VVS」等級（15,400 美元）或「D, VVS2」（15,500 美元）依報價打九折

▲ 顏色與斯里蘭卡藍寶無法分辨的丹泉石。（圖片提供：慶嘉珠寶）

▲ 丹泉石是藍寶石最佳分身，戴在手上又大又明顯，是近三年最熱的藍色寶石。（圖片提供：丁紅宇）

左右的 1 克拉 GIA 鑽石；或者買 6~8 克拉的斯里蘭卡藍寶。而且丹泉石的產地相當稀少，中國大陸有錢人愈來愈多，只要有一萬個有錢人買就好，就知道未來超過 20 克拉的丹泉石要漲到多少錢。可預期的是，5 年後 30 克拉以上的丹泉石將會很難找到，每克拉售價到 2~3 萬元的機會並非不可能，如果中國大陸經濟增長愈快，那速度就更快了，因此想投資丹泉石的朋友要趁早。

> **選購訣竅**
>
> 　有個學妹在美國 eBay 網站購買丹泉石，1 克拉大小約新臺幣 1.2 萬元，自認為價錢合理。但回到臺灣後才知道，原來在臺灣購買丹泉石還是比較便宜，以美元計價，怎麼買都貴。因為價差，我的好朋友反而到美國吐桑參展，販售丹泉石，雖然品項不多，但要攤平機票、酒店及攤位租金，不成問題。

2015 年丹泉石最新行情資訊

　　這幾年真的是丹泉石最風光的年代。短短三、五年間喜歡彩寶的人都認識它了，算是曝光率最高的新興寶石。由於供貨量穩定，預測未來還是會小幅度增長。20 克拉以上的丹泉石還是算稀有，30 克拉以上的就值得投資收藏。

買丹泉石要注意顏色與切工，不要光聽價錢。很多人上網買丹泉石，也要注意找有信譽的商家，我曾經買過一包20顆3~5克拉的丹泉石，其中摻雜一顆假的寶石。

高品質的丹泉石價位，每克拉1.8~2.4萬元。中高檔品質，每克拉1~1.6萬元。1~5克拉大小的平均每克拉4,000~8,000元。今年平均漲幅在10~20%，且銷售量大增，各珠寶店幾乎都買得到，比價相當容易，與鑽石毛利差不多，預測丹泉石每年未來升值幅度仍在5~10%。

▲ 丹泉石與祖母綠鑽墜及耳環。
（圖片提供：駿邑珠寶）

▲ 4~5克拉的丹泉石套鏈。（圖片提供：臻藝匯寶）

▶ 蛋面切工的丹泉石相當獨特，像糖果般誘人，讓人想吞下去。（圖片提供：瑞梵珠寶）

3 水晶
Crystal

水晶做為寶石和裝飾物由來已久，水晶晶簇可以當做擺件，水晶可磨成水晶球、雕刻水晶飾品與做成各式各樣水晶戒面、耳環與墜子，具有包裹體（水膽、綠泥石、電氣石、黃鐵礦等）的水晶，更是許多愛好者的最佳收藏。另外，特殊外形（骨幹、權杖、雙頭尖、日本律雙晶等）也是收藏者的最愛。西方人深信水晶中隱藏有神靈，人們凝視水晶球可以算命或預言未來；水晶在工業上可以用來製作眼鏡鏡片，放大鏡、顯微鏡和照相機鏡頭等，功用多多。這 20 餘年來，臺灣上演著一部水晶傳奇史，瘋狂的程度，連外國人都不禁嘖嘖稱奇。大街小巷林立的水晶店，宣告水晶瘋狂的時代已經來臨。

▲ 粉晶墜子。（圖片提供：侏羅紀珠寶）

成分	SiO₂
晶系	六方晶系
硬度	7
比重	2.65
折射率	1.544~1.553
顏色	藍、綠、黑、粉紅等
解理	差
斷口	貝殼狀

礦物特性

當水晶受到壓力時，會產生電，而通電時，可以產生震盪，石英錶與石英鐘就是利用水晶的這個特性製成。石英的結晶外形通常呈六邊柱狀，兩端呈現尖狀，柱面通常有平行的生長紋理，這是水晶與碧璽不同的地方。內含包裹體常見有金紅石、雲母、綠泥石、陽起石、綠簾石、電氣石等，有時也有水晶包裹水晶。

水晶可以分類成肉眼可見結晶顆粒的粗晶石英（Coarsely Crystalline）與透過顯微鏡才可見結晶顆粒的微晶石英（Microcrystally）。粗晶石英有白水晶、紫水晶、黃水晶、煙水晶、粉紅石英、砂金石等，微晶石英有瑪瑙、玉髓、虎眼石、碧玉、矽化木與燧石等。

粗晶石英

◆ 白水晶 Rock Crystal

水晶是有結晶面的石英，也是一般人最常見到。白色的水晶可以單獨生長，但通常是成簇生長，偶爾也和其他礦物如黃鐵礦等共生。當兩個結晶長在一起不能分開時，稱為雙晶（Twin）。水晶的雙晶有兩種，最常見的是貫入雙晶（Interpenetrant Twin），另一種是兩個晶體在形成的過程中晶面相接觸的接觸雙晶。而當水晶有兩個生長尖端（Termination）時，美國紐約商人稱為 Herkimer Diamond（俗稱鑽石水晶）。

◆ 紫水晶 Amethyst

紫水晶可說是水晶中最高貴的顏色。以前大多數人都認為是由於含錳，因此呈現紫色，但目前可靠的說法是由於鐵所造成。紫水晶主要產地是巴西、馬達加斯加、尚比亞與烏拉圭。國內業者多從巴西輸入，而尚比亞所生產的紫水晶，紫中帶藍，是紫水晶中的極品。

紫水晶通常有菱面形的尖端而沒有柱面，但紫色的部分常常只有在尖端，顏色常呈色帶分布。淡色的紫水晶加熱到 400~500℃，顏色會

▲ 接觸雙晶。（圖片提供：杉梵國際）

▲ 白水晶手鏈。（圖片提供：帝辰珠寶）

▲ 白水晶球。（圖片提供：侏羅紀珠寶）

變成棕黃色甚至綠色；超過 575℃ 時會變成無色，目前市面上可見的黃水晶大多是紫水晶加熱改變而成。

▲ 紫水晶，上百克拉的大紫水晶。

◆ 黃水晶 Citrine

內含鐵是黃水晶呈現黃色的主因。黃水晶的產地主要是巴西、馬達加斯加、俄羅斯、美國、西班牙，另外一種半黃半紫的紫黃水晶，則產於玻利維亞。深色黃水晶有多色性，但加熱變色而成的黃水晶則不會有二色性。經過加熱處理的黃水晶通常帶點紅色，而天然黃水晶通常為淡黃色。

▲ 黃水晶小吊墜。（圖片提供：柴新建）

◆ 煙水晶 Smoky Quarts

像煙那樣棕黑色的煙水晶，通常由放射性元素所造成。目前已知產煙水晶的國家有韓國、俄羅斯、巴西、馬達加斯加。經放射性元素照射後，會破壞水晶的原子結構，變成不透明。目前市面上的煙水晶多由原子爐強力放射線照射而成，透明水晶經照射後很快就可以變成煙水晶。

▲ 煙水晶。（圖片提供：慶嘉珠寶）

◆ 粉晶 Rose Quarts

粉晶又稱為薔薇石英、芙蓉晶，呈粉紅色，致色的原因是由於含鈦。如果有結晶面則稱為玫瑰水晶，但市面上還是以薔薇石英居多。在美國紐約的偉晶花崗岩中，有不少薔薇石英出產。薔薇石英通常被磨成圓球或是心形，代表愛情至死不渝。

▲ 粉晶白菜擺件。（圖片提供：柴新建）

◆ 砂金石 Aventurine

砂金石是水晶中含有綠色或紅棕色的雲母或赤鐵礦。而市面上常見一種假砂金石，是由玻璃夾紅色的純銅片所造成，但可以透過放大鏡輕易看出來。

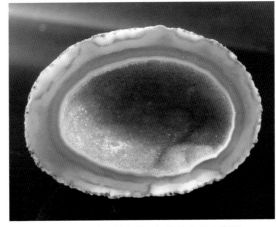

▲ 瑪瑙晶洞小顆結晶稱水晶　有紋路的地方稱瑪瑙，沒有紋路的地方稱玉髓。

微晶石英

◆ 瑪瑙 Agate

一種帶狀微晶質石英，通常充填在岩石的空洞內（晶洞）。若晶洞內含有結晶水者，被稱為水瑪瑙。在晶洞邊緣的帶狀構造是瑪瑙的特色。許多國家都出產瑪瑙，如印度、美國、德國與墨西哥等國，而以巴西出產最多。由於巴西大量生產瑪瑙，因此瑪瑙的價格比水晶便宜些。

▲ 火瑪瑙。（圖片提供：吳照明）

瑪瑙通常被切成許多小切片，用來當成小屏風或是串成小風鈴，或者磨成鎮尺等。市售瑪瑙片大多有染色，而染色部位有色素沉澱，利用放大鏡可以清楚看出來。其他種類的瑪瑙有彩虹瑪瑙（Rainbow Agate）、火瑪瑙（Fire Agate）、苔紋瑪瑙（Onyx）等。

◀ 高透紫玉髓男領針，Wang Chen Ling 伊凡香榭系列，紅酒設計製作。（圖片提供：王承吟）

◆ 石髓（玉髓）Chalcedony

　　石髓通常透明或不透明，含有少量的水。含銅呈藍色的石髓稱為藍玉髓，俗稱臺灣藍寶，是臺灣東部的特產，價格並不便宜，日本人尤其喜歡藍玉髓。有些礦區產的藍玉髓容易脫水失色，所以珠寶店常將玉髓浸泡在水中，防止脫水產生裂縫。臺灣目前還有開採，但坊間常見的藍玉髓主要從美國與印尼、智利輸入。

　　目前臺灣藍寶、珊瑚、臺灣玉貓眼，是臺灣三寶，也是中國大陸旅客最愛的伴手禮。除了藍玉髓，其他還有呈棕紅色的紅玉髓，以印度產的最有名；因為含鎳而呈蘋果綠的綠玉髓（Chrysoprase），從澳洲輸入，冒充翡翠，所以也被稱為「澳洲玉」，美國加州、德國都有生產。

行家這樣買寶石

▲ 虎眼珠手鏈。（圖片提供：杉梵國際）

◆ 虎眼石 Tiger's Eye

　　因二氧化矽取代纖維狀的石棉，保留纖維狀的構造所造成。虎眼最常見的為棕色或黃色。藍色的虎眼石有人稱為鷹眼石（Hawk's Eye），主要產在南非。一串虎眼手鏈 300~500 元。

◆ 碧玉 Jasper

　　是一種含有赤鐵礦的紅色微晶質石英。碧玉一般都不透明，貝殼狀斷口，外表就像紅磚，主要產地為印度、美國、俄羅斯、委內瑞拉等國家。一個印章 200~500 元。

◆ 燧石 Chert

　　白色的燧石在古代被用來當做打火石，而黑色的燧石製成箭頭或刀、斧。沒有製成寶石的價值。

◆ 矽化木 Siliciﬁed Wood

又稱為木化石，成因是地殼變動，木頭被深埋在地底下，與地下水中的二氧化矽產生置換作用而形成。臺灣有許多廠商從印尼輸入矽化木，做成石桌、石椅等家具或擺件。緬甸也產矽化木，從瑞麗邊界運到大陸各地。三年前去中國地質大學武漢珠寶學院，校園內也有一個矽化木公園，相當壯觀。

◆ 珊瑚玉 Silicifed Coral

朱幸誼老師提到珊瑚玉與矽化木形成方式有點相似，古代管狀珊瑚歷經火山噴發深埋入地底，在地底下歷經億萬年高溫高壓的淬鍊，逐漸經由交替充填矽化後形成玉髓質的珊瑚化石，其形狀和紋理被完整保留下來，後因地殼的變動上升至地表。

印尼蘇門答臘島為珊瑚玉主礦區，島內有幾百座礦場持續開發挖掘中，但在市場需求的擴大、有機化石的不可再生性及優質礦區尋找不易的狀況下，珊瑚玉的原礦價格逐漸水漲船高。由於不同礦區成材率比率懸殊，而內部的珊瑚蟲蛀孔及矽化不全的小沙孔及小晶洞、龜裂都影響到手鐲或墜料的取材，再加上珊瑚玉手鐲注重正花的呈現，而原礦大多呈花椰菜放射狀，所以在切片取鐲時極為耗材，增加製作成本及難度，所以還是有些賭性。

珊瑚玉分成山料、水料及半山半水料。水料因水洗淬鍊較山料矽化優質，但有花形層次相對比較不明、易因擠壓而變形及原料裂多等缺點，再加上皮薄易沁色產生黃及咖啡色系，降低珊瑚玉的收藏價值。山料花形完整及顏色分明，但有時會因矽化不足而質地過乾，以及鈣化皮過厚或礦石中心無矽化完成，形成巨大孔隙降低成材率。半山半水料有前兩者的優點，容易產生優質珊瑚玉。

珊瑚玉的多變性也會產生在同一顆原礦中，尤其是水料會產生不同花形、不同顏色和質地。如何在原礦的開窗皮色及生長形態中觀察出手鐲的成材率，有如賭石一般學問重大。

要完成一個色澤、質地、花形皆完美的珊瑚玉手鐲是非常不容易的。如何選取到頂級的珊瑚玉，有三種要件：

形：古代珊瑚的品種不同，其花紋圖案及尺寸大小、疏密分布錯落有致也有千百種不同。花形清晰完整不變形，底色對比明顯最為優質，最美的花紋業界稱為瑪格麗特菊花，其他還有煙火狀、太陽花、蜈蚣紋……等百種。

色：珊瑚玉在矽化的過程中，因周遭的微量元素和沁色的入侵，能在一只手鐲中產生多變的色彩。最常見的為淺咖啡至深咖啡色系，而白如羊脂、黑如墨玉的展現也有其獨特性，其中最受市場歡迎的是紅色系珊瑚玉。其他稀少的粉紅色、橘黃色、綠色，甚至夢幻的紫色、藍色也因缺稀性受到收藏家的追捧。

質：矽化完整度愈高，質地愈細膩通透，是優質珊瑚玉的最後一個選項。有些矽化完整但花紋不明顯的珊瑚玉，會影響其價值，但在佩戴過後，因人體的體溫及油質的滋潤，紋路會愈加明顯，產生不同的韻味。

（本文資料由來亦蕙提供）

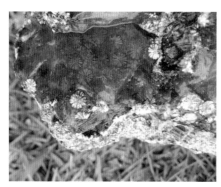

▲ 珊瑚玉。（圖片提供：來亦蕙）

要分辨珊瑚玉與珊瑚化石，是利用小刀刻劃。一般矽化完全的珊瑚玉不會被刮傷，若矽化不完全則會被刮傷。若滴一小滴鹽酸在珊瑚玉上面，是不會有反應的，但在珊瑚化石上就會冒泡。

珊瑚玉最近一年產量大增，有 80% 外銷大陸，20% 供國內消費者，原料愈來愈貴，未來有可能是大陸遊客最佳伴手禮之一。

▲珊瑚玉約分六級，由左自右為：收藏級（2.5~5 萬元以上）、一級品（1.5~2.5 萬元以上）、二級品（1~1.5 萬元以上）、三級品（0.6~1 萬元）、四級品（3,000~ 6,000 元）、五級品（2,000~3,000 元）。（圖片提供：來亦蕙）

玉髓瑪瑙的特性

名稱	致色原因	產地	備註
藍玉髓	銅、矽孔雀石	臺灣海岸山脈、美國、印尼	脫水容易失去顏色
紅玉髓	赤鐵礦或針鐵礦	印度最有名	
綠玉髓	鎳	澳洲、美國加州、德國	又稱為澳洲玉，冒充翡翠
彩紋瑪瑙		中國	紋帶呈紅藍棕色彩
火瑪瑙	褐鐵礦	美國加州	1. 像蛋白石一樣的變彩 2. 有紅、綠、藍、紫火
苔紋瑪瑙	黑色氧化錳或紅色氧化鐵	德國	呈樹枝狀或山水風景

其他石英的特性

名稱	致色原因	產地	備註
晶洞或雷公蛋		巴西	1. 最周邊為瑪瑙，中空，向外圍長有許多水晶 2. 通常圓形或橢圓形
虎眼石	石英取代石棉，並保持原構造	非洲	虎眼石呈黃色或黃棕色
碧玉	含有赤鐵礦微晶石英	印度、委內瑞拉、美國、俄羅斯	有紅、綠兩色，稱碧血丹心或芳草碧連天

2015 年水晶最新行情資訊

　　一般人認識水晶，大多是從它的「療效」開始：紫水晶可提升智慧，黃水晶可招財，粉晶可招桃花等說法，幾乎人人琅琅上口；戴水晶也各有目的，有人是為了練氣功，有人是幫助修行，當然也有人單純為了它的美麗。

　　因為水晶的價格便宜，很少有人拿去鑑定，因為鑑定費用每次要一、兩千元，但一個水晶飾品常是 300~1,000 元就可以買到。不過，如果購買

的是幾萬以上的水晶球，建議還是送鑑定，用紅外線光譜照射，檢驗水晶是否為合成的。

各類水晶中，一直暢銷不衰的是粉晶、紫水晶和黃水晶，粉晶裡的星光粉晶尤其受到女性朋友的喜愛。另不論是粉晶、紫水晶、黃水晶，有些可大達 200~300 克拉，但價位不會因為克拉數大而相差太多。

◆ 粉晶

挑選粉晶的要訣是顏色愈粉紅、愈透明愈貴，價錢以克拉計，粉晶 1 克拉 30~150 元，星光粉晶顏色好的 1 克拉 100~300 元，顏色普通每克拉 50~100 元，顏色淺的 1 克拉 25~50 元。

6~8mm 手鏈，成色好的市價在 450~1,300 元，成色差的從幾十元到百元。10~14mm 手鏈，成色好的市價在 700~2,500 元之間，成色差的從 100~250 元。

◆ 紫水晶

▶紫黃水晶（圖片提供：慶嘉珠寶）

選購紫水晶則要看顏色均勻度，顏色愈深、愈均勻、無雜質，價錢愈高，其中巴西產的紫水晶比烏拉圭產的便宜。紫水晶大多切割成墜子、圓珠、手鏈與項鏈、雕件等。

6~8mm 手鏈，成色好的市價在 600~1,800 元，成色差的 150~500 元。10~14mm 手鏈，成色好的市價在 1,200~1,800 元之間，極品可以到 8,000~25,000 元之間，成色差的 300~500 元。

紫水晶蛋面顏色最佳的 1 克拉約 250~400 元，普通的 100~150 元，最差的 1 克拉 30~100 元。切割面紫水晶最漂亮的 1 克拉 500~800 元，普通的顏色每克拉 250~500 元，最差的顏色 1 克拉 50~150 元。

◆ 黃水晶

至於黃水晶也有顏色深淺之分，但多數黃水晶是由紫水晶加熱變色

而成，一般業者會註明有「熱處理」，
價格比天然黃水晶低一些。

天然黃水晶切割面最漂亮的 1 克拉
400~500 元，普通的顏色每克拉 200~350
元，最差的顏色 1 克拉 50~150 元。另外，
有一種黃水晶呈現檸檬黃，稱為檸檬水
晶，火光切工特別好，但價位比黃水晶
便宜，每克拉 50~150 元。

▲ 檸檬水晶。（圖片提供：慶嘉珠寶）

6~8mm 手鏈，成色好的市價在 1,000~2,000 元，成色差的 700~1,800
元。10~14mm 手鏈，成色好的市價在 4,000~20,000 元之間，極品可以到
2.5~3 萬元之間，成色差的從 2,000~3,500 元。

◆ 髮晶（鈦晶）

業者常用「滿晶」來形容髮晶裡有
滿滿的髮，愈滿價格就愈貴。常見製成
手鏈、手鐲、珠鏈、墜子、戒指等，以
克為單位計價，從幾百到幾萬都有。滿
晶的髮晶墜子看大小要價 3,000~10,000
元；滿晶手鏈也要 5,000~15,000 元。

▲滿絲髮晶貔貅。（圖片提供：柴新建）

鈦晶為金色的髮晶，6~8mm 手鏈成色好的市價在 2,000~5,000 元，成
色差的從幾百塊到千元。10~16mm 手鏈，極品在 5~10 萬元之間，成色好
的市價在 1~5 萬元，成色差的從幾千元到萬元左右。15~18mm 手鏈，極
品的市價在 10~15 萬元左右，成色好的要 5~8 萬元，成色差的從幾千到
萬元出頭。

◆ 綠幽靈

「綠幽靈」因水晶柱內有綠泥石內含物，而呈現出有如綠色幻影或
假山的圖像。綠幽靈水晶大多做成墜子或擺件，便宜的幾百元到一、兩
千元就可買到。

6~8mm 手鏈，成色好的市價在 2,500~15,000 元（主要以聚寶盆和金字塔為好），成色差的從幾百塊到千元。10~16mm 手鏈，成色好的市價在 1.5~10 萬元之間，成色差的從幾百元到兩、三千元。15~18mm 手鏈，極品的市價在 15~30 萬元左右，普通成色好的要 2.5~8 萬元。

▲ 龍形綠幽靈。（圖片提供：柴新建）

◆ 煙水晶

6~8mm 手鏈，成色好的市價在 250~1,500 元，成色差的百元左右。10~14mm 手鏈，成色好的市價在 500~1,000 元之間。

切割面煙水晶最漂亮的 1 克拉 150~250 元，普通的顏色每克拉 100~150 元，最差的顏色 1 克拉 50~100 元。煙水晶受歡迎的程度較低，價錢沒有太大變化。

◆ 其他水晶製品

除了製作成飾品之外，紫水晶晶洞與黃水晶晶洞也是暢銷款式，大部分人是衝著可改善磁場的「療效」而來，據說王永慶生前喜歡在辦公室擺紫水晶晶洞，身體因此非常硬朗，名人的加持，帶動紫水晶晶洞的流行。挑選紫水晶晶洞時要注意顏色與結晶大小，一般以公斤計價，如巴西產紫水晶晶洞，1 公斤 450~2,000 元；品質好一點的烏拉圭深紫水晶晶洞，1 公斤 2,000~3,000 元不等。黃水晶晶洞一般都是紫水晶晶洞加熱變色而得，1 公斤 600~1,200 元。

此外，紫黃色水晶也大受設計師歡迎，多半有加熱處理，每克拉 150~300 元；煙水晶也叫墨晶，是水晶中最便宜的，1 克拉 50~150 元。而內含金紅石，出現如頭髮般針狀物的髮晶，也是暢銷商品之一。挑選時要找髮晶均勻且平行排列者。

臺北建國玉市或各地玉市至少有上百家賣水晶的攤位，所賣的水晶價位都不高，貨色或款式多樣，任君挑選，常常只要 1,000 元就可以挑得很過癮。臺灣各地也有許多水晶專賣店，主要是賣大型的水晶簇、晶洞、水晶球、大型雕件等，大多與佛教靈修或增加磁場、改善身體有關，喜歡的消費者可以多參觀比較，挑選品質好的水晶。

其實，蒐集水晶最有趣的地方不是花錢買，而是在野外採集。金瓜石、中央山脈、花蓮西林、宜蘭往蘇澳的隧道等地都可撿到水晶，我最高紀錄曾找到單顆結晶有拳頭那麼大的水晶，就連一同前往的社大同學也挖到笑得合不攏嘴。

水晶真假小常識

最常被學生問到如何分辨水晶真假，這也是許多消費者的疑惑。

市場上常見的水晶有天然水晶、人工改色水晶、人工合成水晶。由於天然水晶市場需求量日增，因此人工改色水晶與人工合成水晶便多了起來，熱液法製水晶也孕育而生，這方式合成的水晶，特質是

▲紫水晶晶柱與鼻煙壺。（圖片提供：林曉青）

透明乾淨，與玻璃差不多。人工改色水晶有綠色水晶、黃色水晶、紫色水晶；人工合成水晶有無色水晶、紫色水晶、黃色水晶。由於它們的生成條件基本相同，所以不容易區別。

一般來說，天然無色水晶晶瑩透明，晶體內含氣液包體，氣泡內壁不平整，光澤柔和，純潔度一般。天然紫水晶顏色不均勻，呈不規則片狀分布，也含有氣液包體。人工改色水晶則顏色均勻，晶體內見不到不規則片狀色團；人工合成水晶的特點與天然水晶基本相同，但合成水晶顏色均一，晶體中心有片狀晶核，硬度和密度較小。市面上還有一種常見的水晶玻璃（奧地利水晶），其實就是加鉛製成的玻璃，比重比一般玻璃重。另外，由於水晶有雙折射，因此在水晶球下可以看出一條線分岔成兩條線（水晶球愈大愈容易看出來）。

大家都知道在自然界寶石生成時，往往會有一些雜質或包裹體包在水晶中，因此透明無瑕的水晶就要注意是否為熔煉而成。

▲ 新疆的金絲玉手鐲。（圖片提供：李文佳）

▲ 不同造型、不同花色的戈壁玉原石，大自然的鬼斧神工，各異其趣。（圖片提供：李文佳）

新疆戈壁玉

　　新疆「戈壁玉」，產於新疆和田地區、北疆克拉瑪依烏爾魔鬼城方圓 80~100 公里及西昆侖山前的河流、臺地、沙漠等地域，是平民百姓自己可以撿拾也可以隨處買到的寶石。到新疆或全國各地旅遊都可以花幾十到幾百塊買到。

　　戈壁玉中也有不錯的品種，稱為「金絲玉」。金黃色的外表看起來格外耀眼，具有寶石光澤，有名師雕刻的手把件，部分店家喊出 20~50 多萬元的價碼，是不是有這樣的行情，就得看時間的考驗。這種在沙漠地區特有的玉髓品種，它的價值就取決於每一個人對它的接受程度。

　　所謂戈壁玉，其實成分都是二氧化矽（SiO_2），主要有白、綠、青、黃、紅等顏色，硬度與水晶類似，長期與強風接觸，造成外形為菱角狀，有些是在河床搬運中滾動，已經磨圓成球狀，類似小籽料。由於玉髓是全世界產量最大的礦石之一，花小錢拿來佩戴或饋贈親友都是不錯的選擇，若是要長期投資或是收藏則要理性慎重，需要考慮它的流通性。

內蒙古阿拉善瑪瑙

　　提到阿拉善瑪瑙，說實在話，幾年前我也挺陌生的，也是這兩年在北京跑古玩城與潘家園市場才發現有阿拉善瑪瑙的專賣店。這些大大小小不同顏色與品種的玉髓或瑪瑙中（隱晶質的水晶叫玉髓，有紋路的部分稱瑪瑙，成分都是二氧化矽），商家依照外觀、顏色及形狀做出不同

的名稱。例如葡萄瑪瑙、碧玉、千層石、沙漠漆石、「沙漠玫瑰」、糖芯、經脈石、葡萄乾、漂浮蛋、造型石等。主要顏色有綠色、粉紫色、橘色、紅色、乳白色、淺藍色、褐色、灰色、黑色等。另外還有一些瑪瑙多種顏色交織混雜在一起，構成一些別致新穎的花紋。其中以外形奇特類似鳥獸動物造型，及外型像各種蔬菜、瓜果（滿漢全席）顏色的最受關注。

▲ 各種不同形狀顏色的阿拉善瑪瑙。（圖片提供：李文佳）

2013 年初一個小雞出蛋殼造型的阿拉善瑪瑙拍出 1.3 億元人民幣的驚人天價，可以說是傳奇中的傳奇。在這瘋狂的年代，真有所謂「瘋子買，傻子賣，又有瘋子在等待」。有人願意出價就有市場，這裡面有多少水分，就不得而知了。好的造型的阿拉善瑪瑙或玉髓在店家裡幾乎都是鎮店之寶，想讓商家割愛就得拿出誠意，至於多少價位，就看商家心情與雙方聊天是不是融洽。

阿拉善瑪瑙主要產在阿拉善左旗往北 350 公里左右的蘇宏圖瑪瑙礦，附近出產有瑪瑙花、小瑪瑙、葡萄瑪瑙等。如果去當地旅遊，在巴彥浩特鎮延福奇石市場都可以找到許多奇石。當地也有很多奇石協會（左旗賞石協會），可以和他們多交流增強自己鑑賞奇石的功力。

▲草莓狀的阿拉善瑪瑙。（圖片提供：天寶齋）

根據協會會長指點，賞石需要注意形、質、色、紋、意境等五因素，收藏奇石與個人感情投入及文化藝術水準有關，不管是看懂看不懂，自己喜歡最重要。

買賣奇石是看緣分，也看對方身分地位，同一塊石頭開價不同，成交價也是個謎。我自己也在逛潘家園市場時挑選了一串糖芯的瑪瑙，人民幣

350 元（約新臺幣 1,750 元），若是單選，一顆人民幣 5~40 元（約新臺幣 25~200 元）不等。大批發一箱，同一品種，一箱約人民幣 7,000~10,000 元（約新臺幣 3.5~5 萬元）。我個人覺得這東西未來潛力很大，因為它是純天然的，每一顆都長得不一樣，不但造型與顏色迷人，送禮與自用皆適宜。花一、二千元買個手鏈來戴，實在是非常時尚。

對阿拉善瑪瑙有興趣的讀者，可以透過當地朋友介紹去挑選，也可以觀賞 CCTV4《走遍中國：尋找大漠瑪瑙湖》節目，有更深入的報導。

黃龍玉（髓）

說起黃龍玉，光聽名字就很震撼。六、七年前在臺北的珠寶展，無意中發現這新名詞。我只知道好的石頭都得要有好的名稱，如果是玉，那是黃翡嗎？怎會這樣均勻的黃，外觀有如田黃（一種印章石材），但是田黃也沒這麼大個頭，真叫人摸不著頭緒。主動問了一下老闆，才知道這是紅遍中國的黃玉髓，對於老闆開價更是無法理解，好幾百萬，又是商人的炒作，到底這料可以維持多久的風光，就讓我們繼續看下去。

▲ 姜太公釣魚小掛件。（圖片提供：晟玉齋）

◆ 源起

「黃龍玉」，一個從 2004 年發現至今只有將近十年的光景，毛料從一斤幾毛錢到目前一斤上百萬的行情，這真是中國玉石史上的奇蹟。這種產在雲南省保山市龍陵縣的黃色石頭，引發了全國玉石商、珠寶商的關注，引爆了收藏界的關切，加上名家國寶級雕刻大師的助陣，成品上好幾千萬都不足為奇了。

◀ 黃龍玉內次生二氧化錳水草造型，非常優雅。（圖片提供：紅九美）

黃龍玉為何有如此大的吸引力，讓大夥掏錢出來為它如癡如狂。因為它有翡翠的透度（水頭）、和田玉的溫潤、田黃的顏色、水晶硬度（高達 7），原料塊狀可做大型擺件雕刻與裂紋少的優勢，再加上雲南省龍陵縣府積極運作與推廣，讓這個後起之秀，登入了玉石名牌排行榜。

◆ 成分與命名

　　首先要解決的是名稱問題，是玉還是石頭。依照礦物成分，很簡單的分析，它只是二氧化矽，就是玉髓類。在命名上，有人建議以「龍陵玉」來稱呼，因為產自龍陵這一個縣城。為何會叫黃龍玉呢？大家都認可的說法就是主要取自中國帝王黃色，以及生產在龍陵縣，簡單縮寫而成黃龍玉。說實在這名稱太好、太響亮了，一炮而紅。如今在所有鑑定所的報告裡，還是只能寫黃玉髓，但是這不會減損它的身價。未來黃龍玉如何爭取正名，有如真實版本出道不到十年的年輕貌美小三如何名正言順登堂入室，與有七千年和田玉文化歷史以及數百年翡翠的平起平坐，恐怕路途遙遠，就得要看上頭玉石專家學者是否首肯了。

　　在這熱鬧的縣城裡，最高紀錄每天有上千人在這裡開採與販賣毛料。來自北京、上海、廣州、蘇州、昆明等地的玉石商，此起彼落地收購與交易。筆者 2012 年 6 月與好友開車前往瑞麗途中，就有經過這縣城，也看到當地黃龍玉 2009 年成立的公盤拍賣交易中心。沿路到處都是販賣黃龍玉毛料的農民小販，路邊堆積如山，少有路過客停車下來交易。隨著這兩年翡翠市場交易遇冷，黃龍玉也被打趴在地，受到波及。

　　目前在許多觀光景點與百貨公司內都有販賣黃龍玉專賣店，在昆明、瑞麗、騰衝等地觀光景點能見度更高。許多河南與福建的雕刻師傅，因為近幾年翡翠毛料高漲，就下來買一些黃龍玉料自己加工。在瑞麗有許多這樣的小型家庭工廠，老公在後面加工，老婆在前面銷售成品給觀光客，從幾十元人民幣的平安扣，到幾百元人民幣的小佛觀音吊墜，上千元人民幣的手鐲與手把件都有。一天賣個三、五件成品就足夠生活，全家也和樂融融。在北京我看到了不一樣的黃龍玉精品。有果凍般的剔透，也有水草入畫的天然結晶。在大師名人加持下，一套好的作品幾乎都要六、七百萬人民幣的市價。這樣讓我洗洗眼睛，見識到玉髓也可以闖出一片天。

▲ 蟬意黃龍玉印章。（圖片提供：晟玉齋）

▲ 黑皮黃龍玉山子擺件。
（圖片提供：紅九美）

好多人問我是否看好黃龍玉？值不值得投資？這真是問到重點了。黃龍玉只有中國人玩的寶貝，外國人只要一聽到玉髓大概就沒興趣了。再來是全世界出產玉髓的地方，不知道還有多少未被發現，這是最大隱憂。水晶玉髓與瑪瑙價錢都無法與貴重寶石媲美，最主要的因素還是在於量大。不過每個人審美觀不同，同樣投資商品建議也不要同放在一個籃子上，並且投資石頭本身就是一種高風險、高利潤的行為，也有可能被丟到牆角沒人問。個人建議平常買個幾百幾千玩玩佩戴可以，上百萬的作品除非是眾所皆知的雕刻大師加持，否則臨時缺錢時，恐怕去哪賣都會遇到沒人要收的窘境。

南紅瑪瑙 Agate

關於南紅瑪瑙名稱由來，眾說紛紜，最主要因為古代雲南保山出產，故稱南紅瑪瑙。

說起瑪瑙，大多數人都會誤會成巴西進口染色的紅瑪瑙。在臺灣，瑪瑙就是一種工藝品，幾十、幾百塊的旅遊商品，從巴西大量進口，在臺灣做加工與染色處理。直到有機會來到北京，才發現南紅的獨特魅力，何以讓中國大陸這群哥爺們為之瘋狂。

最早接觸南紅瑪瑙就是在潘家園，記得 2012 年初在北京電視臺錄製《財富故事頻道》節目時，與一位粉絲挑選南紅瑪瑙手鏈，當時壓根兒沒想到一串簡單雕刻翁仲造型南紅手鏈，要價人民幣 4,500 元（約新臺幣

▲ 玫瑰紅色四川九口料「財富一生」，蘇州工，作者葉海林。（圖片提供：善上石舍）

22,500 元）。如果是名師雕的手把玩雕件，價位甚至在十幾萬都有。什麼魅力會讓人掏出幾萬元去買南紅瑪瑙呢？為什麼在我之前認知裡，瑪瑙不過是幾百元的玩意兒呢？

就在這幾集節目後，引發南紅市場的流行熱，逛市場購買南紅的人潮愈來愈多。我也發現在街上佩戴南紅項鏈與手鏈的哥爺們與美女愈來愈多，這應該是北京固有的文化氛圍，看起來就像是清朝時代的王公貴族的基本配備。玩葫蘆、核桃、橄欖、菩提的人也大有人在，這也是在海峽對岸的我正式開始融入北京文化的一刻。

◆ 南紅的歷史文化

如果說南紅瑪瑙只是紅色瑪瑙，它的價值只能有一半而已。中國是講文化典故的民族，歷史情結與傳統習俗在老百姓身上造就出難以割捨的文化情懷。南紅有悠久的歷史，這是普通瑪瑙無法與之相比的。而紅色又是喜氣的顏色，在西藏地區也與藏傳佛教信仰脫離不了關係，許多藏民買不起昂貴的珊瑚，取而代之的是地利之便的紅色南紅。這樣說來，南紅瑪瑙受到一群擁護者喜愛就可以理解了。

在戰國貴族墓葬中已經發現有南紅瑪瑙的串飾了。在北京故宮博物院館藏的清代南紅瑪瑙鳳首杯更是精美，對於研究南紅瑪瑙製品、雕件的歷史、藝術價值具有重要意義，更被列為國家一級保護文物，由故宮重點收藏。如此一來，民間收藏家就會如火如荼地加入此類物品的收藏行列。好品相的南紅手把件，經過名師的巧雕，就會成為眾人追捧的收藏品。

南紅瑪瑙質地細膩，是中國獨有的品種，產量相當稀少，在清朝乾隆時期就幾乎開採殆盡，所以南紅瑪瑙價格每年都有急速上升的趨勢。傳說古人用南紅瑪瑙入藥，養心養血，是否真有這功效，還得要有醫學實踐證明才行，千萬別在家裡自行實驗。此外，在佛家七寶中的赤珠（真珠），指的就是南紅瑪瑙。

南紅瑪瑙在科學上並無完整的定義。其特性鑑定要點，根據中國地質大學（北京）珠寶學院余曉豔教授的說法，當它對著強光看能夠看出紅色的地方是由無數個類似朱砂的細小點聚集形成的點狀結構，這是氧化鐵所造成的顏色，此特點是其他瑪瑙所未具備的。

▲ 柿子紅，四川聯合料，仿古勒子，作者譚曉龍。
（圖片提供：善上石舍）

▲ 美麗新娘，四川九口料，作者
羅光明。（圖片提供：善上石舍）

◆ 主要產地

　　根據國內地質調查的結果，市面的南紅瑪瑙主要產地為雲南保山和四川涼山的新礦。今日雲南保山產的南紅瑪瑙（就是老南紅瑪瑙的原產地），品質稍微比老南紅差一些，肉眼看膠質感差一些。老南紅古時候主要是在懸崖峭壁上開採出來的，現今保山料是礦山洞穴裡面開採挖掘出來的。半山先生指出：「保山楊柳鄉滴水洞料子堪稱極品，脂感強，不水透，顏色柿子紅，難得一見。保山新洞料，多水透，顏色輕佻，從無色透明到粉紅、水紅，櫻桃紅顏色最好。」目前保山料最大缺點是多裂，不容易有大料做雕件，多做成珠子料。

　　南紅的另一產地便是四川涼山，顏色和雲南保山略有區別，主要產在瓦西、九口、聯合等礦區，具有櫻桃紅、玫瑰紅、柿子紅、火焰紅、柿子黃等多種不同顏色，較易出拳頭大小的手把件料。除此之外，甘肅也有產柿子紅、正紅、淺紅等，不過市面上比較少見。

◆ 南紅瑪瑙特徵

　　南紅瑪瑙質地主要有透明和不透明兩種，有些接近透明無色或者紅白相間，這在市場上都屬於南紅的顏色範圍。顏色質感為膠質，除柿子紅、大紅，顏色都是由極細小的朱砂點狀物構成，這種點狀結構在放大鏡或顯微鏡下特徵極為明顯。另外，白色的紋路常有紅－白顏色伴生出現，這也是許多瑪瑙的共同現象，南紅瑪瑙最常見的共生礦就是白色水晶與玉髓類。

　　南紅瑪瑙具有溫潤、起膠性。南紅瑪瑙的「油潤」與普通瑪瑙的「滑潤」有明顯的不同，這也就是引起收藏家掏出銀兩的致命吸引力。南紅通常就是佩戴在手上或脖子上，也有手把件，可以隨手把玩與保養。

　　雲南的保山目前仍然供應著新南紅製品的原料。南紅原礦傳聞在清晚期絕跡，實際上現在仍有零星遺存原礦供應市場加工，也有人說原來的老礦已經荒廢好幾十年了，目前保山南紅礦都是新礦坑所出。我們在市場上看到諸多所謂「柿子紅」南紅，就是產自保山。

◆ 四川涼山州美姑縣九口鄉南紅瑪瑙

　　涼山州瑪瑙是近年新發現的南紅瑪瑙礦石。最早四川涼山料發現於 2005 年，當時村民多用於砌豬圈、房屋或者小孩玩耍，一文不值，在2009 年玉雕商人劉仲龍的推廣和在天工獎上的佳績，逐漸吸引人們的眼球。

　　美姑瑪瑙成了奇石玩家們追捧的物件，開始大量地收購屯貨。遠到北京、上海、深圳、廣州、福建，近到成都、西昌及周邊縣市的投資大戶，就不辭千里來個長期抗戰，在西昌、昭覺等縣城長期租房進行大批量購地，誰能控制貨源，誰就能講話大聲，想漲多少就看今天心情，只要有人喊出封礦不出貨了，

▲ 美姑縣九口鄉瑪瑙原石。

南紅自然會死命地漲。

　　這是幾千年來老祖宗一代一代流傳下來的生意經，套在每一種寶石上都相當好用。不過好景不長，由於開採不當，雨季滑坡，死了好多採石人，九口礦已經被當地政府查封填埋。而目前還有開採的第二大坑口是瓦西鄉瓦西料，該坑口名氣僅次於九口，多出大料。2斤以上就算大料，大料占的比例不到5%，能達到柿子紅的料不到5%。

◆ 南紅顏色分類

　　我們按市場顏色可將南紅分為：柿子紅、柿子黃、朱砂紅、紅白料、櫻桃紅。

柿子紅

　　南紅中，豔紅最為珍貴也最受人追捧。其特色：紅、糯、細、潤、勻。顏色以正紅、大紅色為主色，名家出手的手把件作品都是幾萬到十幾萬以上的行情。小吊墜也有上萬元行情。

▲ 川料（涼山）南紅 柿子紅珠鏈。
（圖片提供：shu手工）

柿子黃

　　顏色偏黃，油潤且色雲偏不透，市場上有一定的客戶群喜愛。精緻好創意的老師傅手把件作品也有數十萬元的行情。小吊墜在幾百到上萬元不等。

▲ 柿子黃南紅瑪瑙珠鏈。（圖片提供：朗潤玉道）

朱砂紅

　　紅色主體對著燈光可以明顯看見由朱砂點聚集而成，大部分半透明。有的朱砂紅的火焰紋甚是妖嬈，有一種獨特的質感。老師傅巧雕的手把件有十餘萬的行情，小吊墜也有數千至萬元的價值。

▲ 川料（涼山）南紅火焰紅手鏈。
（圖片提供：shu 手工）

▲ 四川涼山南紅瑪瑙原石，紅白料，適合做雕件，裂紋少，一塊市場價約 3~5 萬。

紅白料

紅顏色與白色相伴生，其中紅白分明者特別罕見，需要大師巧妙的設計雕刻，方能呈現意想不到的藝術效果。通常以雕刻山水動物或是人物佛像居多。小的紅白料吊墜約數千到一、二萬元可以買到，是比較平價的南紅料。紅白料也最常用來製作珠鏈手鏈，4~6mm（直徑）大約 5,000~10,000 元一串。

櫻桃紅

櫻桃紅就是偏橘紅色。以四川聯合櫻鄉出產為主，質地較為通透，晶體相當細膩。當然質地有好的就會有差一點的，甚至還有部分拿去雲南保山充當雲南南紅來賣。個人認為，選料看顏色、溫潤度、油脂、外形、厚度等。顏色是選擇要項，有無白色紋路就看如何發揮巧思去創作出吸引眼球的作品。

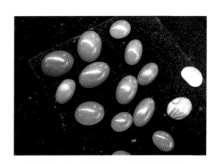

▲ 櫻桃紅南紅瑪瑙戒面，像不像紅翡？

◆ 南紅產品種類

外觀上，南紅料小多裂，顏色均勻的不多，通常都是紅白相間，所以凡大如拳頭的都會做擺件，小的用來做珠子或小掛件等。另外常見的

有橄欖形勒子、正圓珠（手鏈最多）、鼓形珠、長桶形珠、車輪珠、算盤珠（格片用）、南瓜珠、滴形珠（墜子）、不規則形等。也有根據料塊在上面雕刻十八羅漢或翁仲、佛頭等修行的各種雕件，銷量都不錯。

◆ 南紅的功效

南紅瑪瑙被佛教徒認為有著特殊的功效，長期以來被廣大佛教徒所喜愛。聰明的商家在販售南紅時也有一套說法，宣稱南紅瑪瑙對消化系統能夠有調理作用，也可削減負面能量，消除工作上的精神緊張及壓力；同時也具有激發勇氣，使人達成目標的功效。可是，真有這效果嗎？就見仁見智了。和氣生財，美的寶石總是讓人愛不釋手，大自然給人類留下來的寶物，都需要好好珍藏。本來買石頭都是一種緣分，愛一種寶石也不需要理由，不是嗎？

◆ 保養方法

南紅瑪瑙屬於水晶質，硬度高，基本上不容易刮傷，但是要注意避免互相碰撞。

平常保養非常簡單，只要去除表面汙垢就可以。可用溫熱水擦拭或浸泡，加一點清潔劑用軟毛刷子刷洗都可以。因為基本上是拿在手上把玩，或者是佩戴在脖子或手腕上，因為與人體接觸，油脂會滲透入瑪瑙內部，這就是在養玉石。市面上有很多種保養方式，普遍繁瑣也無科學根據，相信只有簡單容易操作的，才能發揮長期功效。

◆ 南紅雕刻大師

目前蘇州主要雕刻南紅的大師南石工作室楊曦大師、葛洪工作室、陸愛風藝風堂工作室、一戶候候曉峰大師、文同軒范同生大師、羅興明、劉偉利等，這些都是從白玉雕刻轉戰南紅雕刻，相信未來會有更多生力軍加入這個行列。（半山先生提供）

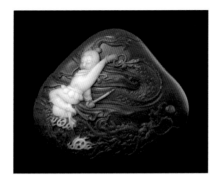
▲ 紅白料南紅。（圖片提供：劉偉利）

▲ 冰瓢南紅。（圖片提供：劉偉利）

◆ 收藏與投資

　　南紅價值等同於臺灣藍玉髓以及珊瑚，主要收藏人口分布在北京與西藏地區，在全世界其他國家幾乎無法流通。市面上常有加熱處理變紅、甚至染色的瑪瑙，都需要專家協助鑑定，避免花冤枉錢。

　　您問我「南紅熱」能持續多久，我也說不準。看著一波一波人潮到潘家園淘南紅，就可以知道這才是比較平民化的寶石——花個幾百幾千元就可以把玩好幾年，甚至傳給下一代。當然料子愈大，雕工愈精細，收藏的價值就愈高。也要注意看整體造型與雕工創意，另外材質也是首先要注意的。

　　一般的紅碧玉雖然成分相同，但是沒有這種光澤，很顯然是不同的品種，價錢也是相差十萬八千里。多與南紅收藏家交流，大家互通消息，提升自己鑑賞能力，每一個人都可以是南紅的鑑賞行家。若是有心收藏，大概就是從珠子類、手鏈與把玩件著手，收一些賣一些，賺回成本再買一些，保留二、三件精品不賣，這是所有藏家都懂的事。至於是否收藏老南紅，就看自己意願，一顆珠子少則幾百，多則數千。多講一些歷史故事，把生意這檔事擺在交朋友後面，當大家都是好朋友時，生意自然而然就成交了。

◆ 買南紅再次提醒

　　目前國內開的證書鑑定結果上面只會寫瑪瑙，此外染色的南紅市面上也流行起來了，再加上也有加溫改色的南紅，講直白一點，這一些染

171

色與加溫變紅的紅瑪瑙就不值錢了。消費者不管是在各地古玩城商家買，還是在潘家園地攤買，都要記得向對方要名片，若是購買好幾千甚至好幾萬的南紅瑪瑙，更必須要求賣家出具大陸國檢、國首檢、北大鑑定所等相關有公信力的鑑證書（不出具產地證明），來保障自己的權利。

▲ 四川涼山南紅小型的雕件，每個售價在一千元上下。

戰國紅瑪瑙

▲戰國紅手把件。

說起戰國紅瑪瑙，這故事就太神奇了。我對此品種瑪瑙認知相當淺薄，市面上也找不到相關的書籍，只能靠賣家一點一滴地透露和上網查資料，以下若有認知錯誤的地方，也請各位前輩玩家指教。

2013 年 6 月初，筆者一位學生在北京大鐘寺愛家珠寶看見漂亮的戰國紅瑪瑙。這與南紅瑪瑙有何區別？雖然好奇，但是也沒有令我產生前往觀察的動力。就在同年北京農展館的珠寶展會上，有兩家廠商擺著戰國紅瑪瑙的成品，老闆連名片都來不及印，我當然不會錯過這學習機會，經過同意後拿起相機猛拍，希望透過機會與廣大石迷分享。

目前玩家所稱「戰國紅瑪瑙」算是瑪瑙的一種，但不是戰國時期流傳下來的紅瑪瑙，和普通的紅瑪瑙也不一樣。成分是二氧化矽，硬度在 6.5 左右，紋帶呈「縞」狀者稱「縞瑪瑙」，其中有鮮豔紅色紋帶者最珍貴，稱為「紅縞瑪瑙」。它是近年來遼寧朝陽與阜新交界出產，在阜新加工的一種紅縞瑪瑙，因其顏色與戰國時期出土的紅縞瑪瑙雷同，被商家稱為戰國紅瑪瑙。

戰國紅瑪瑙製品主要是珠子。珠子的形狀有南瓜形、扁圓形、橄欖

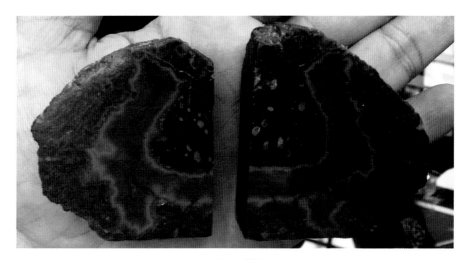

▲ 戰國紅原礦對切開。

形。戰國紅瑪瑙顏色與南紅瑪瑙相比更鮮豔，有人喜歡戰國紅的鮮豔，也有人喜歡南紅的古樸。但是掛上戰國這兩個字，會讓消費者誤以為是出土的戰國時期紅瑪瑙。

目前戰國紅瑪瑙成品種類愈來愈多，有手把玩雕件、一般掛件、小擺件、花片、髮簪、印章、戒面、鈕扣與帽正等。

喜歡戰國紅瑪瑙的人主要鍾情於其濃豔紅色。其實它有紅、黃、白等顏色，以紅縞居多。紅縞和黃縞集於一石或全為黃縞者較為珍貴，帶白縞則不常見。部分戰國紅瑪瑙也會與白色水晶共生。喜歡戰國紅瑪瑙的朋友，不妨親自走訪阜新當地，參觀十家子鎮瑪瑙市場，多瞭解當地原礦加工廠。而自己會加工者，就直接買貨回來雕刻也行。

詢問了珠寶展老闆，好的小擺件也是開價十餘萬元，我想應該在5萬元左右可以成交。印鑑方面要看紅縞顏色分布與體積大小，基本上5,000~10,000元都可以談成。未來的前景，實在是看個人眼光以及個人眼緣，青菜蘿蔔各有所好，不過我老是看走眼，漏掉好多次發財的好機會，只能是一輩子當個窮書匠的命啊。

▲ 戰國紅手鏈。

4 蛋白石（歐泊）
Opal

「蛋白石」這個名字來自於梵文Upala（寶石之意），或拉丁文Opaius（集寶石大成之意）。蛋白石的歷史如同它散發的色澤一樣多彩多姿，羅馬學者Pliny描述蛋白石「有紅寶石的火紅，紫水晶的亮紫色及綠寶石的豔綠，所有色彩一起發出亮麗的火光」。它的魅力就是來自遊彩特性，即在轉動寶石時，會產生不同顏色變化。

蛋白石的成分與水晶一樣，由直徑0.15~0.30微米的二氧化矽小球體緊密堆積而成，這些小球體有如柵欄一般，使光線產生繞射，形成各種顏色的光譜色彩。蛋白石因區域情況不同，受歡迎度不同，有一段時間在臺灣辦的國際珠寶展都沒有蛋白石廠商來設展，因為臺灣懂的人少、買的人也少，所以廠商也就不來參展了。但是香港每年3月、6月、9月舉行的珠寶展，都有多家澳洲蛋白石廠商參展，有興趣的讀者可以前往欣賞。我每次都會去參觀購買蛋白石的原礦雕件，有犀牛、無尾熊等，造型相當可愛，雕件上的蛋白石呈現七彩色光。一般來說，價錢依雕件上蛋白石顏色變化與分布多寡不同，一件3,000~8,000元。

▲爍背蛋白石（圖片提供：慶嘉珠寶）

成分	$SiO_2 \cdot nH_2O$
晶系	六方晶系
硬度	5.5~6.5
比重	1.98~2.23
折射率	1.37~1.47
顏色	多變，常呈紅、藍、綠、紫、黃等顏色
解理	無
斷口	貝殼狀

2015 年蛋白石最新行情資訊

　　蛋白石最近在國內也是有一股熱潮，主要是澳洲黑蛋白石。這種五顏六色迷人的油彩令多數人著迷，因此吸引第一次選購蛋白石的買家進場，推估未來會有更多人被它所吸引，持續看漲的機會大增。

　　澳洲白蛋白石價位一直很穩定，通常每克拉價位在 1,500~5,000 元之間。澳洲黑蛋白石要看體積、顏色分布與強烈對比程度，每一顆都好像自然界畢卡索的油畫一般。黑蛋白石價差也相當大，每克拉價位可以從 5,000~150,000 元不等。若是有母岩夾層的黑蛋白石，每克拉價位在 1,500~15,000 元之間。

　　非洲衣索比亞所產的蛋白石，也有人稱水晶蛋白石。襯黑底仍然可以有七彩的顏色，相當受消費者關注。值得注意的是，部分礦區所生產的蛋白石品質不穩定，容易失水，甚至乾裂變無色，造成消費者心生恐懼。衣索比亞蛋白石有白色系列與橘色系列，通常看體積大小，每克拉在 1,000~5,000 元之間，購買前可以詢問老闆是否容易失水，通常若與空氣接觸一星期沒失水就不容易失水。

　　另外還有帶橘色或紅色的墨西哥火蛋白，也有基本客戶群，它也是墨西哥的國寶石。這裡產的火蛋白石通常價位不便宜，每克拉在 8,000~50,000 元之間，差距非常大。通常都是磨成蛋面或是不規則隨型，一般多做成胸針或吊墜，是設計師的最愛。市面上也有黃色或橘黃色的蛋白石，價位就很平民，一般來說每克拉 250~1,000 元。

蛋白石的種類

　　常見的蛋白石以澳洲蛋白石最為著名，分為黑蛋白與白蛋白兩種，其中又以黑底、表面有七彩為最佳。而白蛋白是白底，上面有淺綠、淺黃，價錢比較便宜。另一種常見的是墨西哥火蛋白，以橘色系為主，表面有七彩光的價格最高。還有一些蛋白石是白色帶點透明為底，一樣散發出七彩顏色，有人稱水晶蛋白石。

▲ GsnowflakeSmall 澳大利亞明特比礫石歐泊雪花胸針（上寶會廖禪女士設計）。
（圖片提供：新浪微博小艾苗）

澳洲蛋白石評級系統（本文由陳格林提供）

蛋白石的分類：

1. 天然蛋白石：包括 Type I、Type II、Type III。
2. 處理蛋白石：糖酸處理、糖處理，只針對脈石蛋白石。
3. 合成蛋白石：與天然蛋白石具有相同化學成分、結構與物理性質。
4. 蛋白石仿製品：並非由二氧化矽微小球體構成，摻雜塑膠等其他物質。
5. 夾層蛋白石：蛋白石二層石、蛋白石三層石。

影響天然蛋白石價值的特徵：

1. 種類

天然蛋白石可分為三大類。注意以下主要為原蛋白石價值評級系統，礫石蛋白石與脈石蛋白石的價值評級系統與原蛋白石不同。

Type I 原蛋白石 (Solid Opal)：即未附著任何物質的蛋白石寶石，也就是最常見的蛋白石種類。

Type II 礫石蛋白石 (Boulder Opal)：即附在岩石上的層狀蛋白石，通常市場上見到的礫石蛋白石的圍岩為鐵礦石，這樣的蛋白石市場上稱為「鐵蛋白石」。礫石蛋白石可分為層狀礫石蛋白石與脈狀礫石蛋白石兩種，也有人將管狀礫石蛋白石另歸為一類。

Type III 脈石蛋白石 (Matrix Opal)：如果蛋白石散亂形成於岩石的微小空隙之間，則為脈石蛋白石，市場上常見的脈石蛋白石產自澳大利亞南澳州安達穆卡蛋白石礦區，大部分脈石蛋白石底色為乳白色，即其圍岩的顏色，然而也有少量脈石蛋白石天然為黑色底色。

2. 基色

a. 色調：黑色（澳大利亞黑蛋白石）、棕色（衣索比亞巧克力蛋白石）、藍色（祕魯藍蛋白石）、粉色（祕魯粉蛋白石）、橙色（墨西哥火蛋白石）等，價值均不同。

b. 體色：對應色彩學中飽和度的概念，黑有多黑、藍有多藍、紅有多紅。體色愈均勻，價值愈高。

c. 透明度：分為透明、半透明、不透明三級。透明蛋白石被稱為水晶蛋白石

▲ 蛋白石礦區圖。（圖片提供：陳格林）

▲ 黑蛋白原石。（圖片提供：陳格林）

▲ 經過拋光仍帶有鑽石粉的蛋白石裸石。（圖片提供：陳格林）

(Crystal Opal)、半透明蛋白石為半水晶蛋白石 (Semi-Crystal Opal)，不透明蛋白石則沒有特定名稱。

d. 黑蛋白石基色判定：對於黑蛋白石基色判定，澳大利亞寶石行業協會具有相對量化的分級系統，蛋白石底色可按其灰度分類 9 級，最深為 N1、最淺為 N9。N1~N3 為真正意義上的黑蛋白石。注意，兩塊蛋白石只有在品質相同的時候，底色愈深才愈貴，所以高品質的淺色水晶蛋白石價值遠超品相一般的黑蛋白石。

3. 變彩

a. 亮度：變彩的亮度愈高，價值愈高。

b. 顏色：最常見的蛋白石變彩顏色為紫色，最罕見的蛋白石變彩顏色為紅色。具有紅彩的蛋白石價值愈高，然而近五年市場上藍綠彩蛋白石與紅彩蛋白石的價值差距在縮小中。

c. 圖案：80% 的蛋白石不具有特殊圖案，只有最基本的「閃耀」圖案，而一些特殊變彩有麥穗、鯖魚的天空、絲帶、中國文字等。最罕見且昂貴的變彩為小丑圖案，其命名得於小丑衣服上呈菱形拼接的布料。具有特殊變彩、品相好的蛋白石十分難得，備受收藏家追捧。

d. 一致性與角度性：一致性為整塊蛋白石正面都具有變彩；角度性為變彩是否很挑角度。一致性愈高、角度性愈小，蛋白石的價值愈高。

4. 切工

切形是否規則、拱頂的高度（大部分黑蛋白石拱頂較低，這不影響價值，然而拱頂中高的黑蛋白石價值較高）、背面是否平整、拋光是否達到鏡面。

5. 重量

原蛋白石價格按每克拉計價。

6. 包裹體

是否含有棉、砂等。

◀ 精品七彩黑蛋白石。
（圖片提供：陳格林）

7. 瑕疵：

是否有龜裂或碎裂的情況發生。龜裂因蛋白石失水造成，碎裂則是受外界應力造成。

▲ 不同顏色變彩的黑蛋白石。（圖片提供：陳格林）

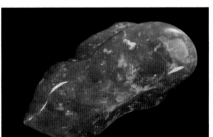

▲ 水晶蛋白石化貝殼化石，28克拉。（圖片提供：陳格林）

蛋白石的保養

　　蛋白石非常迷人，但保養非常重要，因為它和珍珠、琥珀一樣，非常怕熱、怕日晒。尤其在強光照射下，很容易脫水，如果脫水過久，有可能產生永久龜裂，所以不但要定期以清水擦拭，也要避免強光長期照射。另外，夾層蛋白石一旦長時間處於乾燥環境或者遇熱，夾層容易脫落。

　　衣索比亞有三個火蛋白礦區，每一個礦區產的蛋白石特性不太一樣，大致上琢磨好的衣索比亞火蛋白在空氣中會漸漸脫水變白（通常 10~15 天不定），如果再拿去泡清水 10~30 分鐘，又會慢慢產生透明七彩顏色，也不會產生裂紋。因此要讓蛋白石保持七彩光澤，平常保養除了泡水之外，有時也可塗抹嬰兒油。

蛋白石有合成的嗎？

　　蛋白石也有合成的。1974 年人造蛋白石在市場上出現了，隨後人造黑蛋白石也相繼出籠。人造蛋白石與天然蛋白石有相同成分，肉眼無法辨別，只能用顯微鏡觀察。在顯微鏡下，人造蛋白石有蜂窩、蛇皮或魚鱗狀構造。因此購買蛋白石，除了在信譽好的珠寶店購買外，也要知道產地，不同產地價差很大。

▲火蛋白鑽戒。（圖片提供：駿邑珠寶）

▲黑蛋白鑽戒。
（圖片提供：駿邑珠寶）

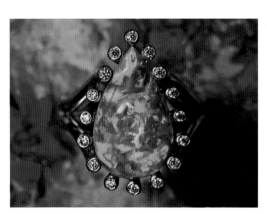

◀ 蛋白石吊墜。（圖片提供：新浪微博小艾苗）

5 石榴石
Garnet

一般人會認為石榴石是一種單獨礦物，其實石榴石本身是由許多分子結構相同而成分不同的元素所組成（異質同形）。正確地測定石榴石的成分，需要複雜且昂貴的儀器 EDS 來完成。

石榴石依照其化學成分可以分成兩大系列：

1. 鎂鋁榴石－鐵鋁榴石－錳鋁榴石系列（Pyralspite Series）。

2. 鈣鋁榴石－鈣鐵榴石－鈣鉻榴石系列（Ugrandite Series）。

在大自然界中，石榴石很難以純的化學成分存在。以下介紹這兩大系列的石榴石。

成分	$A_3B_2(SiO_4)_3$ A_1：Mg, Fe, Mn B_1：Al A_2：Ca B_2：Al, Fe, Cr
晶系	等軸晶系
硬度	6.5~7.5
比重	3.5~4.6 （隨成分改變）
折射率	1.72~1.895
顏色	紅、棕、黃、橘、綠及黑色
解理	無
斷口	貝殼狀

鎂鋁榴石－鐵鋁榴石－錳鋁榴石系列

◆ 鎂鋁榴石 Pyrope

Pyrope 這個名詞來自於希臘文 Pyropos，意思是像火一樣鮮紅。鎂鋁榴石一般有紅色、玫瑰紅色。具玻璃光澤，透明度佳。通常鎂鋁榴石帶點粉紫紅色，比較受消費者喜歡，常見大小約 1~10 克拉左右，單價相差不大，每克拉 500~3,000 元不等。

帶有鐵鋁與鎂鋁兩種成分的石榴石，我們稱為紅石榴（Rhodolite），顏色比起鎂鋁榴石更為紫色，單價與鎂鋁榴石差不多，深受年輕族群喜愛。

▲鎂鋁榴石手鍊。（圖片提供：一石三生）

◆ 鐵鋁榴石 Almandite

鐵鋁榴石是一般消費者最常見的石榴石。Almandite 這個詞源於拉丁文 Alabandine，因古羅馬哲學家普林尼 (Pliny) 在土耳其的 Alabanda 發現石榴石而加以命名。由於含有較多的鐵，因此鐵鋁榴石顏色偏向暗紅。在中國大陸，鐵鋁榴石又稱為紫牙烏或貴榴石。

常見大小為 1~20 克拉，5 克拉以下的鐵鋁榴石，1 克拉 100~500 元；5~10 克拉大小的，每克拉 1,000~2,000 元；10~20 克拉等級的，每克拉 2,500~3,500 元。這是紅色寶石系列中，在價錢上最容易入門的。

▲鐵鋁榴石。

挑選鐵鋁榴石要挑體色不太黑的，火光愈強愈好。每一學期永和社大的寶石班學生，我都會帶他們去花蓮撿石榴石，在大雨過後，河床翻刷石頭，比較容易找到，曾撿到最大的石榴石約 1cm 左右。能磨出寶石來嗎？比較困難，當做標本珍藏還不錯。

◆ 錳鋁榴石 Spessartite

Spessartite 是因在德國的 Spessart 地區首次發現而得名。顏色從黃橘色到橘紅色等。帶有一點點鎂鋁榴石成分的錳鋁榴石，因早期荷蘭探險家在非洲發現，獻給皇室，又稱為荷蘭石。

錳鋁榴石與橘黃色的黃色藍寶石之差別相當難分辨，需要靠儀器來鑑定。錳鋁榴石價位不便宜，由於火光好，是橘黃色系寶石中相當難得的一種，大小通常在 1~20 克拉左右，超過 10 克拉就相當難得了。

▲錳鋁榴石。

▲芬達色錳鋁榴石。（圖片提供：瑞梵珠寶）

鈣鋁榴石－鈣鐵榴石－鈣鉻榴石系列

◆ 鈣鋁榴石 Grossularite

Grossularite 源自於拉丁文 Resembling a gooseberry，原本是綠色水果之意。由於有豐富的顏色，因此受到大眾的喜愛。顏色從棕黃、黃綠、翠綠色到深綠。翠綠色的鈣鋁榴石，因含有鉻或釩，像極了祖母綠。

沙弗萊（隨我來） Tsavorite

鈣鋁榴石的一種，也有人譯成沙弗石。沙弗萊 1973 年於肯亞的 Tsavor 被發現，美國蒂芬尼公司在 1974 年以產地命名，從此知名度大增。近一、二十年持續流行，價值不菲。價格居高不下，但一般人為什麼會喜歡沙弗萊呢？第一，因為硬度高達 7.5；第二，折射率和紅寶石差不多；第三，翠綠色非常討喜、看起來很舒服。只要硬度與折射率都高，切工又好，整顆寶石就會很閃亮。

沙弗萊以深綠色居多，主要產在坦尚尼亞與肯亞。有人說沙弗萊是「窮人的祖母綠」，比起品質好的祖母綠，當然有明顯價差，但沙弗萊的單價比起含鉻綠碧璽毫不遜色，特別是 5 克拉以上的沙弗萊不容易找，價格也就隨人開價了。

小顆的沙弗萊都當綠色配石用，市場上相當搶手，從 0.8~5mm 都有，但小配石的尺寸愈小愈難琢磨，工資愈高，因此也愈貴。設計師使用的尺寸以 1~2mm 為主流，1 克拉價位在 1.2~2 萬元。綠色寶石中除了翡翠、祖母綠、翠榴石之外，身價緊追在後的就是沙弗萊，可見其珍貴程度。沙弗萊目前有行有市，3 克拉以上乾淨就很稀少，每克拉在 5~7 萬元。

▲沙弗萊 28 克拉一對。（圖片提供：陳敔）　　▲ 2.3 克拉沙弗萊墜子。（圖片提供：李秀桃）

2013 年在曼谷看到一顆 12 克拉沙弗萊，內部雖然有一些指紋狀液包體，也是相當難得，1 克拉出價 20 萬，即使開價 12 萬 1 克拉對方還是不賣，現在想起來沒繼續加價真是後悔。

水鈣鋁榴石 Hydrogrossular

半透明到不透明的綠色水鈣鋁榴石，商人稱為「非洲玉」（Transvaal Jade），是玉的替代品，初學寶石者有時會誤認為翡翠。水鈣鋁榴石通常都有內含物，很難找到完美無瑕的，以我在曼谷選購寶石十幾年的經驗，都沒有見過，直到 2009 年才蒐集到這種寶石。

水鈣鋁榴石一般磨成蛋面，或做成珠子，體積大，塊狀。通常原礦都是以公斤計價，成品是以克計價，價錢不貴。

黑松石 Hessonite

橘棕色的鈣鋁榴石稱為黑松石，與橘黃色的荷蘭石容易混淆，需要用科學儀器輔助區分，兩者價差也非常大。黑松石大小通常在 1~10 克拉。1~5 克拉大小的黑松石，1 克拉 1,000~2,000 元；5~10 克拉大小的，1 克拉 3,000~5,000 元。

▲黑松石。（圖片提供：慶嘉珠寶）

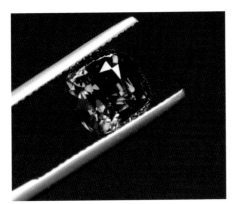

▲變色石榴石，在白光與黃光下，會呈現不同的顏色。（圖片提供：陳敔）

變色石榴石 Alexandrite Grossularite

非洲從 2007 年起出產一種變色的石榴石，會由藍綠變為紅棕色，變色也有深淺之分。1997 年曾在曼谷看到一包每顆 1 克拉多的變色石榴石裸石，變色相當明顯，火光也很棒，內含物也相當乾淨，當時 1 克拉 2,000~3,000 元。市面上 2~4 克拉的變色石榴石就很少見了，每克拉 5,000~6,000 元；5 克拉以上相當少，每克拉要 1 萬元以上。不過，短短幾年內，曼谷市場上就很少再看見變色石榴石，應該是又被財團收購囤貨了。

◆ 鈣鐵榴石 Andradite

Andradite 主要是為了紀念葡萄牙的礦物學家 J. B. Dandrada Esilva，而以他的名字命名的。顏色有黑色、黃綠色與綠色。

翠榴石 Demantoid

綠色的鈣鐵榴石稱為翠榴石，由於產量稀少，價格不比祖母綠便宜，大小在 1 克拉以上的非常稀少。主要產地在俄羅斯的烏拉爾山。因為有高折光率與色散，因此非常亮麗耀眼。許多寶石學專家都想收藏一顆有馬尾巴內含物的翠榴石，但是現在已經相當稀有了。

2008 年前後，曾在泰國見到非洲納米比亞產的翠榴石，但是乾淨的不多，最大的也只有 1~2 克拉；4~5 克拉的內部幾乎都是雜質。難得見

▲翠榴石。

到這麼漂亮、火光閃爍又乾淨的翠榴石，當然忍不住整包買下來收藏。回臺灣之後馬上送給 FGA 吳照明教授鑑定，利用折射率、比重與吸收光譜等證實是翠榴石沒錯。

在美國，1 克拉翠榴石要價 1,000 美元（約新臺幣 3 萬元），仍有一堆死忠收藏家搶著買。2010 年蘇富比秋拍預展，展出一顆 7 克拉的翠榴石，曾引起收藏家一場激烈的搶標熱潮。2014 年 9 月到香港珠寶展看到廠商展出一套翠榴石，都在 5~10 克拉左右，相當漂亮，真心想買的朋友可能去展覽會找比較快。

◆ 鈣鉻榴石 Uvarovite

Uvarovite 的命名，主要是為了紀念俄羅斯國家科學院院長優士洛夫。顏色為翠綠色，主要產在烏拉山含鉻的蛇紋岩中。鈣鉻榴石的顆粒都不大，不超過 2mm，所以很難琢磨，因此市面上非常少見，人們多把它當成標本居多。

2015 年最受歡迎的石榴石投資排行

石榴石這幾年毫不遜色，有三種顏色最受歡迎：

▲錳鋁榴石，1 克拉 2,500~3,500 元。

第一名是綠色的沙弗萊。現在有人給它取小名「沙沙」，真是英雄出少年，名字響叮噹，本身條件夠好，1克拉大小，每克拉現在要2.5~3萬元；2克拉大小的，每克拉3~3.5萬元；3克拉大小的，每克拉5~7萬元；4克拉大小的，每克拉8~10萬元；5克拉大小的，每克拉10~13萬元，這裡指的是乾淨且顏色是vivid green。超過5克拉以上幾乎很難找到完全乾淨的。未來只能要求「沙沙」肉眼看不見雜質就可以了。因為實在產量太少了，只能說早買的賺到了。

　　第二名是橘色的錳鋁榴石，小名「芬達」，芬達汽水顏色實在太迷人了。目前1~5克拉最多。超過5克拉乾淨的就少了，10克拉以上就很稀少。最高等級1~5克拉每克拉約7,000~1萬元，5~10克拉等級每克拉1~1.5萬元，超過10克拉以上，每克拉2~3萬。

　　第三名是玫瑰色石榴石，這顏色最有人氣，手鏈最受歡迎，4~6mm大小的，每串在5,000~10,000元，玫瑰色石榴石深受年輕學子與上班族群喜歡。另外切割面玫瑰石根2~3克拉每克拉500~1,500元，5~10克拉每克拉2,000~3,000元，10克拉以上每克拉3,500~5,000元。

　　未來這三種品種石榴石還是會持續看漲，大家可以拭目以待。

▲ 翠玫瑰色石榴石手鏈。（圖片提供：一石三生）

6 尖晶石
Spinel

Spinel 源自拉丁文 Spina，意思是小刺，主要是指晶體上的尖端。因為結晶形狀尖尖的而命名為尖晶石。尖晶石是一種最像紅寶石的寶石，多與紅寶石共生。在泰國，商人為了區分它與紅寶石，將它稱為「軟寶」，意思就是比紅寶石硬度軟。而在緬甸可買到尖晶石原礦，結晶形狀有如金字塔，與鑽石一樣都是八面體。

尖晶石顏色最常見的是紅色、藍灰色，另有紫色、黃色、草綠色。紅色的尖晶石乍看很像紅寶石，最容易被不肖商人拿來冒充紅寶石，但藍色尖晶石卻不像藍寶石，因為帶點灰色。

成分	$MgAl_2O_4$
晶系	等軸晶系
硬度	8
比重	3.58~3.98
折射率	1.71~1.73
顏色	多變，呈紫、藍、綠、灰、黑、紅、紫紅色
解理	發育較差
斷口	貝殼狀

目前很多專家喜歡的變色尖晶石 (Alexandrite Spinel)，產地在斯里蘭卡，大小通常在 1~3 克拉，品質視變色程度與乾淨度而定，質優色美瑕疵少的尖晶石價錢並不便宜。尖晶石的內含物比紅寶石少許多，選購時挑愈像紅寶或藍寶的顏色愈好。

特別要注意的是不要買到合成的尖晶石，通常尖晶石內會有一些小八面體尖晶石包裹體，可以確認是天然尖晶石。區分紅寶石與尖晶石最容易的方法就是利用偏光鏡觀察，尖晶石等軸不偏光，而紅寶石會偏光。此外，市面上常出現火熔法合成的藍色鈷尖晶石，內部有彎曲條紋以及細小的氣泡，與天然尖晶石明顯不同。

▲ 5 克拉藍色尖晶石，帶一點灰色調。（圖片提供：吳照明）

尖晶石（圖片提供：吳照明）　　　　　紅寶石（圖片提供：慶嘉珠寶）

▲ 緬甸尖晶石與緬甸紅寶石，因為折射率相當接近，一般消費者很難分辨出來，必須用分光鏡、折射儀、偏光鏡來加以觀察區分。

選購訣竅

　　1996 年曾到斯里蘭卡買到一包不透明八面體尖晶石原石，每顆直徑大小 0.5~2cm，由於在河床沖刷，部分外表已受到風化侵蝕，是很好的標本。2006 年去緬甸出差，在仰光翁山市場內找到紅色透明的尖晶石與一半埋在大理石中的原石，之前在國內幾乎不太容易買到尖晶石原石，因此當然不能錯過。

　　在臺灣市場，珠寶店業者不大會輸入尖晶石，因為詢問度很低，若消費者喜歡尖晶石，可以在網路拍賣與各地玉市尋找。2010 年 9 月，香港蘇富比拍賣會預展，就展出一只尖晶石戒指，引起注目。相信未來會有更多人瞭解尖晶石，注意到紅寶石的分身——尖晶石。

2015 年尖晶石最新行情資訊

　　尖晶石這兩年知名度愈來愈高。由於紅寶石價格愈來愈高，許多人開始尋找紅寶石的分身。現在幾乎玩彩寶的人都知道尖晶石的身分，也意花錢來收藏。筆者 2013 年底在曼谷就買到一顆 8 克拉的緬甸尖晶石，從表面看起來真像紅寶石，一下子就被買家收走。現在要找 5 克拉以上的緬甸尖晶石還是有點困難，5 克拉以上就非常稀少。要注意若偏暗或偏橘色的價錢較低，顏色最漂亮的產在緬甸，接近鴿血紅。1 克拉豔紅色，每克拉約 1.8~2.3 萬元；2~4 克拉的，每克拉 3.5~5.5 萬元；超過 5 克拉以上的，價錢不便宜，每克拉 8~15 萬元。粉紅色乾淨的尖晶石 3~5 克拉也很受歡迎，單價在 4~8 萬元。藍色尖晶石少有顏色鮮豔的。藍灰色的尖晶石 5 克拉左右的，每克拉 2.5~3 萬元。未來還是看準豔紅色尖晶石，3 克拉以上就不要再錯過了。

▲ 最常見的緬甸尖晶石都帶點灰暗，1 克拉約 1,000~1,500 元。

7 珍珠（真珠）
Pearl

中國人喜愛珍珠的程度，不遜於外國人喜愛鑽石，如果說鑽石是寶石中的國王，那王后就非珍珠莫屬。在臺灣二、三十年前，如果結婚時能戴一串 7~8.5mm 的日本養珠項鏈，是許多人夢寐以求的事。如今，不管貴族或名人，還是一般上班族或公務人員，都買得起一串珍珠來佩戴（視珍珠品種）。

成分	CaCO$_3$
晶系	一
硬度	3
比重	2.71
折射率	1.53~1.68
顏色	黃、白、粉紅、黑、灰、銅藍
解理	一
斷口	一

2015 年珍珠最新行情資訊

珍珠一直有一群鐵粉支持，也是女士們各種場合必備飾品，早年結婚都必須備有一串珍珠項鏈。隨著養殖技術不斷提升，珍珠品質也愈來愈好。

目前日本養珠 6mm 圓，皮光粉紅，接近無瑕，一串約 5~10 萬元；7mm 一串約 10~15 萬元；8~9mm 一串約 25~40 萬元。

南洋白珍珠，圓且表面粉紅色接近無瑕者，12mm 一顆約 6~10 萬元；14mm 一顆約 11~16 萬；16mm 比較稀少，價差最大，皮光為最主要因素，一顆約 30~50 萬元不等。南洋金珠最近很熱門，圓形皮光好的，11mm 一顆約 6~8 萬元；14mm 一顆約 8~11 萬元；15mm 一顆約 20~25 萬元。南洋黑珍珠，孔雀綠，圓且表面接近無瑕，11mm 一顆約 5~8 萬元；13~14mm 一顆約 10~15 萬元；16mm 比較稀有，一顆約 6~12 萬元不等。

淡水珍珠比較平易近人，不規則的一串約 1,000~2,000 元；6mm 圓的、皮光好的，一串約 6,000~8,000 元；7~8mm 圓的一串約 1.5~2 萬元。近兩

年南洋白珍珠與黑珍珠市場交易冷淡，反觀淡水珍珠與南洋金珠不受影響。一位賣南洋珠的朋友向我訴苦，不知道消費者跑去哪了。

　　珍珠在保養上需要花費更多工夫，乾燥環境與皮膚的汗酸對珍珠影響極大，這是長期投資前需要瞭解的。

珍珠的種類

◆ 淡水珠

　　淡水珠，顧名思義就是養殖在湖或河裡的珍珠。主要產地在上海附近的湖泊和太湖、杭州一帶，以及日本的琵琶湖等地。

　　淡水珠的形狀不規則，呈現米粒狀或雞蛋狀，有時會有扁平或三角形，很少有圓形的淡水珠。而顏色有多種變化，有白色、乳白色、粉紅色、金黃色和橘色等。目前成品大多送到廣州和深圳等地分類、鑽孔與穿串，製成項鏈或其他成品。由於一個蚌內可以植入十幾個蚌肉，因此產量相當大，價錢也相當便宜。

　　淡水珠在挑選時宜挑選皮光佳、瑕疵少、形狀一致的。通常一串40cm 長、直徑 5~6mm 的淡水珠價位，看形狀圓不圓、瑕疵、皮光等，可從幾百元到數千元不等。

　　淡水珠由於價錢便宜，因此多染成黑、紅、紫、藍、綠等顏色，並做成各式各樣的項鏈與手鏈以增加賣點，共同點就是整串顏色太一致也太均勻，感覺太假。消費者在旅遊景點購買前要問清楚，以免造成糾紛。

▲ 麻花狀淡水珍珠項鏈。
（圖片提供：大東山珠寶）

▲ 淡水珍珠飾品。（圖片提供：大東山珠寶）

◆ 海水珠

養殖在海中或海灣的珍珠都叫海水珠，海水珠又可分成日本珠與南洋珠兩種。日本珠是人們最喜歡的珍珠之一，那迷人的粉紅與白色，吸引不少女性消費者的眼光，尤其是白裡透紅的日本珠，成了許多新娘在婚禮上最美的配飾。日本珠大小通常直徑不超過 10mm。一般業者將其直徑大小加以區分為 6~6.5mm、6.5~7mm、7~7.5mm、7.5~8mm、8~8.5mm、8.5~9mm 等級。

其中直徑大小在 7.5mm 以下的，適合 20~35 歲的消費者；7.5~8.5mm 的珍珠，適合 35~50 歲的消費者；8.5~9.5mm 的珍珠，數量相當少，適合 50 歲以上的消費者（當然也要看消費者的經濟能力）

◆ 南洋珠

南洋珠主要產在南太平洋一帶，包括：緬甸、菲律賓、印尼、泰國、澳洲等國家海域。南洋珠大多由金唇蠔或銀唇蠔所養殖長大，金、銀唇蠔直徑約 30cm，似手掌大小，是所有的蠔中最大的一種，可生產的珍珠大小從直徑 9~18mm 都有。一般養殖時間 1.5~2 年，比日本養珠時間短（2~3 年），厚度約 1mm。

▲南洋白珠與南洋金珠鑽石項鍊。
（圖片提供：良和時尚珠寶公司）

南洋珠的顏色通常為銀白色、粉紅、黃色與金黃色，其中又以粉紅色最為人們喜歡。南洋珠若皮光帶黃色，價錢就比較低，但是金黃色的黃金珠就特別珍貴。天然的黃金珠項鍊，若是直徑 14~15mm，一串要超過 100 萬元才能買到，選購時要相當注意，避免買到染色的黃金珠，若一串黃金珠項鍊賣 15~20 萬元，就要特別注意是否為染色黃金珠。

南洋珠的形狀以不規則最多，其次是燈泡形。水滴形或梨形較佳，最適合做成墜子或耳環；最少的是半橢圓形與圓形。珍珠表面凹或凸起物大小與多寡、分布情形，也是影響價錢很重要的因素。

▲ 南洋金珠與碧璽鑽墜。
（圖片提供：駿邑珠寶）

◆ 黑珍珠

法屬波里尼西亞群島的大溪地以產大型、高品質的黑珍珠馳名，除此之外菲律賓群島及沖繩島都有少量黑珍珠出產。大溪地的黑珍珠平均大小直徑 8~11mm，直徑達 12~14mm 就相當大了，偶爾發現直徑 18mm 的黑珍珠，那真是上帝的恩賜！

▲ 黑珍珠與南洋金珠異形耳環。
（圖片提供：良和時尚珠寶公司）

黑珍珠的形狀，大概可以分成圓球形、梨形、不規則形、鈕扣形。最高級的是圓球形，售價也最高，當然光澤、顏色、瑕疵程度也會影響價格高低。黑珍珠和白色珍珠的光澤不同，白色珍珠的光澤如果夠好，看起來較溫潤；而黑珍珠的光澤夠好的話，就好像一面明鏡。由黑蝶貝所產的黑珍珠，除了黑色之外，也可產生灰色、綠色和藍與咖啡等顏色，黑珍珠體色愈黑，價值愈高。

最近在市場上最為搶手的，是一種以黑色為基礎的綠色珍珠，又稱為孔雀綠，在黑珍珠市場上售價最高，也最受歡迎。

珍珠如何挑？

◆ 珍珠的定價

珍珠的挑選首重顏色與光澤，其次是瑕疵，再次才是形狀。就算是異形珠，經過設計師的巧思，也可脫胎換骨，變成人見人愛的小飾品。所以只要顏色夠美，皮光佳，仍然有它的賣點。通常以直徑大小定價錢，愈圓也愈貴。

◆ 膚色與珍珠顏色的配合

購買珍珠時，不妨將它放在皮膚上，尤其是頸部，試試珍珠顏色與自己的膚色搭配與否？膚色白皙的女性，可大膽嘗試黑、黃、粉紅色的珍珠；膚色較黑的女性，宜選擇白色或粉紅色的珍珠。珍珠與衣服顏色

的搭配上，仍以黑珍珠搭配淺色系衣服，對比強烈，最為顯眼。另外，絲質的衣料可以避免珍珠刮傷，也更可以襯托珍珠的柔媚。

◆ 珍珠項鏈的選購

珍珠項鏈的選擇是一門大學問，除了要考慮自己的體型、脖子的粗細比例外，與衣服領口的形式也有非常密切的關係。短項鏈適合 V 形領上衣；公主型(40~50cm) 珠鏈，可加上吊墜佩戴，與圓領衫搭配也蠻不錯；多串珠子重疊佩戴，是淡水珠目前最流行的戴法；兩串短鏈則適合與船形領的洋裝搭配。

▲ 銀色南洋珍珠搭配水滴垂吊紅寶鑽戒。（圖片提供：良和時尚珠寶公司）

◆ 戒指的選購

修長的手指，佩戴橫線條的指環，多層鑲嵌、圓形及方形寶石都很合適。而短手指的朋友，宜選擇梨形、橄欖形、直線形的手環，因為它能讓手指看起來更加修長。

真珠、假珠，咬一咬便知？

民間老一輩流傳下來鑑定珍珠的方法，是用牙齒咬一咬。沒錯！養珠與天然珍珠都會有沙子粗糙的感覺，而塑膠珠則有滑動的感覺。然而此法只能買回家後關起門來測試，一般商家不會讓消費者在賣場做此測試，更何況若咬壞了呢？所以我也不太贊同。某些寶石書上建議使用比重液測比重、用折射儀來測珍珠，我更不能認同，因為這些液體對珍珠都會造成很大的損傷。另外，酒精、丙酮擦拭珍珠外表雖然可以溶解染料，但是此法同樣會破壞珍珠，不值得一試。

辨別真、假珠的最好方法是利用高倍放大鏡或顯微鏡，觀察珍珠的外表。在 50~60 倍的顯微鏡下，很容易可以看到珍珠表面有縫合線的構造、凹洞或凸起；假珠的外表卻是相當光滑。此外，仿珠在鑽孔洞口處，

會有表皮脫落的現象。

除了塑膠、玻璃製的仿珠外，染色珍珠與放射線照射使之變色的珍珠近年來充斥整個珍珠市場。染色黑珍珠是以白珍珠浸泡硝酸銀而變黑，要辨別鑑定，可用放大鏡觀察顏色是否呆滯、裂縫處顏色是否較深。另外有一種比較新的鑑定方式，即用查氏濾色鏡觀察染色黑珍珠與放射線照射變色黑珍珠，其在燈光下經濾色鏡觀察顏色會呈現暗紅色，天然珍珠與養珠在濾色鏡下則不會變色。如果是成串的珍珠，可以看穿線是否也與珠子同色來加以判斷。

▲ 黑珍珠、黃金珍珠。
（圖片提供：良和時尚珠寶公司）

▲ 黑珍珠、黃金珍珠。（圖片提供：雅特蘭珠寶）

在市場上還有一種貝珠，其利用貝殼磨成珠子，然後在珠子表面塗上顏色來製成貝殼珠，一條直徑 9mm 的貝珠項鍊在百貨公司竟要賣 4,000~5,000 元，建國玉市只要 500~2,000 元就可以買到。辨認的方法就是：每一顆幾乎一樣，沒有瑕疵，表面光滑，光澤也沒有養珠那樣自然。

▲ 日本珍珠戒指，具有粉紅色珍珠光澤。

如何保養珍珠？

談到珍珠的保養，必須要讓讀者先瞭解珍珠的成分及物理性質。珍珠的礦物成分主要是霰石（Aragonite）、方解石（Calcite），一般以霰石居多，而兩種礦物成分都是碳酸鈣（$CaCO_3$），不過霰石比重在 2.93~2.95、硬度 3.5~4.0，而方解石比重是 2.71、硬度是 3。新鮮的珍珠在熱與火的烘烤下，逐漸失去水分，會由霰石轉變成方解石，這就是所謂的「人老珠

黃」。有了以上的常識，對於保養珍珠便有了基本的概念。

　　一般珠寶店會教消費者用自來水清洗珍珠，這是一個非常錯誤的觀念。自來水 pH 約為 6.0~8.5，pH 小於 7.8 時碳酸鈣會溶解，會腐蝕珍珠。建議用 pH8.0~8.5 的水擦拭清洗，也可使用蒸餾水防止珍珠老化。

　　此外，珍珠盡量不要接觸皮膚，可用衣服或戒臺隔離，防止汗水的侵蝕。使用香水或髮膠之後再佩戴在身上，避免直接接觸這些化學物品。在過熱的場所，例如廚房，應盡量少戴珍珠。穿著絲質柔軟的衣物，以減少珍珠被刮傷的機會。臺灣氣候相當炎熱，佩戴珍珠項鍊每晚都必須做此保養，就如同保養自己的肌膚一般，這樣珍珠必定可以永恆如新。

吃珍珠粉皮膚真的可以變白嗎？

　　常常在課堂上被問到這個問題，讓我不禁也好奇起來，便調查社區大學班上同學食用珍珠粉的情形。全班 35 人中，女性占 26 人，其中有 6 位曾在懷孕時服用珍珠粉，至於對寶寶皮膚是否有明顯作用，她們倒是有不同的看法。有一位學生在懷老大時有服用，懷老二時沒有，結果老大比老二皮膚白且有彈性。至於其他人因珍珠粉太貴，沒有服用很多，因此感覺不出效果。

　　我不是醫生，無法做任何建議，但是任何東西吃太多對身體多少有一點負擔倒是真的，因此服用時應遵照醫生指示、注意劑量，並且小心勿服用到假貨（貝殼磨成的粉）。

▲ 南洋白珠章魚造型黑鑽玉紅寶戒指。
（圖片提供：良和時尚珠寶公司）

▲ 銀色南洋珍珠紅寶鑽石耳環。
（圖片提供：良和時尚珠寶公司）

8 長石
Feldspar

　　長石是地球上最常見的礦物之一，長石家族種類繁多，常見的寶石有月光石、日光石、拉長石與天河石等。

2015 年長石最新行情資訊

　　長石家族一直以來都被忽視，家族裡最有名氣的是月光石，尤其是藍月光石，頂級透明如玻璃的藍月光，價錢是以乾淨度與藍色濃度而論，超過 10 克拉的比較稀有，目前每克拉約 5,000~6,000 元；1~5 克拉大小的，每克拉 500~1,500 元；5~10 克拉大小的月光石，1 克拉要 1,500~3,000 元。如果是半透明如冰種，10 克拉以上每克拉約 1,500~3,000 元。小顆藍月光配石，每克拉 1,000~1,500 元。另外白月光貓眼石也有人注意，每克拉約 150~250 元。月光石小手鏈一條 2,000~5,000 元。月光石解理發達，很容易有裂紋，挑選時要注意。

　　微斜長石小名天河石，目前手鏈與手鐲最多。因為多裂紋，部分會灌膠，手鏈價錢一條約幾百到一千多元。手鐲一只約 5,000~15,000 元，是最流行的飾品之一，不管是在網路上還是在北京潘家園都賣翻了。天河石手鏈按照成色的好、中、差，價位依次在 300 元 / 克、200 元 / 克、100 元 / 克，與天河石的吊墜價位相同。天河石的手鐲較好的價格過 5 萬，一般品相的要 3~4 萬元，差的一般在 1 萬元以下。挑選天河石手鐲的時候要注意選擇乾淨、無解理的，有無灌膠。

　　拉長石具有彩虹般光芒，因此常做為銀飾設計或擺件。這價錢比較實惠，通常每克拉在 150~300 元左右。擺件算公斤，通常一件擺件看大小售價在 5,000~30,000 元居多。

▲ 心形的月光石，適合做花朵的設計。

紅色的中性長石在國內知名度不高，每克拉 2,000~4,000 元。太陽石（部分具有貓眼現象）基本上也是關注的少，請大家多多宣傳，每克拉 150~250 元左右。

目前長石家族除了藍色月光石外，都算是平價寶石，常用來做成各種銀飾品，1,500~3,000 元都有機會買到，尤其是在淘寶網或奇摩拍賣上都可以尋寶。

月光石（冰長石） Moon Stone

月光石的成分是一種半透明的冰長石，因為它的外表會發出如月光般的亮光而得名。月光石有白光、淡藍色暈彩、貓眼（含有針狀包裹體）和星石現象。

◆ 月光石的選購

月光石近幾年之所以在市場發光，是因為國際銀飾名牌喬治·傑森（Georg Jensen）的推波助瀾。喬治·傑森推出月光系列之後，從時尚界、設計師到一般消費者都對這種散發出皎潔月光的寶石充滿興趣。

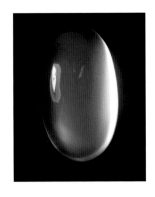

月光石的解理發達，質地透得像玻璃，隱隱散發出藍光，價位依顏色與質地而有不同，最貴的是透明如玻璃、顏色如深海水藍的藍月光，再來依序是半透的藍月光、不透的藍月光，最便宜的是不透明的月光石。

不透明的月光石，以及黑、灰、銀灰、粉橘、橘等顏色價錢都不貴，每克拉 20~50 元，最適合初學金工的朋友創作練習。

成分	KalSi₃O₈
晶系	單斜晶系
硬度	6
比重	2.57
折射率	1.52~1.53
顏色	無色、灰、白、肉紅、黑、橘色為主
解理	完全（常常是模糊的）
斷口	不平坦到貝殼狀

日光石（奧長石） Sun Stone, Oligoclase

日光石又稱為太陽石，主要是由奧長石組成。晶體中常含有針鐵礦、鐵雲母以及赤鐵礦等小包裹體，因反射出金黃色耀眼的光芒而得名。

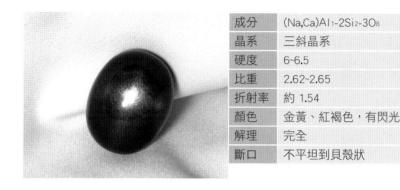

成分	$(Na,Ca)Al_{1-2}Si_{2-3}O_8$
晶系	三斜晶系
硬度	6~6.5
比重	2.62~2.65
折射率	約 1.54
顏色	金黃、紅褐色，有閃光
解理	完全
斷口	不平坦到貝殼狀

◆ 日光石的選購

日光石在網路拍賣或建國玉市都可以買到，1 克拉 100~200 元，算是很便宜的寶石，也是許多銀飾金工業朋友的最愛。很多年輕賣家將日光石製成各式凸顯設計風格的產品，在網路上拍賣，銷售業績都不錯。日光石容易有石紋，只要挑選不在表面上的就可以。

拉長石 Labradorite

成分	$(Na,Ca)Al_{1-2}Si_{2-3}O_8$
晶系	三斜晶系
硬度	6~6.5
比重	2.7
折射率	1.559~1.568
顏色	無色、黃色、褐色、藍色、紫色、紅色、淺到深灰
解理	完全
斷口	不平坦到裂片狀

拉長石的命名主要是因在加拿大的 Labrador 發現，便以地名命名。呈半透明狀，有綠、藍、黃、紫以及金紅等混合色。而暈彩產生主要是因為拉長石有平行的雙晶平面，當光線照射不同平面產生干涉彩斑。

芬蘭所產的拉長石又稱為光譜石（Spectrolite），就如同三稜鏡將日光光譜分成彩虹一樣；美國猶他州產的是微黃透明的拉長石；加拿大的拉長石產在拉布拉多海岸，所以又稱為「拉布拉多石」。

◆ 拉長石的選購

光譜石因為價錢不貴，大多都做成銀臺，成品在玉市或網拍只要幾百元，頂多 1,000 元就可買到。光譜石很少有乾淨的，只要注意它的彩虹光彩就行。

2010 年暑假曾在廣州華林玉市看見光譜石擺件，非常迷人，1 公斤約 500 元。光譜石墜子、原礦在網拍或玉市，1 克拉 20~50 元就可以買到，也是初學金工學員的最愛。

中性長石 Andesine

中性長石又稱為安德森石，自 1997 年以來在國際市場上大量出現，開始有人注意到這個新興寶石。主要顏色有紅色、橘色，產自美國、非洲、中國大陸等地。內部有很多針狀物，顏色均勻的中性長石外觀極像紅寶石，市面上售價 1 克拉 1,200~3,000 元。

成分	$(Na,Ca)Al_{1-2}Si_{2-3}O_8$
晶系	單斜晶系
硬度	6
比重	2.57
折射率	1.52~1.53
顏色	紅、橘色
解理	完全（常常是模糊的）
斷口	貝殼狀

天河石 Amazonite

天河石又稱為亞馬遜石，主要成分是微斜長石，呈天藍色或是綠色，具有十字形網狀條紋，通常不透明。有些商人會以天河石來代替翡翠，主要差別是比重不同。

▲ 天河石手鐲，兩組十字交叉解理非常發達。（圖片提供：柴新建）

成分	KalSi$_3$O$_8$
晶系	三斜晶系
硬度	6~6.5
比重	2.56~2.62
折射率	1.518~1.527
顏色	藍色、淺藍色
解理	完全
斷口	不平坦到裂片狀

▲ 天河石珠鏈。（圖片提供：柴新建）

▲ 天河石平安扣和珠子。（圖片提供：柴新建）

9 琥珀
Amber

琥珀與珍珠、珊瑚一樣都是有機寶石，因色澤優美、質感柔和，深受消費大眾的喜愛。琥珀是 6,000 萬至 3,000 萬年前的樹脂化石，屬於有機物，主要成分是樹脂，硬度很低。琥珀在形成時，常會包裹昆蟲，又以蠅、蚊、蟻類為最，含蠍者最為稀少名貴，而內含昆蟲數目愈多愈名貴。主要產在波羅的海、中國大陸、義大利、羅馬尼亞、緬甸。在多明尼加的琥珀中，每一百顆原石中，大約只有一顆含有昆蟲包裹物；波羅的海產的琥珀，每一千顆才有一顆含有昆蟲。

多年前，因為電影《侏羅紀公園》掀起一陣恐龍熱，同時也帶動購買琥珀的熱潮。由於天然琥珀漸漸稀少，市面上便充斥著再生琥珀與仿冒品，引發許多消費者的疑慮。

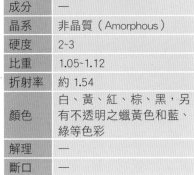

成分	一
晶系	非晶質（Amorphous）
硬度	2~3
比重	1.05~1.12
折射率	約 1.54
顏色	白、黃、紅、棕、黑，另有不透明之蠟黃色和藍、綠等色彩
解理	一
斷口	一

2015 年琥珀最新行情資訊

琥珀常製成手鏈、念珠、項鏈等，一般以克計價，1 克通常 300~500 元；一條手鏈 1,000~4,000 元不等；一條項鏈可以從幾千到 1~2 萬元；最貴也是最稀有的藍珀，市價 1 克 500~1,500 元。假的琥珀（塑膠珠）一串手鏈 300~500 元就可以買到。消費者可以多比較，便可找到便宜又喜歡的琥珀。

中國大陸這兩、三年琥珀價格瘋狂地漲，筆者參加北京電視臺《財富故事頻道》的錄影專訪，在「阿湯哥帶大家淘彩寶」節目裡，帶著粉絲一起去潘家園淘各種彩寶，印象中有位女粉絲在琥珀專賣店中買到一塊雕工精美的藍珀。這件多明尼加藍珀屬於天空藍，不需要打螢光燈也可以看見藍色螢光，開價 25 萬元，硬生生以 10 萬元成交，也是我帶粉絲在潘家園淘寶成交最高紀錄。

高品質的藍珀平均 1 克要價 1 萬元以上，收藏投資琥珀變成一種風潮，懂的人愈多，買的人愈多，自然價錢就會炒起來。大陸人到國外買琥珀，是有多少買多少，幾乎要把整個礦區包下來，這樣控制源頭，才有辦法影響琥珀市場價錢。

琥珀的分類

琥珀除了製成飾品外，也是一種中藥材，在中藥行也能買到。未加工的琥珀具樹脂光澤，拋光後呈樹脂光澤至近玻璃光澤。琥珀依照顏色與透明度可以分為：

琥珀、金珀：最常見的琥珀，清透金黃，常見圓珠、小吊墜或者是擺件。最常見來自波蘭、俄羅斯、多明尼加、緬甸等地。

蜜蠟：不透明黃色。主要產地在波蘭、俄羅斯、多明尼加等。

血珀：表面看起來暗紅色，燈光打出來是亮紅色。

瑿珀：含有炭化物雜質變黑。通常半透明，若是燈光照射下可看出透明紅色，價錢最低。

翁珀：黑色不透明。

藍珀：市場最貴的琥珀，多產自多明尼加，在螢光燈下會有藍色螢光反應。天空藍最好，乾淨的產量相當稀少。

蟲珀：昆蟲不小心掉入樹脂中被包裹在裡面形成。

▲ 天空藍琥珀原色以及手電筒照射後。
（圖片提供：張明）

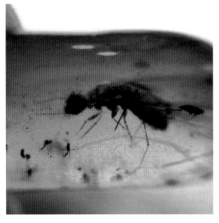

▲ 蟲珀。（圖片提供：鄭川）

▲ 血珀手鏈。（圖片提供：侯曉鵬）

藍珀

藍珀是指在陽光下（或白光）呈現藍色，或者淡藍色、藍紫色的琥珀品種。資深收藏者所談論的「藍珀」，特指產地為多明尼加共和國的琥珀。

多明尼加是位於加勒比海的島國，其琥珀產量占世界琥珀總產量 3%。其琥珀品種主要是金珀、棕珀，占總產量 99%，但最為著名的是占產量 1% 的藍珀，和內含種類極為豐富的蟲珀。

多明尼加琥珀由於特有的火山運動經歷，呈現出迷人純正的天空藍色，同時也導致珀體內雜質很多，是世界上雜質最多的琥珀，因此純淨的多明尼加琥珀非常難得。

較純淨無雜質、天空藍色的優質藍珀一年產量僅 300 公斤左右，而全世界天然鑽石 2011 年的產量為 1.1 億克拉，約為 2 萬公斤，其中優質的高級珠寶用鑽石成品的總量也在 1,000 公斤左右。而波羅的海琥珀的產量更是高達數千噸，由此藍珀的稀缺程度可見一斑。

藍珀最顯著的特點就是顏色的變換，在不同光源或照射角度不同時，藍珀可呈現出藍、紫、紅、黃等顏色。藍珀在陽光下呈現的藍色愈豔麗、愈純正，價值愈高，同時珀體的純淨度也是決定價值的重要因素。純淨無雜藍色完美的藍珀極為稀少，歷來被收藏家視為收藏珍品。（本文由張明提供）

如何分辨琥珀的真假？

天然琥珀實在不多了，因此再生琥珀、混合琥珀（真琥珀加入化學成分）、假琥珀便大行其道。市面上常見再生琥珀，亦即將琥珀碎屑加熱熔化後再成形，製造過程中業者還會別出心裁地放進昆蟲、花瓣等。

要怎麼分辨真假呢？就看蟲子在琥珀裡的掙扎程度。一般來說，再生琥珀中昆蟲的翅膀、四肢會呈現僵直狀，若昆蟲是在樹脂裡掙扎而亡，

琥珀裡昆蟲的身體和腳會分開、翅膀張開，呈現出企圖脫困的樣子。另外，因為昆蟲最後在樹脂中死去時，會吐出最後一口氣，所以琥珀中有小氣泡。又因再生琥珀在冷卻時，內部不均勻地散熱會產生類似唱片般的橢圓片狀物（一般稱為太陽花），這也是辨別再生琥珀的最好方法。

此外還有個簡單的方法：把琥珀放到飽和食鹽水裡（把食鹽加入水中攪拌，直到食鹽無法溶解為止），沉下去的一定是假的，因為比重較重，但是浮起來的不一定是真的，可能是特別調配過比重的假貨。若琥珀裡有各種色彩繽紛的漩渦（常見紅、綠、紫色），即代表是人工製的。

現今琥珀價格每個月都在漲，因此作假技術高超，就連珠寶展上都有可能買到假琥珀、蜜蠟，一般比重與肉眼觀察已無法鑑定。上海同濟大學或大陸國檢局可以利用高科技光譜儀分辨出來，請注意證書備註是否標明「天然琥珀」。

怎樣挑選與保養？

挑選串珠時，講求串珠大小與色調一致；選購雕件飾品時，宜選雕工細膩與質地均勻的。

琥珀是一種怕熱、怕磨、怕曬、怕強酸強鹼（阿摩尼亞、肥皂、洗潔劑、香水、髮膠）、易裂的樹脂化石，切忌重摔或火烤。平時若沾到灰塵，只要用清水擦拭乾淨即可。若有橄欖油也可在表面塗上薄薄一層，可以恢復光澤。黃色琥珀會隨時間老化而逐漸變暗，變成微紅色或微褐色，這類琥珀卻是收藏家極想得到的。

▲ 蜜蠟鯉魚雕件。

▲ 血珀玫瑰餐具。
（圖片提供：侏羅紀珠寶）

◀ 在商業上，透明的稱琥珀，不透明的稱蜜蠟，其實成分是一樣的。（圖片提供：侏羅紀珠寶）

緬甸琥珀異軍突起

▲ 正宗的緬甸琥珀顏色深，油脂光澤強。
（圖片提供：柴新建）

筆者 2012 年 6 月在昆明、瑞麗翡翠考察時，發現緬甸琥珀在雲南有一定的市場占有率。尤其是在瑞麗姐告翡翠圓石市場裡，有許多商家專賣緬甸琥珀。這種帶點黃褐色的琥珀，早年在臺大研究所，老師只給我們看小小的一顆，現在已是成堆成堆的原礦在賣。

2014 年去了幾趟潘家園，發現經營琥珀店家不在少數，臺灣人主攻波羅的海琥珀，也有商家專賣緬甸琥珀。無意中發現帶微紅色的琥珀都可以有藍色螢光反應，這與多明尼加的藍色琥珀相比，價錢實在是優惠太多了。

◆ 緬甸琥珀的歷史與現狀

緬甸與中國撫順、墨西哥、多明尼加、波羅的海同為世界五大著名的寶石級琥珀出產地，緬甸琥珀按種類區分和撫順、墨西哥、多明尼加同屬礦珀，有別於波羅的海的海珀。下面將從幾方面為想瞭解購買、初入收藏的愛好者做一介紹：

緬甸琥珀在中國已有幾千年歷史，東漢時期成為皇室收藏珍品。緬甸北部自東漢至清初很長一段時間歸中國版圖，1769 年臣服清朝成宗藩關係，期間有個行政單位雲南的騰越（今騰衝縣），繼翡翠之後成為加工銷售琥珀的集散地，於清朝、民國時期達到鼎盛，銷往中國和歐洲，故騰衝享有「琥珀牌坊玉石橋」之美譽。後抗戰爆發，騰衝城毀於戰火，緬甸琥珀文化開始蕭條甚至斷代。

後來提到琥珀，大家想起最多的是波羅的海、多明尼加藍珀，還有撫順的花珀，很少知道緬甸琥珀，甚至有人會問緬甸也出琥珀嗎？而市面上除了早期流傳下來的精品，鮮見珠子類手鏈大小一致、顆粒正圓、拋光工藝好的，雕刻件品相上乘的更是少見。大多是從緬甸、印度人手

▲ 各種顏色琥珀珠鏈。（圖片提供：柴新建）　　　　▲ 超大顆琥珀項鏈。（圖片提供：柴新建）

裡接過來的手工珠直接就賣，或是購買原料找工廠代為加工雕刻件，極少有工廠從原料到加工自行生產。

　　近幾年，隨著人們對緬甸琥珀的瞭解和認知度提高，有寶石級品質的天然琥珀已受到琥珀玩家和收藏者的關注，喜歡緬甸琥珀的人不斷增加，價格也是水漲船高，產量少的血珀、正圓的淨水金藍珀已是炙手可熱。

◆ 緬甸琥珀特點

　　緬甸琥珀是世界上最古老的琥珀，屬於白堊紀（恐龍時代），大約 6,500 萬 ~1.3 億年。硬度約為摩氏 2.5~3，最適合用來雕刻。如果是飾品，經常佩戴會愈來愈亮。其比重在1.034~1.095，折射率為 1.54，與波羅的海琥珀接近。

　　緬甸琥珀大多數珀體內能看到雲霧狀的流淌紋，也是與其他琥珀的不同之處，但精品除外。在紫外光下，緬甸琥珀會呈現不同藍色螢光效應，淨水的金藍珀與多明尼加藍珀十分相似。

▲ 緬甸琥珀手把件，福建雕工。
（圖片提供：柴新建）

◆ 緬甸琥珀分類

緬甸琥珀顏色非常豐富，為便於記憶，業者張賀簡單分為四大類：

1. 血珀

血珀自古被稱為珀中精品，典型的血珀呈酒紅色，清澈透亮，可透過珀體清晰看到背景物。其細分還有：

金紅珀：表面紅而內部呈金或黃色。

櫻桃紅琥珀：如櫻桃般鮮豔緋紅。

翳珀：整體看上去呈黑色不透明，但透過強光能看到深紅。

緬甸血珀目前隨型產品價格每克2,000~6,000元，雕件非常少，因為血珀是氧化而成，所以顏色外深內淺，一般做成雕件會有些失色，所以做的非常少。血珀也沒什麼大塊的料子，所以很難開大的圓珠，一般18mm直徑的圓珠手鏈就算很大了，這樣無雜裂的圓珠手鏈價格每克7,500~10,000元，甚至更高。

▲ 血珀。（圖片提供：張賀）

2. 金珀系列

金珀系列是緬甸琥珀中比較高端的品種，又可細分為金珀、金藍珀、柳青、綠茶、紅茶、黃茶以及金紅珀等。

金珀的顏色金黃，質地透明，在黑色底板下不泛藍光。金珀的價格主要受淨度、大小、形狀影響。圓珠類產品，珠子

▲ 金珀。（圖片提供：張賀）

正圓無雜裂，價格按大小和工藝來區分，緬甸和中國大陸由於工藝上相差較多，所以價格相差不少，緬甸工13~15mm直徑的每克500~800元，中國大陸工每克900~1,100元。隨型產品無雜無裂的20~30克左右的每克1,100~1,300元之間。雕刻件從10克重的每克1,200元到100克重的2,000元以上，其中看用料及雕工如何而價格不等。

金藍珀是指白背景下或透光照為淡黃色，黑背景下明顯藍色，此種琥珀在金珀系列屬於中檔琥珀，在整個緬甸琥珀中屬於中高端品種，由於其通透度較好，受到很多消費者的喜愛。無雜裂隨型產品可達每克 1,500~2,300 元，無雜裂雕件價格每克在 1,000~1,500 元之間，淨水正圓手鏈價格非常高，緬甸工 15~20mm 直徑的手鏈每克 1,100~1,500 元，中國大陸工按珠子大小每克 1,300~2,800 元。

▲ 金藍珀。（圖片提供：張賀）

柳青產量較低，白色背景和透光照下顯黃綠色，為柳樹春天剛剛發芽時的顏色，所以取名為柳青珀。柳青在緬甸琥珀中屬高端品種，產量稀少，淨水的更少，如果淨水的料子在 30 克以上已經十分難得，售價可達每克 3,500~5,000 元，雕件價格差不多。珠子的價格會更高，以中國大陸工 20mm 直徑的圓珠為例，售價可達每克 5,000~7,500 元。柳青漲幅非常高，2014 年漲幅在 200~300% 左右。

▲ 柳青珀。（圖片提供：張賀）

綠茶的顏色比柳青更深，品質好的綠茶為淺綠色的，價格是非常高的，產量比柳青更稀少，淨水更是難得。隨型價格大概每克 2,500~3,500 元，30 克以上的淨水料子可達每克 4,000~6,000 元。因為價高、量少，很少出手鏈，20mm 直徑的淨水手鏈售價可達 50 萬元以上。

▲ 綠茶。（圖片提供：張賀）

紅茶也是金珀系列，是比較有爭議的種類。有人認為黑背景下綠色機油光明顯的為紅茶；有人認為紅茶是柳青變異而來；還有人認為黑背景下通透紅色為紅茶，即所謂的玻璃種紅茶。紅茶在白背景或透光照下應該有明顯的紅茶茶湯的顏色，紅潤明亮，在黑色背景可能為通透的紅色，或為明顯的綠色機油光。紅茶價格和綠茶的價格幾乎一樣，產量也同樣稀少，

▲ 紅茶。（圖片提供：張賀）

▲ 黃茶。（圖片提供：張賀）

▲ 變色龍。（圖片提供：張賀）

淨水更難得。綠茶、紅茶是 2014 年漲幅最大的，可達 300~400%。

　　黃茶是指白色背景和透光照下，顏色與黃茶的茶湯一樣，成棕黃到明黃色，是所有茶珀中價格較低，產量較高的一種，但與金珀相比還是少很多，價格不算高。淨水隨型每克 1,200~1,600 元。黃茶比綠茶和紅茶更容易出淨水，所以淨水的價格不算高，但由於茶珀的色差較明顯，所以手鏈比較少見，20mm 大陸工圓珠手鏈每克 2,000~3,000元，也是茶珀中漲幅最小的品種。

　　另有一種變色龍，顏色非常豐富，在不同光線、背景下，有黃色、橙色、金紅色、綠色、藍色、紅藍色、紅綠色等多種顏色，因其顏色變化多而得名變色龍，產量相當稀少，難得淨水，售價和紅茶、綠茶一樣，也是難見手鏈，20mm 直徑的淨水手鏈售價可達 60~75 萬元一串，是非常有投資和收藏價值的品種。

　　金紅珀介於血珀和金珀之間，氧化時間短且不完全，所以還達不到酒珀的顏色，以橙色、金紅色為主要顏色。白色背景下透光照為金紅色，襯膚色時為淺紅色、黑背景下為紅藍色，帶有明顯的紅色光暈。價格不算特別高，淨水的金紅珀隨型每克 1,300~1,750元，雕件每克 1,500~2,250 元，20mm 大陸工圓珠手鏈每克 4,500~6,500 元，漲幅不算高，在 150~200%。

▲ 變色龍。（圖片提供：張賀）

3. 棕紅珀

　　棕紅珀是緬甸琥珀中產量最多、最常見的品種，其內部多有雲霧狀流淌紋和少許遠古時期包裹物，總體呈清澈透明的棕紅到透明度低的黑

▲ 棕紅珀。（圖片提供：張賀）　　　▲ 紫羅蘭。（圖片提供：張賀）

棕。

　　棕紅珀體系中有一部分稱為紫羅蘭，其在室外或黑色背景下，表面會呈現出紫羅蘭的顏色，也稱機油光，非常漂亮。紫羅蘭珀較棕紅珀價格要高出一些。

　　棕紅圓珠類產品，珠子正圓無雜裂，市價從 6mm 以下每克 200 元到 20mm 每克 1,000 元不等。雕刻件從 10 克重的每克 300 元到 100 克重的每克 800 元不等。紫羅蘭價格在其基礎上要貴 1.2 倍。

4. 根珀（珀根）

　　琥珀在地下形成過程中因融入了雲母及大量的方解石而形成根珀，有大理石一般的漂亮紋路，看上去有些像撫順的花珀。根珀中以半根半珀為優品，而通體白色細膩者為上品，但數量稀少。

　　根珀圓珠類產品，珠子正圓無雜裂，市價從 6mm 以下每克 300 元到 20mm 每克 1,000 元不等。雕刻件從 10 克重的每克 400 元到 100 克重的每克 1,000 元不等。

　　此外用緬甸琥珀碎料人工合成的琥珀，手感發硬發澀，紫光燈下藍色燭光偏綠，內部流淌紋及雜裂呈一定規律。

　　以上價格資訊為 2014 年底業者訪查結果，以漲幅速度來看，明年起這價格大概就不通用了。（以上緬甸琥珀分類之圖文由張賀提供）

▲ 根珀。（圖片提供：張賀）

10 托帕石（黃玉）
Topaz

托帕石在地質學上稱為黃晶，而黃晶容易與黃水晶混淆，所以現在市場上多以英文直譯，稱為托帕石，也有人稱為「黃玉」，以透明的為上品。

▲ 帝王托帕石。（圖片提供：彼得）

成分	Al₂SiO₄(F,OH)₂
晶系	斜方晶系
硬度	8
比重	3.4~3.6
折射率	1.62~1.63
顏色	無色、黃色、粉紅、酒黃、綠色和金棕色
解理	完全
斷口	貝殼狀

2015 年托帕石最新行情資訊

托帕石有白、金黃、淺橘紅、粉紅、藍色、香檳色等，市面上常見的以藍色與香檳色居多。既然叫黃玉，奇怪的是為何市面上不常見黃色的托帕石呢？主要是因為黃色托帕石（又稱帝王托帕石（Imperial Topazs），從金黃色到淺橘紅色）的大小以 1~3 克拉居多，1 克拉差不多 1,000~2,000 元，單價比起藍色或香檳色托帕石貴太多了。

藍色托帕石依顏色又分成倫敦藍、皇家藍、瑞士藍三種。倫敦藍帶點黑，皇家藍顏色最深，瑞士藍為淺藍色。藍色托帕石顏色較淺，價格較便宜，1 克拉 100~150 元，顏色較深的 1 克拉 200~400 元。至於粉紅色托帕石，顏色大多為人工處理，市面上 1 克拉 200~300 元。因為托帕石結晶顆粒大，市場上 50~500 克拉大小也很常見，且由於產量多，十幾年來價格沒有太多異動，甚至可以訂製尺寸。此外，托帕石如果是千禧切割，每克拉單價 300~500 元。

帝王托帕石最近吸引許多人注意，據說在北京某機構裡曾展出一顆上百萬的頂級巴西帝王托帕石。帝王托帕石一直受到收藏家的喜愛，大顆且顏色黃中帶橘紅色的非常稀少，能超過 5 克拉以上的都算是稀有了。市場行情價每克拉大概在 1~2 萬元，托帕石能賣這價錢也讓人傻眼，相信未來會有愈來愈多人瞭解這種珍貴寶石，當然價錢又要再翻好幾倍了。

▲ 香檳色托帕石。（圖片提供：慶嘉珠寶）

托帕石該如何挑選？

托帕石是歷久不衰的寶石，永不退流行，因為價位便宜，也是消費者接觸寶石的入門。托帕石容易碰撞碎裂，收藏時要特別注意避免刮傷。

選購時要挑自己喜愛的顏色，但要特別注意，通常藍色托帕石都是由白色托帕石經輻射照射所產生，一般都會留置六個月以上，等待放射性物質蛻變而不具輻射性才拿來銷售，這已是全世界珠寶業界都可以接受的方式。

▲ 倫敦藍托帕石。（圖片提供：慶嘉珠寶）

▲ 粉紅托帕石吊墜，顏色有處理過。
（圖片提供：良和時尚珠寶公司）

11 風信子（鋯石）
Zircon

藍色風信子也就是藍色鋯石。一般人會以為鋯石就是蘇聯鑽，其實這是誤會。鋯石是天然矽酸鋯，而蘇聯鑽的成分是人工的氧化鋯，因為都有個「鋯」字，常常被誤解。風信子的折射率高，尤其是藍色風信子，火光特別好，可媲美鑽石，可不是蘇聯鑽能模仿得來的。

成分	ZrSiO₄
晶系	正方晶系
硬度	6~7.5
比重	3.95~4.73
折射率	1.78~1.85
顏色	常呈淺綠、黃、褐色、藍、紅色
解理	無
斷口	貝殼狀

2015 年風信子最新行情資訊

藍色風信子以 1~3 克拉以下的居多，1 克拉 500~900 元；5~10 克拉的風信子比較稀有，1 克拉 1,000~2,000 元；超過 10 克拉的就很稀少，1 克拉要 5,000~8,000 元。2010 年 6 月曾在泰國尖竹汶看過一顆 23 克拉的藍鋯石，是我第一次看到這麼大的。2010 年，藍色鋯石產量與克拉數都大大增加，每克拉價錢稍微下降了 200~500 元。

藍色風信子是藍色寶石的最佳入門款，有如鑽石般璀璨的湛藍色風信子，更是珠寶設計師用來發揮巧思的好材料。買不起藍色彩鑽，不妨買一顆 5 克拉的藍色風信子來過過癮！

除了藍色風信子之外，還有黃色、棕色、綠色與紅色，主要產在泰國、斯里蘭卡、寮國、緬甸等地，炫麗的火彩值得大家去品味。

風信子的行情這幾年並無多大變化，市面上可以看到的藍色風信子

能夠達到 30 多克拉。收藏風信子石在國內尚未成風氣，主要是聽到它是鋯石就以為是假的，多便宜也不要。如果想逆向操作收藏，目前克拉數超過 10 克拉以上的深藍色鋯石每克拉大約 5,000~8,000 元；10 克拉以上的黃色鋯石每克拉 2,500~3,500 元之間。

◀ 黃色風信子戒指。

12 鋰輝石（孔賽石）
Spodumene

鋰輝石一般稱為孔賽石，是因孔賽博士（George Frederick Kunz, 1856~1932）在 1902 年發現而以他的名字命名。孔賽博士是美國當代重要的寶石學家，年紀輕輕便展現對寶石學的熱忱，現今全球通行的寶石重量單位「克拉」，便是孔賽博士在 20 世紀初所提倡而建立的國際標準。鋰輝石主要產地在美國、巴西、巴基斯坦。

鋰輝石早期最主要是用來提煉鋰元素，後來因為顏色太過迷人，才切磨成寶石。除了紫羅蘭色的紫鋰輝石外，也有黃色的鋰輝石，顏色有點像淺黃色的水晶，市場上並不多見；綠色的鋰輝石則稱為翠鋰輝石 (Hiddenite)，可以媲美翡翠或祖母綠，濃綠的色澤，讓人捨不得移開目光！

▲ 鋰輝石礦。（圖片提供：吳照明）

成分	LiAlSi$_2$O$_6$
晶系	單斜晶系
硬度	6~7
比重	3.18
折射率	1.660~1.676
顏色	常呈粉紫至深紫、黃、綠色
解理	完全柱面解理
斷口	參差至裂片狀

2015 年鋰輝石最新行情資訊

鋰輝石這幾年來非常受歡迎，主要是國際名牌蒂芬尼的帶動，讓很多人開始注意這種紫羅蘭色的鋰輝石，價錢已經有上漲趨勢。目前頂級大克拉數（50 克拉以上）的深紫鋰輝石每克拉約 6,000~8,500 元，粉紫色的價位在 1,500~3,000 元之間，淺紫色價位在 500~1,000 元。黃色鋰輝石市場上少見，詢問度低，價位沒有上漲，大概每克拉在 1,000~2,000 元之間。

綠色鋰輝石市面上幾乎看不見了，主要是太容易褪色了，喜歡的人也會有所顧慮。

▲ 黃色鋰輝石。（圖片提供：慶嘉珠寶）

▲ 綠色鋰輝石。（圖片提供：慶嘉珠寶）

挑選與保養

鋰輝石有淺粉紫、粉紫、紫羅蘭色等，價位取決於顏色深淺，紫羅蘭色的等級最高。除了挑選顏色之外，還要看其內含物的多寡與切割火光。

▲ 紫鋰輝石俗稱「晚宴寶石」，挑選時要注意顏色深淺。（圖片提供：慶嘉珠寶）

10 克拉以下的鋰輝石很常見，而銷售最好的大小在 10~30 克拉。大的鋰輝石可以達到 30~100 克拉，超過 100 克拉市面上就相當少見了，很多珠寶店都拿來當鎮店之寶。

由於鋰輝石家族的顏色不穩定，是少見在太陽光下曝晒會褪色的天然寶石，所以鋰輝石又有「晚宴寶石」的稱號，最適合在出席晚宴時佩戴。收藏時記得不要暴露在強光下，最好收在珠寶盒裡。裸石鑲嵌時，也要特別提醒鑲工不要直接加熱或電鍍。一旦顏色變淺，甚至變白，就無法再恢復顏色，價值立刻消失。另外，鋰輝石有完整的解理面，要盡量避免碰撞，以免刮傷或破損。

▲ 紫鋰輝石套鏈。（圖片提供：臻藝匯寶）

13 葡萄石 Prehnite

乍聽葡萄石這個名字會以為是紫色寶石，其實主要顏色從黃綠色到翠綠色，因外形結晶像葡萄，由朴力恩上校命名而得名。在五、六年前，魅力席捲全臺，很多設計師都採用葡萄石來製作各種配飾，那幾年，全世界一半以上產量的葡萄石，都賣到臺灣來了。

葡萄石的特點在於帶有油脂感，結晶顆粒大，可達到 40~50 克拉，大多切割成蛋面，少部分有雕刻成墜子。硬度 6，容易磨損，佩戴時切記避免碰撞。市面上以淺黃綠色的葡萄石最常見。

▲ 葡萄石。（圖片提供：羅美圓）

成分	$Ca_2Al(AlSi_3O_{10})(OH)_2$
晶系	斜方晶
硬度	6~6.5
比重	2.8~2.95
折射率	1.61~1.63
顏色	無色至灰色變成黃色，黃綠色到翠綠色
解理	不明顯
斷口	不平坦

◀ 葡萄石礦，形狀看起來就像成串的葡萄。

2015 年葡萄石最新行情資訊

葡萄石價錢主要看顏色與乾淨度，愈翠綠、愈透、無瑕，價格愈高。

葡萄石曾一度跌價，無人聞問，這幾年價錢又漲起來了，只要乾淨、淺綠就有人要，曾經造成曼谷一堆人搶著屯貨。目前最高檔如翡翠帝王綠顏色，市場要價每克拉6,000~8,000元，由於泰國當地原礦已經缺貨，想要也不一定有貨。中度綠色的葡萄石每克拉2,500~4,000元左右。淺綠色的葡萄石看大小，超過20克拉的每克拉1,000~1,800元。10克拉以下的每克拉500~1,000元之間。有雜質或裂紋的價錢並無太大起伏，通常每克拉50~100元。這幾年我朋友做葡萄石批發都賺到錢了，基本上只要多做教育推廣，綠色寶石沒有不賣座的道理。

▲ 葡萄石墜子。（圖片提供：羅美圓）

▲ 淺色葡萄石蛋面，1克拉30~50元。

14 榍石
Sphene

榍石的名稱來自希臘語「楔子」，其結晶比較扁平，呈楔狀。有很強的火彩和富麗的顏色，火光強烈程度超過鑽石。顏色多為黃色、褐色、綠色，具強烈的多色向性，雙折射強，所以從上方可看到背面刻面的重疊現象。

選購榍石時，要看切割、火光、形狀，火彩愈強色彩繽紛愈好。由於榍石硬度只有 5.5，要避免碰撞與摩擦。

成分	CaTi(SiO$_5$)
晶系	單斜晶系
硬度	5~5.5
比重	3.52
折射率	1.90~2.034
顏色	綠、黃綠、黃褐色、褐色
解理	柱狀解理
斷口	貝殼狀至裂片參差狀

2015 年榍石最新行情資訊

榍石在近五年突然崛起，在日本市場 10 克拉以上的榍石，1 克拉要 2 萬元以上才買得到，而且不容易找到大顆的。市場上以綠色榍石最貴，其次是黃綠色，再來是黃棕色。通常 1~3 克拉大小最多，內部常有內含物，乾淨的相當少。2010 年 6 月，我曾在曼谷看到一顆 12 克拉心形的綠色榍石，內部七彩霓虹色炫目，非常乾淨，可惜沒有買到。

▲ 淺綠色榍石是榍石中的極品，能夠超過 30 克拉的非常稀有。
（圖片提供：丁紅宇）

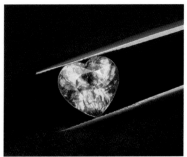

▲ 榍石。（圖片提供：慶嘉珠寶）

這兩年懂櫥石的朋友愈來愈多，好多商家也開始進貨，以綠色、黃色、咖啡色最受歡迎。櫥石通常都是收藏家在玩，一般人連聽都沒聽過就不會買。收藏家要求相當乾淨，另一方面也會要求色散很強，有五顏六色的光芒。2013 年筆者在泰國看到一顆 37 克拉的綠色大櫥石相當美，要價每克拉 1.5 萬元，實在是令我心動。目前合理價位綠色櫥石每克拉 1~2 萬元，黃色櫥石每克拉 5,000~10,000 元，咖啡色櫥石每克拉 2,500~3,000 元之間。相信它有很大潛力，未來五年仍有增值空間。

▲ 櫥石吊墜。（圖片提供：臻藝匯寶）

15 橄欖石
Peridot

　　橄欖石是岩漿結晶時最早形成的礦物之一，是火山玄武岩裡伴生的礦物，臺灣的澎湖、綠島都有產。橄欖石的內含物相當多，要找到乾淨度高的很難。顏色有黃綠、綠色、暗綠色等，以緬甸產的翠綠色橄欖石最受歡迎，價格也最貴。橄欖石的特色是有一點朦朧感，不像其他綠色寶石那麼透。

成分	(Mg, Fe)$_2$SiO$_4$
晶系	斜方晶系
硬度	6.5~7
比重	3.27~3.48
折射率	1.654~1.690
顏色	黃綠，常呈淺綠至深綠
解理	不完全到清楚
斷口	貝殼狀

　　早年，我在臺大研究所上課時，譚立平教授曾說過，橄欖石要超過10克拉以上很不容易，因為當時國內可見的主要是吉林產的橄欖石。但這幾年發現緬甸的橄欖石超過10克拉以上的不少，只是多有石紋或黑色內含物；在泰國見到巴基斯坦產的橄欖石，有些接近30克拉，顏色綠中偏暗，價錢就稍微便宜。

▲ 橄欖石。（圖片提供：慶嘉珠寶）

▲ 橄欖石墜子。（圖片提供：羅美圓）

2015 年橄欖石最新行情資訊

　　2008 年起，中國大陸與巴基斯坦的橄欖石大量釋出，因此價格降低許多。這寶石基本上是大家耳熟能詳的，綠色寶石一直有基本客戶群喜歡，在一些名牌珠寶裡也常常出現。1 克拉大小的橄欖石非常便宜，因此甚至可以訂做切割成各種形狀，大量賣給銀飾工廠，鑲嵌成墜子或戒指出售。在臺北建國玉市裡，可以買到橄欖石小碎粒，一小包幾百元，可以拿來串成項鏈或手鏈。橄欖石較軟，不耐碰撞，忌諱一堆放在一起。

　　目前市面上最搶手的是緬甸橄欖石，5~10 克拉的，每克拉約 4,000~5,000 元；超過 10 克拉以上的，每克拉約 8,000~10,000 元。巴基斯坦的橄欖石產量比較多，30~40 克拉都有，基本 20 克拉以上的單價都差不多，每克拉 6,000~8,000 元。橄欖石自己佩戴多於投資收藏，未來優質橄欖石價值還是會穩定增長。通常購買者是要挑選當生日石，被消費者認為是價值偏低的寶石，需要多加推廣。

▲ 橄欖石、摩根花朵造型吊墜。（圖片提供：良和時尚珠寶公司）

不可不知的寶石

除了貴重寶石與流行寶石之外，若您想要學習
寶石、或是賞玩玉市，還有許多常見的寶石，各
異其趣，您不可不知。

1 藍晶石
Kyanite

藍晶石的解理發達，顏色像斯里蘭卡藍寶，有些精挑細選出來的藍晶石，乍看會以為是斯里蘭卡藍寶，但它的折射率比藍寶石低，經過寶石學訓練的朋友細心觀察之下可以分辨。多數詢問藍晶石的人都是作靈療使用，也有人大量收藏，假以時日也可以當做藍寶石的替代品。

藍晶石產在巴西、緬甸、肯亞。品質差一點的藍晶石都磨成蛋面；顏色漂亮、解理少的，大多切割成橢圓形的切割面。藍晶石較軟，表面容易刮傷，鑲嵌時要特別小心，也不要直接電鍍，以免破損。

成分	Al$_2$SiO$_5$
晶系	三斜晶系
硬度	4~7
比重	3.62
折射率	1.716~1.731
顏色	藍色或藍綠色
解理	完全軸面解理
斷口	無狀

▲ 藍晶石吊墜。（圖片提供：羅美圓）

2015 年藍晶石最新行情資訊

常見 5 克拉以上、無解理、沒色帶的藍晶石，每克拉 1,500~3,000 元；1~5 克拉大小、顏色乾淨的，每克拉 500~1,500 元；如果內含物多的，1 克拉 150~300 元。

這兩年來藍晶石的名氣大大增加，市面上也增加曝光率。前一段時間看到藍晶石做的手鏈，顏色非常藍，不仔細看還不知道是什麼寶石。一串手鏈約 1,500~5,000 元，非常適合年輕族群佩戴。

2 菫青石
Iolite, Cordierite

Cordierite 一名是為了紀念法國地質學家 P.L.A. Cordier（1777~1861），另一個名稱 Iolite 來自希臘文「紫羅蘭」。紫藍色菫青石因切磨後類似藍寶石，早期曾被誤稱為「水藍寶」。菫青石最大的特徵在於具有強烈的多色向性，橫著看是無色，側著看呈現藍色，所以有些珠寶業者稱之為「雙色石」。

▲ 菫青石。

成分	$Mg_2Al_3(AlSisO_{18})$
晶系	斜方晶系
硬度	6.5~7
比重	2.60
折射率	1.54~1.55
顏色	藍色、藍紫色至藍灰色
解理	清楚的軸面解理
斷口	半貝殼狀

寶石級菫青石產於斯里蘭卡、馬達加斯加、坦尚尼亞、緬甸和納米比亞。臺大海研所莊文星博士在調查蘭嶼火成岩的過程中，曾發現菫青石的結晶。

菫青石容易與藍寶石及紫水晶相混淆。菫青石的折光率比藍寶石低，而且多內含物，因此大多切割成蛋面。菫青石大多在 1~10 克拉，品質好壞取決於內含物多寡。常見的大小 1~5 克拉，若是內含物少的，1 克拉 500~1,000 元；超過 10 克拉又乾淨的相當少。內含物多的菫青石，1 克拉 200~400 元。

坊間流行一種心靈療法，宣稱可透過菫青石傳遞神奇的力量，治療心靈創傷，有沒有效果見仁見智。不過建議大家：身體有任何問題，最好尋求醫生幫助，比較能夠得到妥善的治療。

由於市場上接受度與知名度都不夠，消費者對於沒有高折射率的寶石不感興趣，還需要努力推廣，短期內價錢應該不會有太大變化。

3 磷灰石 Apatite

▲磷灰石貓眼

Apatite 源自希臘字 Apate，意思是「欺騙」，主要是因為剛發現磷灰石時，磷灰石的變種常與海藍寶、紫水晶或螢石等其他礦物混淆。常見的顏色有綠色（介於橄欖綠與墨綠之間）、藍綠色、藍色，是莫氏硬度5的指標礦物。

市面上常見到的磷灰石為藍與綠色，一般會買磷灰石的人都是想要有一個莫氏硬度5的標本礦物。其實，磷灰石因含氯或氟的磷酸鈣，顏色種類豐富多樣，若切磨得當，會有強烈色彩的光芒。其中藍色和紫色磷灰石要比黃色和綠色的磷灰石來得珍貴，在印度發現了磷灰石貓眼，這種寶石才大量地出現在珠寶行業。

▲ 磷灰石結晶。（圖片提供：吳照明）

成分	$Ca_5(PO_4)_3(F, Cl, OH)$
晶系	六方晶系
硬度	5（用小刀勉強可刮出痕跡）
比重	3.15~3.20
折射率	1.642~1.64
顏色	無色、黃色、藍色、紫色、綠色、褐色、白色等
解理	不發達
斷口	貝殼狀

世界最大磷灰石礦床位於俄羅斯、緬甸和斯里蘭卡。斯里蘭卡產的磷灰石是藍色的，且具纖維性結構，當切磨成正確方向的凸面形寶石時，會有貓眼現象產生，但是品質好的不多，多裂紋。至於黃褐色的磷灰石貓眼，有些人拿來仿冒金綠玉貓眼，兩者價差百倍以上，不可不慎。磷灰石不管綠、藍、黃褐色，價位都很平價，曾在曼谷發現一包1克拉多的綠磷灰石，內含物乾淨、火光也好，每克拉市價 300~500 元，但是在臺灣光是請人切磨一顆寶石的工錢，就不止這個價錢了。

目前市面上還是少有人知道，僅限於學過珠寶鑑定的朋友。最近發現藍色與綠色的磷灰石都有 5~6 克拉，產量不多，市場行情價1克拉約 1,000~1,500 元。2014 年在斯里蘭卡看到一顆一千多克拉磷灰石貓眼，幾乎可以送去博物館陳列了。

4 蛇紋石
Serpentine

Serpentine 意思就是礦物變種中具綠色而有蟒蛇狀紋路者，主要成分為鎂的含水矽酸鹽類，多呈綠色，也有黃綠玉、黑色。常與閃玉共生。蛇紋石長期以來一直被用作裝飾品或裝潢材料，往往雕刻品的價值要比當做寶石更高。

王翰的涼州詞「葡萄美酒夜光杯，欲飲琵琶馬上催」句中提及的夜光杯，就是用綠蛇紋石製成的，因為杯子切磨得非常薄，所以對著月光可以看透，帶一點黃綠色，一直以來都是觀光客到中國大陸帶回來的最佳伴手禮，茶壺連同茶杯一組，大約賣 3,000 元左右。中國大陸稱這種蛇紋石為岫玉，產於甘肅祁連山，透明度高且呈墨綠色。

成分	Mg$_3$Si$_2$O$_5$(OH)$_4$
晶系	單斜晶系
硬度	5~5.5
比重	2.6~2.8
折射率	1.55~1.56
顏色	多變，常呈淺綠至深綠
解理	無
斷口	貝殼狀

2015 年蛇紋石最新行情資訊

蛇紋石的寶石基本上都有一定的客戶群，價格一直穩定成長，但是不會暴漲暴跌。小飾品產量大，價格基本上沒有多大變化；大型的擺件通常都是送禮用，現在雕工工資愈來愈貴，因此價格沒有下降的理由。

綠色蛇紋石蛋面非常像翡翠，預計也會穩定成長，因為翡翠已經是天價了，替代品應該是可以關注的。2013 年 6 月筆者去泰國就發現有綠色蛇紋石蛋面，1 克拉約 500~800 元。

臺灣蛇紋石的產量與用途

　　蛇紋石主要產在變質岩中，在臺灣東部地區產量非常豐富，根據報告，1998 年臺灣生產蛇紋石（原料）21,532 噸，市值 11,455,000 元；蛇紋石（石材）7,564 噸，市值 11,244,000 元，主要以外銷為主，是近年臺灣主要的出口礦石之一。

　　蛇紋石除了寶石用途外，也可以做成雕刻品、建築壁磚（外牆）、耐火材料，提煉鎂製成肥料、煉鋼等用途。臺北市公保大樓外牆曾用國外輸入蛇紋石，但因臺北氣候潮濕多雨，蛇紋石內的鐵氧化，造成壁面產生紅褐色的斑紋，如果當初選用國內的蛇紋石，應該就不會產生這種問題了。

　　蛇紋石與閃玉成品並不容易分辨（即使是地質系學生也不容易分辨），可利用比重液溴仿來分辨。閃玉放在比重 2.9 的溴仿中會下沉，蛇紋石則會浮在上面。另外，硬度 6 的鋼刀可以在蛇紋石的表面劃下刻痕，在閃玉上則無法劃出痕跡。

▲ 蛇紋石蛋面用來仿翡翠，可以放在翡翠仿冒品裡。

▲ 臺灣玉可以透光。

野外如何分辨蛇紋石與臺灣玉？

　　每次帶學生到花蓮撿玉，沿著白鮑溪的河谷或西林礦場的溪邊，都可以看見大大小小的綠色礦物，在玉礦坑內也可以找到非常多綠色礦物，到底哪些是蛇紋石？哪些是臺灣玉？在野外要如何分辨兩者的差異呢？

　　臺灣玉利用燈光照大多透明且翠綠，蛇紋石則是不透明，兩者顏色也有些微差異，蛇紋石通常偏暗綠色，常與石棉纖維共生。

▲ 蛇紋石不透光。

5 菱錳礦（紅紋石）
Rhodochrosite

　　紅紋石是一種極為罕見的含錳碳酸鹽類礦物，通常帶有一種比薔薇輝石（參見「臺灣特產」一章）更淺的玫瑰色彩，條紋與孔雀石有相似之處。紅紋石的原文名字來自兩個希臘字，意思是「玫瑰」和「顏色」，指的就是玫瑰般的顏色。主要產地大多在美洲的阿根廷、祕魯、美國及非洲的南非等地。

　　粉紅色紅紋石相當討喜，表面有一圈一圈像瑪瑙的紋路，少部分會有白色紋路。在過去幾年中，不同色調的粉紅瑪瑙條帶狀的紅紋石，已成為非常重要的裝飾用石料，又因顏色鮮豔，常用來製作項鏈與胸針。此外，也用在衛浴設備上。

成分	MnCO$_3$
晶系	六方晶系
硬度	3.5~4
比重	3.5~3.7
折射率	1.58~1.84
顏色	玫瑰紅、淡粉紅到暗棕色
解理	完全的菱面體解理
斷口	不平坦狀

　　紅紋石的價錢不高，300~500 元就可以在網路或玉市買到一個戒面，這幾年臺灣商人陸續輸入，大多用來鑲嵌在銀臺上。品質高檔的紅紋石沒有紋路、粉玫瑰色，商業名稱「菱錳礦」，一顆 1,000~2,000 元可以買到。

　　最容易與紅紋石混淆的寶石就是薔薇輝石，兩者成分不一樣，紅紋石是碳酸錳，薔薇輝石（玫瑰石）則是矽酸錳。利用鐵釘即可簡單區分出來，紅紋石較軟，用鐵釘可劃出痕

▲ 紅紋石墜子。（圖片提供：雲寶齋）

▲ 紅紋石珠鏈。（圖片提供：瑞梵珠寶）

跡，而薔薇輝石則否。2000 年 9 月的香港珠寶展中，有幾個攤位展售阿根廷的紅紋石，顏色為半透明淡粉紅色，有時具有同心圓狀的條紋，用來磨出蛋面形狀，做成墜子、戒指、胸針、手鏈最好。

這五年來紅紋石真是漲翻天，大家對這種迷人的粉嫩顏色無法抵擋。在北京珠寶店賣場有紅紋石珠鏈開出上百萬高價，小小一個戒面都是幾千元起跳，真是無法理解。據傳阿根廷生產的紅紋石已經封礦，所以價錢就是連續漲。未來預估還會再漲價，消費者需要斟酌口袋深淺，對於投資收藏者則可以準備銀彈，大舉進軍了。購買時要注意部分有灌膠充填的情形，必須特別注意證書的備註。

▲ 紅紋石珠鏈。（圖片提供：一石三生）

▶ 紅紅紋石顧名思義，有著紅白相間的紋路。

6 舒俱徠石（杉石）
Sugilite

　　舒俱徠石是 2006 年以後突然竄紅的新星，但因要價昂貴，風光一陣之後，又隨著金融海嘯來襲，詢問度慢慢降低。但是 2010 年以後逐漸在中國大陸推廣開來，舒迷日益增多，目前已成為價格飆升的黑馬之一。

　　1944 年日本石油探勘學家及岩石礦物學家杉健一（Ken-ichi Sugi）首先發現舒俱徠石，為了紀念便以他的名字命名。舒俱徠石產量極少，色澤鮮豔，帶著深淺不同的葡萄紫，早期來自於巴西，後來在非洲也有發現。不過，許多對它趨之若鶩的消費者，倒不是喜歡它的美麗，而是相信它的療效。

成分	$(K,Na)(Na,Fe)_2(Ii,Fe)Si_{12}O_{30}$
晶系	斜方晶系
硬度	6~6.5
比重	1.55~1.56
折射率	3.12
顏色	紅紫、藍紫
解理	無
斷口	不平坦

　　業者聲稱舒俱徠石可對人體七脈輪開啟引導，啟動靈性，能淨化所有脈輪的負面能量，舒緩暴怒、憂鬱、沮喪、悲哀等負面情緒，恢復平衡；提升通靈能力，開發智慧，待人處世會更融洽，拓寬人際關係。說到這兒，連我都有點心動了。現在有很多色彩學專家也宣稱不同時間要穿不同色彩衣服，就如同眼睛疲勞要多看綠色植物或遠山一樣，有異曲同工之妙。的確，紫色的寶石讓人看了就會心情變好，但其他療效就有待商榷了。

　　舒俱徠石的顏色主要是紫色系和桃紅色系，其他顏色如桔色、藍色、綠色以及多種顏色交織的大多含舒俱徠石成分低，屬於多種礦物的集合體。

　　舒俱徠石的品質評價也愈來愈靠近翡翠的評價標準，對於紫色、紫紅色舒俱徠石中，以色彩濃豔均勻、質地潤透細膩，甚至能有螢光的為極品；對於桃紅櫻花舒俱徠石的評判標準除質地要與紫色系一樣外，還

▲舒俱徠石手鏈。（圖片提供：丁紅宇）　　　▲舒俱徠石吊墜。（圖片提供：丁紅宇）

要求顏色、花紋分布是否如同櫻花盛開般美妙。

　　商業上，通常把質地細膩的舒俱徠石稱之為「老料」，而把顆粒較粗者的舒俱徠石稱之為「新料」，價格相差幾倍甚至幾十倍；也有些舒俱徠石一部分質地細膩一部分質地粗糙，則被稱為「新老結合料」。

　　除了比較純正的紫色系和桃花櫻花色系外，舒俱徠石那些具有意境的多色品種也是很有韻味的。

　　因為舒俱徠石的神祕色彩，在臺灣商人的大力宣傳下，讓這原本默默無聞的礦石一夕成名，價格也跟著水漲船高，來自非洲的原礦一漲再漲；一只普通的紫色手鐲十年前大概要價幾千元，現在就算 5~10 萬元也不一定有貨，是所有宣稱有療效的寶石中價位非常昂貴的一種了。

　　另外，有種叫紫龍晶的礦物，成分為紫矽鹼鈣石，外表有放射狀纖維，主要產在俄羅斯雅庫特共和國山區，1995 年起出現在市面上，一開始大家都搞不清楚這種礦物和舒俱徠石的差異。紫龍晶手鐲看紫色深淺、內部有無黑點，品質好的售價在 8,000~10,000 元，品質普通的約 4,000~5,000 元。

▲紫龍晶原石。（圖片提供：吳照明）

▲ 舒俱徠石吊墜。（圖片提供：丁紅宇）

2015 年舒俱徠石最新行情資訊

　　來自南非克拉哈里沙漠 Wessels 礦山的舒俱徠石，目前產量幾乎是全世界最大；在日本瀨戶內海愛媛縣岩城島也有發現。這兩年許多水晶店都有賣舒俱徠石的手鐲、手鏈與戒面，珠寶店裡面也有它的蹤跡。舒俱徠石的挑選除了看顏色以外，也要注意透明度。

　　價錢預計未來還會再漲價，主要是產量太少，喜歡的人愈來愈多。想投資收藏的朋友得動作加快。高等品質的舒俱徠石十年間價格飆升了幾十倍，特別是 2010 年以來，由於中國大陸舒迷的喜愛，加上產量稀少，以至於在沒有廣告和炒作的情況下，價格仍年年暴漲，僅 2014 年極品舒俱徠石的價格就上漲了四倍之多！頂級皇家紫和桃紅櫻花舒俱徠石的售價每克超過 10 萬元，中等的每克 1 萬元以上，差的每克 250~5,000 元。只能說消費者心理要冷靜且心臟要強。

▲ 舒俱徠石手鐲不同等級比較：前排質地好，後面稍差。（圖片提供：柴新建）

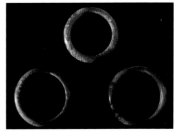

▲ 高品質舒俱徠石手鐲欣賞。（圖片提供：丁紅宇）

7 天珠
Tibet Beads

天珠是一種被賦予宗教力量的神祕寶石，最早來自於西藏。相傳喇嘛身上戴天珠，透過修行的加持而充滿能量，因而消費者佩戴之後可以改變磁場，帶來健康與財富。由於業者的大力行銷，最近十幾年天珠成為非常流行的寶石。是哪個地區最早帶動天珠熱潮呢？答案就是您我身處的臺灣，但消費者想要購買真的天珠，比登天還難。

成分	SiO$_2$
晶系	六方晶系
硬度	7
比重	2.65
折射率	1.544~1.553
顏色	染成黑色
解理	差
斷口	貝殼狀

天珠其實就是瑪瑙，再由人工手繪加入佛教圖騰，經過加熱處理而成。許多臺商在中國大陸設廠，從巴西輸入灰白瑪瑙後，切割出可做為天珠的材料，再由工人用美工刀刻劃出天珠上的紋路後，浸泡在化學藥劑裡。浸泡過化學藥劑的瑪瑙需經高溫加熱才會變色，染劑經過高溫，讓原本灰白色的瑪瑙呈現黑色，而用刀片劃過的線條則維持白色，這樣天珠就完成了。

臺灣商人非常有藝術天分，創造許多天珠品項，各式各樣圖騰，各有各的功效。因此購買天珠，我建議以藝術眼光將天珠當做瑪瑙藝品來欣賞、佩戴，至於那些業者宣稱的功效，在科學上是難以證實的，千萬不要花大錢（一顆幾萬到幾十萬元，有些甚至超過百萬元）又受騙。

在臺灣，天珠非常風行，連西藏喇嘛都來臺灣買天珠回西藏賣，所以當信徒千里迢迢跑到西藏去買天珠，說不定買到的正來自故鄉的！不過，雖然臺灣批發量大，但加工廠卻是在廣州。我們常慣稱「西藏天珠」，但與其說是西藏天珠，不如說是臺灣天珠或廣州天珠呢！而天珠的材料

▲在潘家園的小攤上，有很多天珠飾品供您挑選。

來自巴西，如果要稱它為巴西天珠，更是名副其實，但恐怕「法力」就喪失一大半，所以絕對不會有業者這樣告訴消費者。

　　臺灣的天珠熱潮隨著金融海嘯來臨已漸漸減退。天珠熱潮時的營業額，粗估每年全臺灣有幾億元的業績，臺灣到處都可以看到連鎖的天珠店，電視購物臺天天有販售天珠的檔期，在許多藝人、政商名流人士的加持下，許多人紛紛加入天珠的搶購行列。但是景氣蕭條時，民眾荷包縮水，三餐都有問題，哪有閒錢買天珠呢？因此熱潮一夕消退。

　　臺灣的珠寶鑑定所幾乎都只能鑑定天珠的成分，而無法證實是否為真的天珠，但現代加工處理的天珠，很容易一眼看出來。例如有些業者會說龜裂與缺角的天珠是年代久遠的證據，其實是在瑪瑙前製作時敲打所造成的龜裂。消費者若真的喜歡天珠，相信天珠上的圖騰能帶來心靈平安，那花幾百元買個天珠戴戴也不錯，所謂心誠則靈嘛！

▲天珠手環。（圖片提供：杉梵國際）

▲天珠手環。（圖片提供：杉梵國際）

▲玉市裡賣的天珠。

8 孔雀石
Malachite

孔雀石因像孔雀羽毛的顏色而得名，是含銅的碳酸鹽，特點是有同心圓狀的紋路，通常產在含有銅礦的地方，目前最大的產地在非洲薩伊。國內這幾年較少見到孔雀石，但早期很常見，因加工過程中產生的銅粉塵會致病，所以目前較少輸入。

孔雀石的晶體呈細長柱狀，由於緊密地排列在一起，而產生葡萄形及同心圓狀的條痕，我們由不同綠色陰影的條痕可以很容易將孔雀石與其他礦物區分出來。孔雀石顏色雖然鮮豔，但由於不夠堅硬，拋光無法長時間地保持，一般比較不適合做成戒指，故常用作串珠或胸針。

1997 年曾去北京地質博物館參

▲孔雀石原礦。（圖片提供：吳照明）

成分	Cu$_2$CO$_3$(OH)$_2$
晶系	單斜晶系
硬度	3.5~4
比重	3.8
折射率	1.85（平均）
顏色	鮮豔的綠色
解理	完全（常常是模糊的）
斷口	貝殼狀至參差狀

觀，館內有幾塊手掌大小的孔雀石原石，呈絲絨光澤，是我所見過最漂亮的孔雀石原礦。

孔雀石的價格不高，以克計價，在玉市一顆鵪鶉蛋大小的球狀孔雀石 300~500 元。佩戴時要注意飾品不要直接接觸皮膚，若是把玩後，最好洗手後再用餐。平常保養只要用清水擦拭即可；

▲ 孔雀石有同心圓狀紋路。
（圖片提供：吳照明）

若是失去光澤可以重新拋光，便能恢復迷人的風采。

2015 年孔雀石最新行情資訊

最近走訪潘家園，發現了一些孔雀石製品，有珠鏈、戒面、印章及首飾盒，至今孔雀石是幾種手鏈珠子當中尚未被炒熱起來的寶石。對於這發出絲絨光澤的孔雀石珠寶盒，我是意猶未盡地觀賞，對孔雀石原礦的收藏也是一大享受。大陸產地有廣東、江西、雲南、甘肅、內蒙古、西藏、湖北等省區，其中又以廣東陽春與湖北大冶銅綠山最有名氣。

孔雀石原石擺件一般按公斤計價，每公斤價位 2,000 多元。飾品盒一般每個價位幾千元左右。另外做成圓珠手鏈的孔雀石，價位在 40~50 元 / 克，做成戒面、吊墜的孔雀石價位在 50~100 元 / 克。

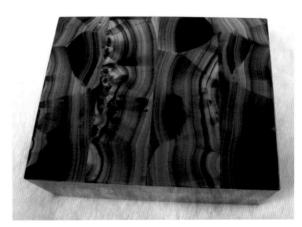

▲ 孔雀石製作的珠寶盒。（圖片提供：柴新建）

◀孔雀石貔貅擺件。
（圖片提供：柴新建）

9 土耳其石
Turquoise

土耳其石在臺灣又稱為土耳其玉，在中國大陸則稱為甸子或綠松石。土耳其石其實產在伊朗，加工後經過土耳其來到中國，所以被誤以為是土耳其產，因而得名。此外，美國與西藏也有產土耳其石。

市面上有非常多仿冒的土耳其石，消費者購買時要非常小心。假的土耳其石通常為琺瑯、玻璃、瓷器、石髓等，而且仿造技術愈來愈翻新，連表面上的蜘蛛網狀也可以造假，臺北後火車站很多飾品店都有賣。幾年前曾在泰國買到一包土耳其石，回來後發現內外顏色不一，竟也是染色的石髓，仿得真是超逼真！

成分	CuAl$_6$(PO$_4$)$_4$(OH)$_8$ · 5H$_2$O
晶系	三斜晶系
硬度	5~6
比重	2.4~2.84
折射率	1.61~1.65
顏色	多變，常呈藍色至藍綠色
解理	無
斷口	貝殼狀，粒狀

土耳其石價錢不貴，和青金石差不多，通常做成珠子與項鍊。一條手鍊或項鍊大概幾百到一、二千元。國外也有名牌珠寶以土耳其石當成主石，走復古風，搭配中國唐裝也很有味道。另外，提醒大家：土耳其石怕熱，容易脫水，火烤會褪色，嚴重的甚至會龜裂。

▲ 湖北綠松石珠子。

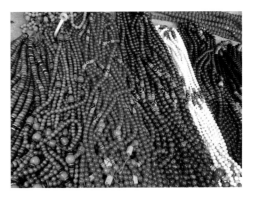

▲ 土耳其石菜籽黃，產在湖北鄖西。
（圖片提供：古瓷緣）

▲ 染色綠松石珠鏈。

土耳其石的選購

　　土耳其石在大陸很受歡迎，尤其是西藏喇嘛與佛教信徒用作佛珠手鏈或項鏈上的隔珠最多。主要顏色為藍色（含銅氧化物）、藍綠色、綠色（含鐵氧化物）、黃綠色。礦石結晶形態有腎狀、結核狀、鐘乳狀、瘤狀、葡萄狀等。外表常伴隨有褐黑色網狀紋，這也是鑑定土耳其石的特徵之一，只不過現在也可以透過技術合成作假。

　　由於外表伴隨著黑色網紋（針鐵礦所造成），因此讓土耳其石有復古感覺，在尼泊爾或西藏地區相當受歡迎，常做成各種銀飾品銷售，許多旅遊者也會買一些流蘇的製品當作紀念品，只不過假的比真的多，唯一可以接受的就是價錢也不貴，在北京街頭許多賣小飾品攤販，一串假土耳其石耳墜約人民幣 50~100 元（約新臺幣 250~500 元），搭配衣服可以變成波希米亞復古風，對於一些熱愛銀飾的小資女非常有吸引力。

　　在潘家園裡到處都可以看到攤商販賣來自湖北竹山產的土耳其石，泡在水裡隨您挑，珠子原礦都有。從幾十元錢到幾百元都有。當然成串的珠鏈中，有部分是染色與仿冒品，消費者購買前可以詢問是否天然，有無染色，若不放心可以拿到鑑定中心鑑定（市面上最常見的仿冒品是菱鎂礦染色）。由於部分土耳其石質地較鬆散，所以也有注膠的可能性。另外筆者在一家珠寶店裡，發現湖北鄖西的土耳其石，這真是沒見過的顏色，店家說是「菜籽黃」，因為太稀有了，所以不賣，自己保留，只給大家欣賞，我還真是上了一課。

特殊品種美國瓷松（瓷藍）

這是一種非常特殊高貴的土耳其玉，俗稱「睡美人」，主要產在美國亞利桑那州。天藍色，質地非常緻密，硬度 5~6。外表顏色就像上釉瓷器光澤，簡稱「瓷松」。

美國瓷松相當稀有，通常做成珠子當手鏈與項鏈，也有一些磨出戒面，是高級珠寶店裡常有的珠寶。2013 年初在一家古玩城內看見一串瓷松項鏈，大約有 8~10mm 大小，相當稀有。當時問行情就要將近 100 萬，老闆娘還捨不得賣，因為聽說幾乎封礦了。2013 年 6 月北京農展館珠寶展，筆者見到一家專賣美國瓷松的廠商，真的大開眼界，吸金程度百分百。雖說土耳其石是便宜貨，但在這裡價位都不便宜，看到挑選的民眾還相當多，相信這會是熱門的寶石之一，未來潛力看好。

美國瓷松雕件、吊墜的價格，品相好的每克要 3,000 多元，中等的每克 2,000~2,500 元，差的每克 1,000 元左右。2014 年綠松石又流行起來，價格也漲了 3~5 成，不輸青金石、琥珀、南紅瑪瑙。要注意現在綠松石作假與灌膠很多，記得要看清楚鑑定書的內容，才不會吃虧上當。

美國瓷松圓珠價格

直徑大小　品質	優（元/克）	中（元/克）	差（元/克）
≤ 5mm	3,000 元	2,000 元	1,500 元
5~10mm	4,000 元	2,800 元	1,500~2,000 元
≥ 10mm	5,000 元	3,400 元	2,000~2,500 元

註：表中價格為大概參考價

▲ 美國瓷松項鏈展示。（圖片提供：朱寶說工作室）

▲ 美國瓷松的手鏈。

10 青金石
Lapis-Lazuli

Lapis-Lazuli 一詞來自於拉丁語，Lapis 意指寶石，Lazuli 意指藍色，就是藍色的寶石。中譯成青金岩主要是由於青色與藍色較為接近，金則代表黃鐵礦的金黃色。青金岩由藍色的青金石、藍方石、黝方石所組成，一般大家都稱為青金石。

青金石在古希臘羅馬時代，就被研磨成名貴的藍色顏料，在中國大陸主要將青金石研磨成化妝品來畫眉，也常用在銀飾鑲嵌與雕刻上，在西藏、尼泊爾的市集裡可以發現很多青金石製成的產品。青金石在歐洲是很受歡迎的寶石，德國常用來做袖扣、鋼筆等配件。因青金石含有黃鐵礦，會產生花紋。有人喜歡有紋路的，有人喜歡乾淨的，可依個人喜好選購。

最上等的青金石產於阿富汗，除此之外，緬甸、安哥拉、巴基斯坦、智利與加拿大都有產。坊間也常見青金石的仿冒品，消費者如果看到整串青金石成品都沒有雜質，且同一個顏色，就很可能是仿冒的。

青金石戒面依大小，價位從一顆幾十元到三、五百元都有，製成一個銀臺戒面大約幾百元到一千多元。

▲青金石。（圖片提供：侏羅紀珠寶）

成分	(Na, Ca)(AlSiO₄)₆(SO₄, S, Cl)₂
晶系	等軸晶系
硬度	5~6
比重	2.5~3.0
折射率	1.50
顏色	常呈藍色
解理	無
斷口	粒狀

▲ 青金岩手鐲，顏色愈紫，紫色愈純，價值愈高。（圖片提供：柴新建）

▲ 方鈉石常有白色的礦物共生
在一起。（圖片提供：侏羅紀珠寶）

我曾在 2003 年香港珠寶展買到一些青金石雕刻的小動物，一隻幾百元。

青金石在外觀容易與方鈉石（Sodalite）混淆，其又音譯為蘇打石。兩者間最大差異就是方鈉石常有白色礦物共生，且沒有黃鐵礦。方鈉石常用來雕刻，有時候也會磨成印章，一對印章 300~500 元。

2015 年青金石最新行情資訊

如果有人問我最近最熱門的寶石是什麼？我的答案是：青金石。由於青金石是佛教七寶之一，因此購買手鏈與佛珠的人特別多。6mm 串珠項鏈與 8~10mm 手鏈一度賣到沒貨；而原料也在最近三連漲，幾乎供不應求。

探究原因，物質生活空虛，人們開始尋求宗教信仰與悟道。不論是在網路上還是在實體店鋪，自用送禮的大把大把買，把原本一串幾百的青金石手鏈，追到上千元一條。

完美的青金石因人而異，有人要全藍乾淨不含金（黃鐵礦），也叫無金無白，也有人愛分布均勻散點狀的金。論顏色非常討喜，論價位平民化。除了珠子類外，青金石還有印章、雕件、手鐲、戒面等產品。目前市面上也有青金石的仿冒品，尤其是珠鏈。

消費者購買時要注意是否染色，除了拿老闆的名片外，也可以要求他出具鑑定證書。青金石未來潛力看好，看漲的趨勢雄厚。

青金目前市場分等級不像鑽石那麼嚴格，也沒有統一的模式，有的是按 A~AAAAA 來分級；有的是按顏色來分，大致分為四類：無金、無白、顏色深藍，最好品級稱為帝王青，圓珠類產品市場價為每克 500 元左右。有少許金、無白、顏色藍，市場價為每克 400 元左右；有些許金、有白點，市場價為每克 100~300 元；金多白多顏色藍中帶黑點，市場價為每克幾十元。

青金小的雕刻件和把玩件一類視品質從幾百元到幾千元不等，大的擺件類品質好的較少見。一般稍帶雕工的 1 公斤要超過萬元。以上提供價錢，可能每個月都有波動，僅供參考。

11 螢石（冷翡翠）
Fluorite

螢石因在螢光燈下有螢光反應，因而得名。臺灣不產螢石，多由湖南輸入。早期在花蓮常可見到螢石雕成的花瓶，有黃色、紫色、綠色，但只能插乾燥花，不能真的裝水，因為它的硬度只有4，很容易破裂。現在花蓮的商家多從中國大陸輸入螢石雕製成貔貅，再賣給大陸觀光客。

螢石的天然結晶為八面結晶，像可愛小巧的金字塔，我收藏了三顆八面體結晶螢石，分別為黃、紫、綠三種顏色，每顆高約5cm，是在臺北松山淳貿礦物公司所購買的，一顆約200元。

▲ 螢石。（圖片提供：慶嘉珠寶）

成分	CaF₂
晶系	等軸晶系
硬度	4
比重	3.18
折射率	1.43
顏色	藍種類多，但大部分為淡綠色、藍、紫、黃
解理	完全的八面體解理
斷口	貝殼狀

螢石很軟，可以雕刻成各種形狀，也可做成戒面，價格不會太高（基本上軟的寶石都不會太貴），1克拉200~300元可以買到。網路拍賣上也可見變色螢石，有興趣的讀者可以上網搜尋一下。

另外，常見螢石磨成球狀，夜間會產生螢光反應，被稱為夜明珠，一個雞蛋大小的夜明珠300~500元。很多人聲稱擁有一人高、可破世界紀錄的夜明珠，但多數是人工加磷所產生的螢光效果。夠格稱上夜明珠的應該是：

▲ 變色螢石在白光下呈現紫色，在黃光下呈現紫紅色。（圖片提供：慶嘉珠寶）

第一，為天然礦物。

第二，未經人工拋光或滾磨程序，外形為圓形或橢圓形。

第三，在暗室中能持續發光。

很多臺商在中國大陸常遇到有人要介紹他買價值不菲的夜明珠，說有多稀，這就得小心啦！現在螢石磨出來的夜明珠，滿街藝品店都有，說不定還可以訂製尺寸呢！

12 閃鋅礦
Sphalerite

Sphalerite 來自希臘文「奸詐」，因為人們往往將閃鋅礦誤認為方鉛礦。閃鋅礦是鋅的礦石礦物，主要成分為硫化鋅（ZnS），有晶形完好的四面體。主要產地在墨西哥與西班牙。

閃鋅礦質軟，具有完全解理，拋光成寶石相當不容易，為專家收藏的寶石之一。1997 年曾在曼谷見到閃鋅礦，馬上被它強烈的金剛光澤所吸引，火彩四射，相當耀眼。

閃鋅礦大多都有雜質，乾淨的相當稀少，最常見的為 1~5 克拉，超過 10 克拉就極稀有。5 克拉以下的閃鋅礦市價 1 克拉 2,000~2,500 元；超過 10 克拉的，1 克拉 4,000~5,000 元。

通常在市面上不容易買到閃鋅礦，可以到淘寶網或向專門收藏家選購。因為質地較軟，要避免碰撞。

成分	(Zn,Fe)S
晶系	等軸晶系
硬度	3.5~4
比重	4.05
折射率	2.37
顏色	金黃、橘黃、褐色
解理	完全菱形 十二面體解理
斷口	貝殼狀

13 紅柱石 Andalusite

Andalusite 一名源自首次發現的地區——西班牙 Andalusia 省，產地有西班牙、奧地利、巴西、斯里蘭卡和澳洲。

紅柱石具有寶石級的硬度、顏色和透明度，然而也許是顏色的亮度較低，所以始終不能成為著名的寶石。此外紅柱石具有強烈而獨特的多向色性，因此轉動晶體時會呈現紅、黃、綠三種顏色，產地若不同，閃出的顏色也不同。紅柱石晶體在其方形斷面上出現天然的「黑十字」圖案時，稱為「黑十字寶石」，此即眾多基督徒視為吉祥物的珍貴寶石，礦物學上叫做空晶石。

依我十多年來在泰國採買寶石的經驗，只見過幾次紅柱石，不過大多有內含物，乾淨的紅柱石目前見過最大的有 4 克拉左右，每克拉市價 3,000~5,000 元，算是專家收藏的寶石。另外，要提醒讀者不要把紅柱石和綠柱石搞混，紅柱石並不是紅色的綠柱石，兩者成分不一樣，屬不同家族。

▲紅柱石。

成分	Al₂SiO₅
晶系	斜方晶系
硬度	7~7.5
比重	3.16~3.20
折射率	1.63~1.64
顏色	肉紅、紅棕色及橄欖綠
解理	清楚的柱面解理
斷口	參差狀

▲空晶石。（圖片提供：吳照明）

14 透輝石
Diopside

Diopside 一詞源自兩個希臘詞，分別是「雙倍」和「外觀」，指的就是其垂直柱面晶體帶看起來有兩個方向的排列。透輝石屬於輝石類礦物，顏色由白色到綠色。另外透輝石有時也會含有鉻或錳而產生鉻綠色或紫藍色的晶體，或是帶有一些纖維性，而使得切磨成凸面後產生貓眼的效果。

▲ 透輝石。（圖片提供：慶嘉珠寶）

寶石級鉻透輝石產於西伯利亞，而緬甸除了產有美麗的鉻透輝石，還有透輝石貓眼。綠透輝石產於斯里蘭卡，星光透輝石產於印度。其他產地有烏拉爾山脈、巴基斯坦、南非和馬達加斯加等地。

成分	CaMgSi$_2$O$_6$
晶系	單斜晶系
硬度	5~6
比重	3.2~3.3
折射率	1.66~1.72
顏色	白色至淺綠色，顏色隨 Fe 的含量加深
解理	完全柱狀
斷口	參差狀至貝殼狀

綠色的寶石一直是人們的最愛，大家耳熟能詳的綠色寶石有翡翠、祖母綠、沙弗萊、綠碧璽等，但是聽過透輝石的人卻不多。我曾在曼谷市場上找到一批 1~2 克拉的含鉻透輝石，顏色翠綠，相當搶眼，但在珠寶店並不多見，一般要上網拍尋找。

▲ 透輝十字石。

透輝石的價位算中等，1~2 克拉大小的透輝石，每克拉市價 1,000~1,500 元，消費者若沒有預算買祖母綠，其實透輝石也是不錯的替代品。另外，筆者於 2000 年時曾在緬甸仰光翁山市場買到黑色的十字透輝石，相當難得，價位也不貴，1 克拉 100~200 元，基本上透輝十字石都鑲嵌銀飾品居多。

15 紫矽鹼鈣石（紫龍晶、查羅石）
Charolite

紫龍晶基本上與舒俱徠石是姐妹寶石，有很多人傻傻分不清楚。兩者之間價差很大，不過都是迷人的紫色，混雜了紫羅蘭、紫丁花、薰衣草的混合色，實在太迷惑消費者了。

這兩年紫龍晶也是翻了好幾番，最受歡迎的還是手鐲與珠鏈、小吊墜。綠色為綠龍晶，價錢就相差甚遠，也有珠子手鏈與吊墜。未來潛力不小，經營者可以大膽進場，因為這還是比較平民化的寶石。

▲ 紫龍晶。

成分	$(K,Na)_5(Ca,Ba,Sr)_8$【(OH,F) $Si_6O_{16}(Si_6O_{16})_2$】$\cdot nH_2O$
晶系	單斜晶系
硬度	5~5.5
比重	2.54~2.68
折射率	1.55~1.57
顏色	深紫、粉紫、紫黑
解理	俄羅斯
斷口	參差狀至貝殼狀

2015 年紫龍晶最新行情資訊

紫龍晶手鏈一般價位每克 250~300 元；紫龍晶手鐲要相對貴很多，品相好的要一只 1~1.3 萬，差的 5,000~6,000 元左右。另外根據手鐲的寬度、厚度以及成色不同，價位會有差異，寬度、厚度愈大的愈貴，顏色愈紫、紫色愈純的愈貴，其中龍紋愈多愈明顯的品質屬上乘；較差品質的紫龍晶手鐲一般帶白色、黑色或黃色的點與裂紋，在挑選的時候要注意。

綠龍晶價位就沒有那麼高，吊墜 1 克約 300~500 元。

▲ 綠龍晶墜子，價位只有紫龍晶的一半。（圖片提供：柴新建）

16 方解石（冰洲石）
Calcite

　　方解石是最常見的寶石之一，外形最多種類，有最常見菱形（平行四邊形）、板狀、針狀、犬牙狀、六角柱狀、斗笠狀等，有時也會出現雙晶。

　　方解石從透明到不透明都有，透明的我們稱為冰洲石，主要用於光學儀器，在小學裡就有教導觀察方解石的高雙折射（0.172），在白紙上面畫一條線，透過冰洲石往下看，可以看到一條線變成兩條線。

　　記得第一次去斯里蘭卡買寶石時，看見一塊罕見的藍色方解石，如雙人床般大小，說只賣 100 美元（約新臺幣 3,000 元）。我聽到真不知道要哭還是要笑，運費都比石頭貴好幾

成分	CaCO$_3$
硬度	3
比重	2.69~2.82
折射率	1.49~1.66
顏色	無色、白色、黃色、綠色、藍色、粉紅色
產地	中國、英國、法國、日本、阿富汗、斯裡蘭卡、美國、緬甸、德國、納米比亞

十倍，要是貨在臺灣我就買回去當床睡了。

　　在社區大學教書時，帶學員去水泥廠校外教學，就挖到許多黃褐色不透明的方解石，用力一敲就順著解理面裂開成小塊，每一位學員都敲得非常賣力。這種寓教於樂方式非常好，學員可以在野外觀察礦物特性與產狀。

▲ 藍色方解石原礦，是斯里蘭卡特產。（圖片提供：林逸榛）

2015 年方解石最新行情資訊

大概幾年前在曼谷看到有人賣綠色蛋面的寶石，稱為綠紋石，細觀察內部有平行排列的白線條，當初要賣 1 克拉約 25~75 元，每一顆大小都有 10 克拉以上，最大有上百克拉，基本上單價都一樣。由於第一次看見，賣方說成分是方解石，來自於阿富汗，於是買了幾顆當作標本。如今在北京水晶賣場也可以看見它的蹤跡。

▲ 野外挖掘的方解石。

有一年逛水晶店發現有許多雕件如田黃般，店家稱是「金田黃」。說實在好多寶石商業名稱聽起來都一頭霧水，詢問店家才知道這成分是 Calcite，產自印尼，所以也是方解石。售價不便宜，一個擺件都要幾萬到幾十萬，很多都是名師親手雕刻。

藝術品現在品種愈來愈多，買之前要先搞清楚名稱與成分才行。綠紋石手鏈根據成色的好、中、差，價位依次在每克 300 元、每克 100 多元、每克 30 元左右，戒面和吊墜的價格是手鏈的 1.5 倍。另外，成色好，較大顆，顏色也較好的，要達到每克 500~750 元。

▲ 綠紋石蛋面可以清楚看到白色的平行線。

▲ 金田黃雕件。

17 針鈉鈣石（拉利瑪、海紋石）

Blue Pectolite

針鈉鈣石的中文名主要取名自其結晶形狀，外觀有放射狀的細針集合體，因為主要成分含有鈉、鈣成分，因此命名為針鈉鈣石。

針納鈣石本身為無色，含銅為藍色，產於基性火成岩或變質岩的隙縫之間。共生礦物有沸石、矽鈣硼石、方解石等。根據飯田孝一 2012 年的說法，在 1974 年，美國和平部隊的志願軍 Norman Reilly，和多明尼加的寶石商人 Miguel Mendez 一起在多明尼加南部一個名為帕歐爾的村裡發現幾顆藍色礦石，最終確定了這種寶石的發源地。

目前針鈉鈣石是多明尼加的國寶，並開始被人們稱為 Larimar，有

成分	NaCa$_2$Si$_3$O$_8$(OH)
晶系	三斜晶系
硬度	4.5~5
比重	2.74~2.88
折射率	1.60
產地	美國、加拿大、蘇格蘭、多明尼加、俄羅斯、英國、瑞典、南非、捷克、奧地利等

種說法就是當時寶石商人把她女兒小名「lari」有意與「海洋」的西班牙語「mar」組合而成，音譯為「拉利瑪」。因為它的藍色底中穿插不規則如波浪般的白色條紋，所以有廠商稱它為「海紋石」。拉利瑪甚至與多明尼加的琥珀、西印度群島的海螺珍珠「孔克珠」（Conch pearl）一同被譽為「加勒比海三珍寶」。

商家對於這樣的美麗寶石宣傳上真是絞盡腦汁，有的說可以改善失眠，也有說可以增進人際關係。佩戴這寶石可以有正面的能量思考，讓心靈更沉靜、無雜念等。我寧可說，美麗的拉利瑪是獨一無二的，願每一位佩戴者都有聰明的智慧與和諧的人際關係，勇敢面對任何挑戰，讓生命綻放出光芒與色彩，如同拉利瑪般炫麗。

▲ 8mm 拉利瑪手鏈。（圖片提供：柴新建）

▲ 拉利瑪吊墜，具有火焰與蜘蛛網
　狀紋路。（圖片提供：丁紅宇）

2015 年針鈉鈣石最新行情資訊

　　認識拉利瑪是在 2011 年 12 月 3 日臺北的第一屆礦物化石展，有廠商展覽成品，對於這種以前未曾聽過的新寶石我相當好奇，湛藍的顏色至今難忘。老闆也詳述了它的特色，並主動出示鑑定證書，讓消費者能夠放心地選購。當時的一個大拇指大小墜子鑲銀飾品，售價大約在1,500~3,000 元。如今經過兩年，市場行情已經翻了好幾番，同樣大小市價已經要 5,000~15,000 元不等。現在不管是水晶店還是彩寶攤位，都有它的身影存在，消費者也對這寶石有了初步認識。

　　常見的成品除了戒子與吊墜外，也有圓珠手鏈出現，珠子直徑以8~10mm 大小居多。挑選時要看藍色的鮮豔度，白色條紋的走向以及寶石本身的形狀、厚薄等。拉利瑪的手鏈不分大小，按照成色的好、中、差，價位依次每克 600 元、300 元、150 元。品相好的吊墜價位每克 1,000 元。

臺灣特產

　　寶石並不一定都是「舶來品」，臺灣也有許多耀眼瑰麗的寶石在世界上大放異彩。臺灣特產寶石，除了自己收藏外，更是饋贈友人最好的伴手禮。也許，為自己安排一趟臺灣寶石之旅，就是重新親近這些土地上小精靈最好的方式。

1 臺灣玉
Nephrite

時勢造英雄，幾乎被遺忘的臺灣玉產業，打從這幾年大陸觀光客的湧現，似乎又燃起一線生機。

▲臺灣貓眼玉原礦。

臺灣玉昔日的光芒

1970~1980 年代是臺灣玉的全盛時期，日本與歐美的觀光客是主要客戶，外銷日本市場也是打遍天下無敵手。曾親聞臺灣玉文化館籌備會長蔡萬益前輩提及臺灣玉風光的過往，他說 70 年代，每週從花蓮搭火車將臺灣玉成品帶到臺北銷售的人多不勝數，每個人滿滿一個尼龍袋內有戒指、墜子與手鐲等，到臺北重慶北路的旅館內進行交易，主要是銷往日本與臺北的藝術品店。

當時一只普通臺灣玉手鐲可以賣到 2,000~3,000元；一個臺灣玉貓眼石戒指也有 1,000~2,000 元的身價。一趟臺北之行，賣個 20~30 萬元沒問題。以當時的物價水準，在中、永和地區可以買一棟二層樓的樓房。如果一週上臺北一次，扣掉成本開銷，保守估計有 1/3~1/2 的利潤，即 5~10 萬元利潤，一年下來將有 250~520 萬元的利潤，也就是說可以買10~20 棟透天厝，五至十年下來，想不富都很難。老天爺給我們這麼好的機會，但真正能守住成果的人卻沒幾個。

成分	Ca$_2$Mg$_5$(OH)$_2$(Si$_4$O$_{11}$)$_2$
晶系	單斜晶系
硬度	6.5
比重	2.9
折射率	1.60~1.62
顏色	綠、墨綠、白色
解理	屬集合體結構，看不見解理
斷口	片狀

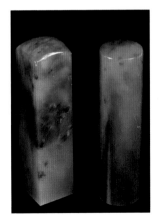

▲臺灣玉印章。（圖片提供：藍晨瑜）

▲ 臺灣玉手鐲。（圖片提供：藍晨瑜）

▲ 臺灣玉貓眼。

臺灣玉為人們創造了龐大的財富，第二個貢獻應該是增加就業機會。根據國內寶石界權威吳舜田教授所編的《臺灣寶玉石》中提到，臺灣玉的開採始於 1961 年當地人撿拾石棉廢石開始，1965 年「中國石礦公司」開始正式開採，年產量約 300 噸。1969 年改以鑿坑道開炸方式採礦，年產量約 1,100 噸。70 年代全盛時期，全臺加工廠（客廳即工廠）有八百多家，直接、間接從業人員達五萬人。不僅如此，這批加工廠生力軍在臺灣玉沒落時期搬離花蓮到臺北三重、蘆洲一帶與全臺各地，改行從事緬甸玉、珊瑚、水晶、半寶石切磨與雕刻、鑲工、貴重珠寶買賣等，甚至成為珠寶店的大老闆。因為有經營臺灣玉的經驗，更奠定了 80 年代臺灣珠寶業的全盛年代，為臺灣珠寶史寫下輝煌的一頁。

臺灣玉能揚名國際的另一推手，莫過於我的恩師臺大地質系譚立平教授。由於他致力於探勘與研究臺灣玉，發現臺灣玉的硬度（6.0~7.1）高於緬甸玉（6.5~7.0），不僅建議編譯館將軟玉改為閃玉（以角閃礦為主），並在一篇專文報告中提出臺灣玉可以分成三大類：普通閃玉、蠟光閃玉、貓眼閃玉。其中貓眼閃玉的品質與最高等級的斯里蘭卡貓眼石有極為接近的評價。根據國際閃玉權威紐西蘭博物館館長 Russell Beck 的說法，全球閃玉以臺灣與紐西蘭所產的綠色閃玉最為值錢。

臺灣玉的式微

1980 年代末期，臺灣玉由於大量生產，售價愈來愈便宜，加上開採愈來愈困難、成材率過低（炸藥炸裂）、工資上漲、大量的加拿大玉與

西伯利亞玉傾銷、臺灣環保意識抬頭，開採臺灣玉漸漸不敷成本，而長期仰賴的日本觀光客又因日本經濟泡沫化而大幅減少，使得臺灣玉慢慢消失在國內外的珠寶市場上。自從花蓮理想礦場停止開採臺灣玉後，幾乎把臺灣玉打入冷宮，也鮮有人再提及臺灣玉。不要說花蓮以外的縣市，甚至許多花蓮人都不知道花蓮豐田與西林等地曾生產風靡全世界的臺灣玉。

相關單位的努力

1995 年起，在財團法人花蓮石材中心的輔導下，請專家、老師加強當地居民的寶石新知與金工技巧的提升，並規劃了好幾個景點，讓國內自助旅遊遊客可以參觀欣賞

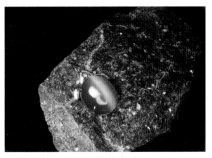

▲ 臺灣花蓮豐田蜜糖黃大貓眼墜子。
（圖片提供：藍晨瑜）

臺灣玉以及臺灣貓眼，可以到花蓮壽豐鄉白鮑溪撿臺灣玉，也可帶到工廠 DIY 製成飾品佩戴，體驗磨玉的辛苦與樂趣。當地的居民也都是專業的導覽，可以為您講解臺灣玉的歷史，

當時的繁榮景象，至今仍歷歷在目。如果時間允許的話，也可以來一趟礦區之旅，瞭解礦工採礦的危險與辛苦，並且瞭解臺灣玉的形成、產狀與共生礦物。

出土玉器見證輝煌歷史

從出土的臺東卑南文化的圖騰，可以看到五、六千年前，即有雙人抬獸玉器；圓山遺址、八里的十三行文化遺址都有出土玉器，可見當時玉珠、手環等裝飾品，是一些頭目或貴族才能佩戴的高級寶物，透過貿易、饋贈等方式流傳到臺灣各地或東南亞各國。最近在平林遺址更發現三千多年前臺灣玉製造工廠，有上百件的玉核、玉箭、玉斧、玉刀等殘件出土，可貴的是發現「水晶」製造工具。先人利用堅硬的水晶來切割與鑽孔，製作出玉玦、手環、玉刀、玉斧、玉箭與玉珠等，也揭開了臺灣玉製作過程的神祕面紗。

大陸客是臺灣玉的救星？

近年來，隨著大陸觀光客的人數增加，形成搶購臺灣玉的風潮。每天 7,000~8,000 人次的大陸觀光客出手之闊綽，令人無法置信。花蓮當地業者把大陸客當財神爺般招待，常常幾萬到幾百萬的臺灣玉擺件就這樣被買走；臺灣玉貓眼（其實是西伯利亞玉貓眼）也是賣到缺貨。我的一位朋友是專門磨臺灣玉貓眼的師傅，每天加班生產，也無法供應大量訂單，每張訂單大概要三個月到半年後才有辦法出貨。花蓮一些大型藝品店的老闆，真是數錢數到手指頭抽筋啊！現在，不管產地是哪裡，甚至是國外輸入的玉，只要臺灣賣出去的，都被稱為臺灣玉。

如何選擇臺灣玉？

臺灣玉大部分是墨綠色，與緬甸玉的翠綠不一樣，而西伯利亞玉貓眼的眼線比較細，臺灣玉貓眼的纖維比較粗。現在因磨工貴，大部分商家都是輸入西伯利貓眼，購買時，千萬不要問：「這是臺灣玉貓眼嗎？」商人一定回答：「是。」所以應該問：「這邊有輸入的嗎？有西伯利亞的嗎？」等看過商品之後，再問：「有沒有臺灣的，我想比較看看。」

輸入的西伯利亞貓眼，依大小不同，一顆 700~2,000 元；而臺灣玉貓眼依大小與顏色稀有程度（黑－咖啡－黃綠－綠色），一顆 1,000~10,000 元。

此外，臺灣玉與加拿大玉用肉眼幾乎無法分辨，除非拿去做科學破壞分析，大概只有當地有經驗的商家或礦工才有辦法用肉眼分辨。

正港臺灣玉何去何從？

臺灣玉加工製作的成品主要有：手鐲、戒面、圓珠、印章、原礦擺件、掛匾、雕刻飾品等。相較於充斥市面的「輸入」臺灣玉，正港臺灣玉的發展較令人憂心。我覺得臺灣玉應走向國際市場，增加設計感與流行感，因此如何吸引年輕的設計師發揮創意，便成了重要課題。另一方面，也可將產品與生活結合，以擄獲高中、大學族群的目光，獲得年輕一代的青睞。

▲ 臺灣玉貓眼。

▲ 西伯利亞玉貓眼 。

　　2008 年北京奧運採用青海玉來當做獎牌是一個很好的例子，若也能採用有特色的臺灣玉為國際比賽獎牌的素材，不僅可以增加國際上的曝光度，更可帶動臺灣玉的行情，對於臺灣玉相關產業發展，有很大的助益。

　　除此之外，培育更多雕刻人才，固定舉辦玉雕大賽，吸引更多國內外人才的創作，彼此切磋琢磨、精益求精下，將使玉雕作品更為細緻、創作更為活潑、作品更為傳神，這無疑會大大提高臺灣玉的藝術價值。

臺灣玉再出發

　　目前預估臺灣仍有上百噸至千噸的臺灣玉原礦，且無法估計尚未開挖的蘊藏量，如果可以好好規劃開採，重建臺灣玉美名應該沒有問題。此外應重建臺灣玉市場秩序（本土與輸入玉認證商標問題），落實臺灣玉的教育推廣（書籍與影片介紹、DIY 琢磨、臺灣玉博物館的建立），未來更要從工藝、設計金鑲玉比賽、雕工（技術傳承）、包裝、品牌多方著手。日後若能結合溫泉 SPA 休閒產業、命理開運產業、美容保養品、高科技產業等，才能讓臺灣玉這樣的國寶，有機會重新發揚光大，把它的價值發揮到淋漓盡致。

　　近年，已有集合熱心、專業及從事臺灣玉開採、加工與銷售等相關人士所組成的臺灣玉推廣協會的誕生，舉辦國際玉雕比賽、與中國大陸和田玉相關協會交流經驗、媲美黃金博物館的臺灣玉博物館的建立等，希望能讓世世代代生活在這塊土地上的子孫，永遠記得這個上天給予的美麗資產──臺灣玉。

2 臺灣藍寶
Chalcedony

　　臺灣藍寶其實不是藍寶石，而是藍玉髓，是一種含銅的玉髓，高檔的質地透明，顯現出深藍色、藍中帶綠、黃綠、綠色。主要產在臺東都蘭山一帶，從日據時代開始便有許多人開始挖掘臺灣藍寶。

　　目前真正的臺灣藍寶並不多，市面上有許多從美國、印尼與中國大陸輸入臺灣加工的玉髓。雖然臺灣目前仍有合法的開採，但是品質比較粉質、不透，加上開採的成本提高（工資、油料、設備，愈挖愈深），開採原礦的成本與售出所得不一定損益平衡，若不能找到更好品質的臺灣藍寶原礦，停止開採便不可避免了。

▲ 臺灣藍寶戒指。（圖片提供：侏羅紀珠寶）

成分	SiO₂
晶系	六方晶系
硬度	6.5
比重	2.65
折射率	1.544~1.553
顏色	綠色或藍色
解理	差
斷口	貝殼狀

　　藍玉髓怕熱、怕失水，保養時可泡在水裡，早期還有店家放在冰箱冷藏室裡。臺灣藍寶目前比臺灣貓眼、臺灣玉來得搶手，不僅大陸客買，臺灣人也愛，在玉市裡仍有專門賣臺灣藍寶的店家，大部分販售的是磨成戒面或墜子。

　　臺灣藍寶內部雜質相當多，不然就是有石紋，現在幾乎是有錢也很難買到好貨了。

▲臺灣藍寶原礦。

2015 年臺灣藍寶最新行情資訊

　　臺灣藍寶目前真是廠商的金母雞，供不應求。主要都是印尼、美國、祕魯進口。這兩年價錢也是連漲好幾番。蛋面的玉髓看品質，每克拉從

▲ 香港珠寶展臺灣館廠商展示全美臺灣
藍寶手鐲。

5,000~12,000 元都有。在大陸也有好多珠寶店開始販售臺灣藍寶。大陸朋友也開始接受這種迷人具有藍、綠色的寶石。我個人也戴了一顆藍玉髓戒指，很多人透過電視與照片都以為我戴的是藍水的翡翠。

　　目前小戒面動不動就要 1~2 萬元，小小一顆墜子至少都要上萬元；3~5cm 大小的也要 5~10 萬元才有辦法買到。

　　1997 年，我曾在建國玉市見到一只臺灣藍寶手鐲，要價 30~40 萬元，以現在的行情，普通夾雜黑點的藍玉髓手鐲大概要 100~150 萬；如果是乾淨半透明的手鐲大概要 150~250 萬；最高等級全透藍玉髓手鐲已經喊到 500~600 萬。連帶進口原料從最早每公斤 25~50 萬，到現在每公斤都要 200~300 萬了。

如何買到臺灣藍寶？

　　通常在大型藝品店買到的臺灣藍寶，幾乎都是美國或印尼輸入的藍寶，那該如何分辨呢？老實說只有看店家是否願意說實話了。目前臺灣鑑定所鑑定出來的臺灣藍寶也不一定是真正臺灣產的，若真喜歡臺灣藍寶，建議可以往老銀樓或在國內珠寶展中去找找，就我所知，仍有一些臺灣花東玉石協會會員有收藏臺灣藍寶，並願意割愛賣出。

▲ 臺灣藍寶白翡復古吊墜。
（圖片提供：良和時尚珠寶公司）

擁有臺灣藍寶等於擁有財富！

　　如同前述，每天有 7,000~8,000 名大陸觀光客，一天全臺賣出至少三百顆戒指或墜子，您就知道一年要賣出多少臺灣藍寶的墜子或戒指了吧。如果您有臺灣藍寶（或者是輸入藍寶）的原礦，就準備賺翻，等著客戶排隊來向您買吧！

3 玫瑰石
Rhodonite

Rhodonite 一字由希臘字轉化而來，意即「玫瑰」，主要是指其粉紅顏色。玫瑰石的學名叫做薔薇輝石。寶石本身為粉紅色或玫瑰色，裡面含有黑色樹枝狀的氧化錳次生礦物，遠遠看就像一幅山水畫，經切割成薄片後，可以裱褙成框，也可磨成球狀來擺設欣賞。玫瑰石容易氧化，所以切磨完一定要馬上上漆。

臺灣玫瑰石產地在花蓮，但也從中國大陸輸入了不少。玫瑰石的定價方式，與一般寶石不同，而是當做藝術品來定價，與花紋的意境有關。一般來說，價錢是用「議價」的，若想買個小飾品做紀念，一個玫瑰石印章 300~500 元就可以買到。

成分	MnSiO₃
晶系	三斜晶系
硬度	5.5~6
比重	3.4~3.7
折射率	1.725~1.738
顏色	玫瑰色、粉紅色和褐色，表面常有錳氧化物
解理	兩組完全，第三組較差
斷口	貝殼狀或參差狀

臺灣特有玫瑰石

在臺灣的花東地區，除了有名的臺灣藍寶之外，另一種特產就是玫瑰石，主要成分矽酸錳，與成分為紅紋石（碳酸錳）的輸入玫瑰石不一樣。薔薇輝石具有明顯的粉紅或玫瑰色，有時會有黑色的紋路，而黑色的部分就是富含錳的地方。通常會含有部分的鈣，而不以純的 MnSiO₃ 形式出現。

這種半透明到不透明的淺紅到微紫紅甚至微褐紅色、具錳氧化物黑色裂紋的優質薔薇輝石，非常漂亮，常用於裝飾、製成圓形寶石和串珠。

臺灣玫瑰石主要產在花蓮三棧溪上游 1,400~1,700 公尺的石英片岩內、立霧溪的綠水和洛韶、和平溪上游二子山及瑞穗的中央山脈、木瓜溪等。

每當下雨過後，在花蓮立霧溪與木瓜溪出海口便有許多人在岸邊撿拾玫瑰石，因撿玫瑰石而溺斃的消息也時有耳聞。

▲ 臺灣玫瑰石顏色鮮豔粉紅，中國大陸輸入的玫瑰石顏色相對黯淡。

幾年前國內曾經掀起「玫瑰石」熱，民間許多的玩石家紛紛上山下海找玫瑰石。早年花東一帶只要米酒與檳榔就可以和高山族交換玫瑰石或臺灣藍寶，但由於商人大量購買，因此玫瑰石的數量愈來愈少。現在花蓮有專門的玫瑰石博物館，甚至有人遠渡重洋到日本去參展，大大打響了臺灣玫瑰石的名字。

大多數的玫瑰石都以原貌不加雕工呈現，近來有些腦筋動得快的商人將玫瑰石切成片狀，鑲框題詩，形成一幅天然的山水畫，成為遊客購買饋贈親友的另一種選擇。切成片狀的玫瑰石易碎，所以需要馬上灌膠，選購時宜注意顏色（愈粉紅愈好），至於黑色含錳礦物的分布，就看自己是喜歡山水潑墨畫還是喜歡田園風光畫。

由於臺灣產的玫瑰石數量稀少，因此市面上常見中國大陸輸入的玫瑰石。在夜市常可見一些小販賣礦物標本，價錢依大小，199~399 元不等。顏色多為暗粉紅色、約 15cm 高的湖南玫瑰石，只要 399 元，如果是臺灣產的玫瑰石，價錢絕對不止如此。

2010 年上海世博會臺灣館中展示的臺灣寶石，就是來自花蓮「珍藏家」玫瑰石館的玫瑰石，讓全世界認識臺灣瑰寶，實在難能可貴，也大大打響了玫瑰石的知名度，揚名國際，真是臺灣之光啊！

如何分辨是否臺灣產的玫瑰石？

臺灣立霧溪、三棧溪與木瓜溪所產的玫瑰石，色澤鮮豔粉紅，大陸輸入的多為暗紅色，光澤度不如臺灣玫瑰石。在花蓮藝品店或石藝大街購買的玫瑰石小吊件或墜子、印章等，售價 100~500 元不等，大多是輸入的玫瑰石。購買時可先詢問老闆店內有沒有比較暗紅色的玫瑰石，再要求看鮮豔粉紅色的玫瑰石，兩者比較就可清楚分辨了。

4 文石
Aragonite

文石質地很軟，屬於碳酸岩，容易破裂，一般製成印章，也有藝術家用文石雕刻成大件作品，如太極、牛、澎湖絲瓜等，不少藝術家已在中國大陸闖出知名度，也讓福建、廈門地區搭渡輪遊澎湖的人愈來愈多，除了買一些吃的伴手禮外，文石更是他們的首選。

文石是澎湖的特產，主要產在西嶼島、望安鄉、將軍鄉和七美島的多孔質玄武岩中，每一個地區產的顏色都有差異。另外新北市三峽也有文石出產。成分主要是霰石（文石）、方解石、石英和褐鐵礦所構成，通常以球形（眼）、縞狀花紋和色彩鮮豔的比較名貴。過去文石價格便宜，但經過多年開採，地表容易開採與顆粒較大的文石已經告罄，使得文石售

成分	CaCO$_3$
晶系	斜方晶系
硬度	3.5~4
比重	2.94
折射率	1.530~1.685
顏色	黃色或白色
解理	清楚的軸面解理
斷口	半貝殼狀或參差狀

價愈來愈貴，但小顆粒的文石在西嶼、望安等地海邊，還是相當容易找到。我每年都會帶學生去澎湖校外教學，除了欣賞秀麗壯觀的柱狀玄武岩外，也可以瞭解文石的生態，寓教於樂。

因為澎湖的文石稀有，很多藝術品店從國外輸入有紋路的大理石，當「紋石」賣，但此紋非彼文啊！

如何挑選文石當伴手禮？

到澎湖，不買一對文石印章，實在對不起自己。在澎湖買文石印章，通常都可免費刻字，不管是夫妻印章還是家族印章，一顆 400~500 元，品質不錯的文石印章，一顆大約要 1,500~2,000 元。如何挑選呢？我個人喜歡有特色的文石，有特殊紋路，石材不一定要完整，有的有凹洞，有的有霰石的結晶……總之，就是要花時間慢慢挑，多問幾家店，就不會錯！

5 珊瑚
Coral

　　珊瑚一詞在古文獻中首次正式記載是《後漢書西域傳》，而《本草拾遺》也有這樣的描述：「石闌幹生大海底，高尺餘，如樹有根莖。」據章鴻釗所言，這些應該都是珊瑚。至於「瓊」字，原也是指珊瑚。

　　珊瑚在寶石界的分類是以顏色做為區分，有白珊瑚、紅珊瑚、黑珊瑚和金珊瑚等，另外還有一種傳說中的藍珊瑚，卻很少有人見過，目前可能已經絕跡。

　　珊瑚以兩計價，淺粉紅色珊瑚又稱為 Angel Skin（天使肌膚），價格與阿卡珊瑚（Aka，赤色珊瑚）不相上下；而桃紅色珊瑚一般稱為 MOMO；沙丁珊瑚是產在歐洲地中海沿岩，以義大利沙丁尼亞島為代表，與阿卡珊瑚之區分就是沙丁珊瑚沒有白點；至於黑珊瑚和金珊瑚其實是海樹的一種，嚴格來講與珠寶級的珊瑚價差很大。

▲珊瑚戒指。（圖片提供：大東山珠寶）

成分	CaCO$_3$
晶系	一
硬度	3-4
比重	2.60~2.70
折射率	1.468~1.658 約 1.65
顏色	粉紅、紅、白、黑、藍
解理	無
斷口	參差狀

2015 年珊瑚市價最新行情資訊

　　2010 年臺灣開始有國際珊瑚拍賣，公開拍賣原料。有從事珊瑚買賣的老店家說，三十年前阿卡珊瑚原料，1 臺斤 6,000~7,000 元，目前市價 1 臺斤 200~300 萬元，而 MOMO 原料則為 1 臺斤 70~80 萬元。

　　珊瑚近年幾乎漲翻天，每年市場行情至少三到五成增長。其中又以阿卡珊瑚最受大陸客戶歡迎，來臺灣旅遊都指名要買個珊瑚墜子或者是項鍊自用或送禮。只要有大陸觀光客，珊瑚價錢就不可能下降。10mm 直徑以上珊瑚枝非常大氣，適合當胸針與墜子，非常值得收藏與投資。

▲ 桃紅色珊瑚吊墜。
（圖片提供：丁紅宇）

▲ 義大利沙丁紅珊瑚。（圖片提供：shu 手工）

　　阿卡珊瑚樹枝 3mm 厚，每克約 450~1,500 元；4mm 厚，每克約 1,500~2,000 元；5mm 厚，每克約 2,500~3,000 元；10mm 厚，每克約 4,000~5,000 元；12mm 厚，每克約 6,000~10,000 元。

　　阿卡圓珠中等 9~10mm，每克 7,000~9,000 元；10~11mm，每克約 1~1.1 萬元；11~12mm，每克約 1.1~1.3 萬元；13~14mm，每克約 1.3~1.5 萬元；14~15mm，每克約 1.5~1.7 萬元；16~17mm，每克約 1.7~2 萬元；17~18mm，每克約 2.3~3 萬元；18~19mm，每克約 3~3.5 萬元；19~20mm，每克約 3.3~4 萬元；超過 20mm，每克約 4~5 萬元。

　　阿卡 10mm 蛋面中等級，每克約 1~1.2 萬元；11mm，每克約 1.2~1.3 萬元；12mm，每克約 1.3~1.4 萬元；13mm，每克約 2~2.3 萬元；15mm，每克約 2.5~3 萬元。這些數據整理自不同業者，實際成交有高有低，看珊瑚本身顏色與品質而定。

珊瑚的生長與分布

◆ 生長

　　珊瑚是由許多小珊瑚叢個體相互連結而成的，生物學上屬於腔腸動物門珊瑚綱，生長條件有著相當大的限制，溫度、日照、水深等都有影響，以水溫 18~20℃ 最合適。夏威夷歐胡島產出的粉紅色珊瑚每年生長約

0.6cm，大概 70 年就可採收。黑
珊瑚成長較快速，每年約達 5cm
長，至於金珊瑚則是比粉紅珊
瑚稍快，約 50 年可捕撈。粉紅
珊瑚生長在海水面以下 100 公
尺，黑珊瑚生長於 60~80 公尺深
的海床中。

▲ 黑珊瑚樹枝。（圖片提供：晶璽工坊）

◆ 分布

　　珊瑚的產地分布有幾個重要的地方，早期地中海是珊瑚的主要產地，
當時的珊瑚都是在水深 100 公尺以內。地中海的珊瑚捕撈後，由義大利
加工外銷至法國、西班牙等地，所以義大利可以說是當時的珊瑚加工集
散中心。

　　目前，珊瑚最大的產區應該非臺灣莫屬。全盛時期臺灣珊瑚捕撈船
多達兩百艘之多，產量約占全球的 80%，排名世界第一。目前雖然盛況
不再，仍有數十艘的珊瑚船，就連酷愛珊瑚的日本都沒有如此多的船和
如此大的捕撈規模。

　　早年在瑞芳外海捕撈珊瑚，後來沿著臺灣周圍海域捕撈，由於捕撈
速率遠遠大於珊瑚生長的速率，使得臺灣周圍海域的珊瑚數量銳減，近
年來則多是在巴士海峽、日本海域和夏威夷附近捕撈。

珊瑚的鑑別、賞購和保養要訣

◆ 鑑別

　　珊瑚的仿製品一般以塑膠為主，與天然珊瑚最大的區別就是遇到酸
的不同反應，以及塑膠的重量較輕。若以 20 倍放大鏡觀察，則可見到珊
瑚的孔隙和隔板。由於紅珊瑚的價值比較高，所以白珊瑚常被染色充當
紅珊瑚，但因珊瑚有孔隙或細小裂痕，染色的珊瑚在那些地方顏色會較
深，用放大鏡即可觀察出來。

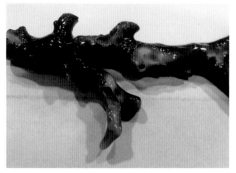
▲天然的珊瑚都會有一些蛀孔。

◆ 賞購要訣

顏色

在臺灣,以深紅較受歡迎,價格較好,桃紅珊瑚和粉紅珊瑚次之。在國外,粉紅肉色珊瑚是最受歡迎的。

缺陷

珊瑚的價格取決於瑕疵的多寡。由於生長地區、環境、品種不同,同一樣式的粉紅珊瑚有的會有雜色(紅中帶白),有些孔隙較多且大,這些都會影響珊瑚的價值。

大小

珊瑚愈大愈珍貴,拿圓形珠來說,一個碩大的珊瑚樹要磨成圓珠的話,所能取的最大圓珠僅僅在直徑最大的地方,可能幾公斤的珊瑚樹才能取下一顆珠子,而且一株珊瑚樹的生長要耗費數十年到數百年,因而愈大的珊瑚愈是彌足珍貴。

◆ 保養要訣

珊瑚硬度低,化學性不穩定,既怕碰又怕刮擦,因此珊瑚要避免接觸汗水和酸液,才不致腐蝕溶解。除汗水和酸以外,甚至熱水也會將其溶解。珊瑚飾件也不要碰撞硬物,不可與過於粗糙的衣物摩擦。假如珊瑚飾件當真磨花了,可以請專營珊瑚的珠寶店幫忙處理,使其恢復光亮,唯珊瑚再處理後會變小,所以除非必要,好好保養還是勝過重新處理。

◆ 當紅炸子雞——珊瑚

珊瑚愛好者多是四、五十歲以上的成熟女性。現在臺灣珊瑚最大市場就是賣給大陸客,因為大陸不產珊瑚,很多大陸遊客來臺灣買珠寶的

首選就是珊瑚。不但如此，日本與中國大陸都把珊瑚列為一級保育寶石，立法禁止販賣（有條件開放，販賣珊瑚需要有執照），因此想要買珊瑚，不來臺灣還買不到呢！

在建國玉市裡有很多賣珊瑚小雕件與配件的攤販，像是一些花朵雕件或珊瑚枝，可以與中國結搭配，很有味道。各地玉市裡至少都有十幾個販賣珊瑚的攤位，不妨到全省玉市走走比較一下。此外，臺灣有兩家主要賣珊瑚的公司：大東山珠寶集團和綺麗珊瑚，都是好幾十年歷史的老字號，不論是批發或零售都是國際知名，口碑與信譽都值得信賴。

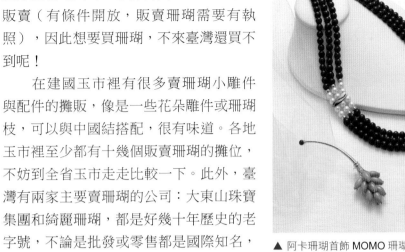

▲ 阿卡珊瑚首飾 MOMO 珊瑚首飾。（圖片提供：大東山珠寶）

▲ 金珊瑚樹枝，中國大陸俗稱海柳。（圖片提供：晶璽工坊）

▲ 白珊瑚珠鏈。（圖片提供：一石三生）

珊瑚小常識：加工

珊瑚較軟，所以加工雕刻相對於其他寶石素材而言是非常容易的，但是珊瑚並非用砂輪、砂紙來拋光，而是用溫熱的水加幾滴鹽酸稀釋後來「沖洗」珊瑚，這種拋光方式主要是將表面溶去，所以雕刻時常會預留被溶去的空間。這種拋光過程反覆施行，即可使珊瑚變得光亮。

6金
Gold

　　黃金燦爛閃耀，千百年來，一直是世人所喜愛的寶物。在臺北「故宮博物院」中，收藏有殷商時期與周朝的黃金銅器飾品，而在公元前六千年，古埃及人就有開採黃金的紀錄，所以黃金在人類的歷史中代代相傳，不會因物換星移，而改變人類對黃金的鍾愛。

　　在《舊約聖經·出埃及記》第三十五章記載：「你們中間要拿禮物獻給耶和華，凡樂意獻的，可以拿耶和華的禮物來，就是金、銀、銅……」大大顯示了黃金的貴重性。

▲戒指。（圖片提供：依飾風尚）

成分	Au
晶系	等軸晶系
硬度	2.5~3
比重	19.30
折射率	無
顏色	黃色（純度愈高顏色愈淡）
解理	不明顯
斷口	鋸齒狀

2015 年黃金最新行情資訊

　　1990 年黃金 1 錢價格大概 1,200 元左右，聽父執輩說起 1970 年黃金價格 1 錢 3,000 多元，覺得簡直是天方夜譚，如今金價 3,000 元已破，4,000 元失守，5,000 元已經攻頂了！

　　很多人在金價 1 錢 3,000 元的時候就把家裡的黃金全賣光了，也有人在金價 1 錢 4,000 元時進場買，大家都覺得冒險，但是沒人說得準金價走勢究竟如何。只知道中國大陸與印度經濟崛起，黃金需求量大增。

　　2011 年 9 月 6 日黃金賣價掛牌 1 錢達 7,000 元，創歷史新高，當時買 1 公斤黃金，要 186 萬元，等於買一輛進口轎車。

　　根據臺灣從事黃金買賣多年的簡先生分析，黃金從 2009 年突破每盎斯 1,000 美元以後，就展開了猛烈的多頭漲勢，2011 年 9 月達到每盎斯

1920.7 美元。到了 2012 年年底，黃金走勢無法有效突破技術線型及受到國際上多家投資銀行對黃金獲利了結，黃金走勢轉入空方跌勢，於 2014 年已跌至每盎斯 1,200 元美元以下，並持續探底中。

近期各國央行逢低買入黃金，此外還有中國黃金大媽風靡全球狂掃黃金，實力震驚全世界。經過幾番征戰，貿然出手的結果就是等著機會解套。消費者對於短時間內黃金布局，宜相當謹慎，如果是自用嫁娶送禮則可以買進，若是想短期投資致富賺點小錢，那真得靠點運氣。

推薦相關網站、店家

· 黃金價錢及時查詢網站：http://www.gck99.com.tw/gold1.asp
· 金價計算器：http://www.gck99.com.tw/retrieve.php
◎由於國際黃金交易是以美元計價，所以分析報告都會以美元報價為準，如果您想要將美元/盎斯價格換算成新臺幣/錢，可以使用金價計算器做價格換算。

產地

過去百年間，金的主要產地是南非。從 1880 年開始，約有 50% 的黃金產自南非；1970 年，南非生產的黃金占世界供應的 79%，約有 1,000 噸，但到了 2007 年，南非黃金的產量卻只有 272 噸。產量之所以明顯下降是因為開採難度增加、影響工業的經濟因素改變，以及南非安全監察的加強。在這一年，中國大陸金產量達 276 噸，取代南非成為世界最大的黃金生產國。

而臺灣黃金主要產在中央山脈含金石英脈、金瓜石、九份等地。

黃金的特性

◆ 延展性高

黃金的延展性居所有金屬之冠，可以拉成 0.007mm 的細絲，更可以壓成 0.00197mm 的金箔，因此黃金可以打造成各式各樣的飾品，如立體

空心生肖動物、立體水果等造型，增加黃金飾品的變化性，讓黃金不再只是長者的首選，也給新新人類一種耳目一新的選擇。

◆ 耐酸鹼、抗腐蝕

黃金不溶於強酸、強鹼中，只溶於王水（1份濃硝酸及3份濃鹽酸的混合液）、鹼性氰化溶液、初生態氯、水銀及其他特殊有機溶液中。

在所有的金屬中，抵抗化學性腐蝕性最強，因此做為飾物比較穩定，不易變色。

◆ 稀少性

地殼上約有十億分之五的黃金，每噸海水中約有 0.1 克的黃金，但具有開採價值的金礦，每噸礦石需要3克以上的含金量（地質上稱為品位），因此數量十分稀少。

◆ 回收性高

黃金的化學性質非常穩定，除非是製造時在機械上的損耗，否則並不易流失，回收率極高，還可以在許多電腦 IC 板或廢五金中，回收熔解提煉黃金。

什麼是品位？

品位指金屬礦床和部分非金屬礦床（如磷灰石、鉀鹽、螢石等）中有用成分的單位含量，是衡量礦產資源品質優劣的主要標誌。以目前的開採技術，每噸需3克以上含金量，才有開採價值。若金價提高，開採技術、儀器進步，每噸礦石的含金量在3克以下亦值得開採。

◆ 切割不會影響價值

　　一般的寶石，重量愈重，價值會呈等比增加，例如紅寶石 1 克拉若是 5 萬元，2 克拉並不會是 10 萬元，可能更多。由於寶石愈重愈稀少，因此切割寶石時，都會特別保留重量。然而黃金卻不會因切割重量而降低價錢，也就是說一兩黃金與一錢黃金的單價是一樣的，這一特點是黃金與其他寶石非常不同之處。

　　要提醒讀者：購買金條還是要以完整性為第一優先考量。業者回收完整未切割的金條價格比切割過的金條來得高，一錢大約多 100 元左右。

◆ 價錢穩定，世界通行

　　黃金通行全世界，價錢波動不大，所以自古以來，黃金便是戰爭時逃難最方便攜帶的寶物。只要是政局不穩定時，便有許多人搶購黃金，造成黃金價格的上揚。

黃金的流行趨勢

　　隨著消費形態的改變，純金首飾和流行商品、服飾一樣，款式需要不斷地推陳出新，合乎流行趨向，配合季節的變化，做出大膽、前衛、合乎環保與回歸自然的款式。每當情人節、母親節與耶誕節等不同的節慶，業者便推出設計新穎的各種黃金飾品，搭配美女廣告，強力放送，強調經濟獨立、注重儀表與裝扮、重視個人個性與留意全球流行趨勢，強攻 16~40 歲的年輕少女與仕女市場。雖然這些黃金飾品的價錢高出傳統首飾兩、三成，但買氣卻無法抵擋，席捲了整個黃金市場，值得家族經營的銀樓業者好好反思，改變經營模式，才能保持競爭的優勢。

黃金的消費形態

　　根據我這十幾年上課的經驗，學生買黃金多半是因為小孩結婚與送

禮，約占六成，其次是生日消費約兩成，有一成半是投資，其他則為宗教消費贈與。消費黃金的比例，首飾純度也以純金 24K 最受人們喜愛。

　　購買黃金的性別，男性以投資與生日贈禮居多；女性以購買黃金飾品與送禮居多。超過 50 歲的購買黃金者都是以保值與投資為前提；30~40 歲購買黃金者則以美觀、品牌為優先考量。

　　這十幾年來，黃金消費大戶轉為外勞與新住民，因為菲律賓、印尼、泰國、越南、中國大陸等地黃金提煉技術沒有臺灣好，所以他們在臺灣賺了錢，就會購買黃金飾品，等返家探親時再帶回家鄉。

黃金的投資

　　目前臺灣最常見的消費商品有黃金條塊與金幣，可透過銀樓、貴金屬公司等來購買這些商品。黃金投資利潤並不大，但穩定性高，如果不以短期獲利為主，黃金不失為中長期投資的好選擇。

◆ 黃金條塊

　　世界市場流通條塊多以公斤、公克為重量單位，而銀樓以港兩或臺兩為主要單位。條塊上應標示有成色、重量、鑄造者、檢驗者以及出廠序號，並附有出廠證明。購買時要注意金條的完整性，最好不要購買裁切的金條。

　　世界三大重要黃金市場為瑞士的蘇黎世、英國的倫敦以及香港，其中中國人較偏愛香港景福與瑞士 Union Bank Of SWISS 等品牌。由於條塊買賣價差較大，不適合短期操作。

▲ 黃金條塊。（圖片提供：金成泰珠寶）

◆ 條塊式金幣

　　金幣之所以被稱為「幣」，主要是因為具有法償資格，由政府賦予其面值，當金幣價錢低於面額時，發行單位必須按照面額回收。金幣發

世界知名條塊品牌一覽表

國家（地區）	品牌	成色	流通區域
香港	景福	9999	港、臺地區、東南亞
瑞士	CREDIT SUISSE	9999	全世界
瑞士	SWISS BANK CORPORATION	9999	全世界
澳洲	DEAK	9999	全世界
澳洲	PERTHMINT	9999	全世界
英國	ENGELHARD	9999	全世界
日本	MITSUBISHI（三菱）	9999	日本地區
日本	TANAKA（田中）	9999	日本地區
南非	RAMD	9999	全世界

黃金重量換算表

單位	1公斤	1公克	1英兩	1臺兩	1港兩
公克	1,000	—	31.1035	37.5000	37.4290
公斤	—	0.0010	0.0311	0.0375	0.0374
英兩	32.1507	0.0322	—	1.2057	1.2034
臺兩	26.6667	0.02667	0.8294	—	0.9981
港兩	26.7173	0.02672	0.9310	1.0019	—

行必須經由官方批准才能鑄造，成色不一定要 24K(999)。例如澳洲鴻運金幣與加拿大楓葉金幣都是 24K 純金幣，南非富格林金幣為 22K 金。買條塊式金幣優點為世界各地均有報價且脫手容易，價格隨金價波動，購買時比條塊費用高，較無收藏價值。

◆ 紀念金幣

紀念金幣是為某件特殊事件或目的而發行，成色規格無限制，多為限量發行，具有投資、觀賞與收藏價值。紀念金幣主要在收藏市場流通（古董商、錢幣商），若非有管道，脫手並不容易，且增值潛力不一，投資人須有相當的專業知識與判斷。

▲ 新加坡紀念金幣。
（圖片提供：金成泰珠寶）

黃金的鑑定與仿冒品

傳統鑑定黃金的方法為使用黑色試金石，將黃金畫在試金石上看其粉末顏色加以對比，K 金也是如此，但是此種方法並沒有辦法正確訂出其成色；另一種方法是秤比重，黃金比重為 19.33，若不純含有其他雜質，比重一定低於 19.33。若以精密儀器分析，目前有火化分析、A.A 分析、X-Ray 分析、ICP 分析、SSEA-ICP 分析及電子微探分析。

與黃金最相似的仿冒品為愚人金（黃鐵礦 Pyrite，化學成分為 FeS2）。黃鐵礦比重較輕 (5.02)，硬度為 6，燃燒後成黑色粉末，滴鹽酸會起泡。純金呈黃略帶紅色，所以銀樓常稱千足赤金 (99.9%)。目前國內銀樓競爭激烈，市面上黃金成色很少達到 999（一般只達 995，因含有少量的焊藥所造成），因此建議消費者找一家信譽可靠的銀樓購買黃金較為可信。

常常看到新聞報導有人買黃金被騙，被金光黨騙說有人缺錢想把家傳黃金脫手，買進後一轉手就可以有四、五成的利潤。今日黃金買賣這樣方便，幾乎每一家銀樓在半小時左右就可以脫手，除非您的黃金好幾十公斤，需要事前預約準備現金，不然有誰會笨到損失四到五成的利潤

呢？消費者一定不要向來路不明的人買，也不可以貪小便宜。

何謂 K 金、千足金、合金與鍍金？

K 金，為計算金含量的單位，100% 的黃金為 24K，75% 的黃金為 18K。由於黃金質軟易延展，所以一般純金飾品不會鑲上鑽石或貴重寶石。一般銀樓業者會在金戒指上鑲嵌合成紅寶石（業者稱為 Ruby，日本語發音），而鑽石通常會用 K 白金或 K 黃金來鑲嵌，以免寶石掉落。

千足金，是以千分比來計金，一般千足金標榜黃金占 999.9，但目前國內業者宣稱的千足金如果有 999.5 含金量就算不錯了。還有一些業者標榜 18K 的戒臺，實際黃金只達 14K。

另外要提醒大家，含金量少於 10K 以下的戒臺很容易氧化變黑，可用手掂掂看，如重量較輕，就可能是 K 金成數不足。若消費者不放心自己購買的黃金成數，國內「商品檢驗局」與臺北市金銀珠寶同業工會都有檢測黃金成色的服務。在電視購物臺買到的珠寶 K 金戒指成數會比較足，因為他們都有檢驗成數，如果不足會被扣款，這一點消費者可以放心。

合金，就是在黃金中加入銀、銅等金屬，但其中黃金含量至少要占 50% 以上。

鍍金，顧名思義就是在金屬的表面上，電鍍上一層金。雖然僅是薄薄的一層金，卻可使外表看起來金光閃閃，但缺點是容易脫落。由於僅需少量黃金便可使鍍金品項有黃澄澄的外表，因此不肖之徒拿銅鍍金的假金條到銀樓回收或當鋪典當得手的例子，屢見不鮮。另外鍍金也常用在研究分析上，樣品先鍍上一層薄薄的金，以增加其導電性。

▲ 黃金上鑲嵌的多半為合成寶石。
（圖片提供：金成泰珠寶）

什麼是白金、K 白金、鉑金？

近年來，非常流行使用銀白色貴金屬鑲嵌珠寶首飾（銀不在此討論），但在商場上，這些貴金屬的名稱，時常令人無所適從。在臺灣，

盛行以白金、K 白金來稱呼這些銀白色金屬，其實這種說法常造成誤導和混淆，我們必須根據化學周期表上的元素命名來作解釋，才能得到一個合理的稱呼。

◆ 白色金

有金鎳銅鋅合金、金銀合金、金銀銅合金、金鈀合金等，在市場上都被稱為 K 白金、白金，代號為 WG，也就是白色金的意思。一般國外戳記常用 WG585(14K)、WG750(18K) 或是僅以數字代表含金量。白色金具有良好的反射性，不易失去光澤，在鉑和鈀未大量使用之前，白色金為主要用來鑲嵌寶石首飾的銀白色金屬。

◆ 鉑 Platinum

又稱純白金、正白金或真白金，但這些稱呼並不正確，且容易與白色金混淆。鉑（Pt）呈銀灰白色，比重為 21.35，熔點為 1,700℃，硬度在 4~4.5，化學性穩定，除王水以外，不受酸鹼腐蝕。

純鉑比較柔軟，加入釕、銠、鈀等金屬會增加硬度。南美印第安人早在 15 世紀前就製作鉑金首飾，歐洲人遲至 19 世紀中葉以後才開始採用，目前日本為鉑的最大消費國。

◆ 鉑合金 Platinum Alloy

指鉑與其他金屬混合而成的合金，如與鈀、銠、釔、釕、鈷、鋨、銅等。儘管鉑的硬度比金高，但做為鑲嵌之用尚嫌不足，必須與其他金屬合金，方能用來製作首飾，一般使用鉑釕合金和鉑銥合金較多。

在歐洲和香港使用鉑鈷合金用於澆鑄；在日本用鉑（85%）鈀合金製造鏈條。國際上鉑金飾的戳記是 Pt、Plat 或 Platinum 的字樣，並以純度之千分數字代表，如 Pt900 表示純度是 900‰。在日本鉑金飾品的規格標示有 Pt1000、Pt950、Pt900、Pt850。

黃金再造，走出生機

傳統的黃金飾品給年輕人的感覺就是「俗又有力」，以往只有在婚禮上新娘不能免俗地要戴上親友長輩送的金手鐲、金戒指與金項鍊，但1993年起，國內的黃金市場起了大變化。

由臺灣自行設計的「陽光手鍊」，在「光興」負責人黃坤河先生的引領下，給時下年輕人耳目一新的全新感受。許多年輕設計師巧手之下，推翻過去黃金俗不可耐的觀念，重新燃起「品牌」、「設計」、「流行」的黃金風潮。1994年香港鎮科珠寶集團也看上臺灣的黃金市場，搶攻20~40歲年輕女性的心，在臺北遠企中心成立第一家灘頭堡（鎮金店，Just Gold），於是一場黃金市場的爭奪戰就此開打，而後起之秀（金生金飾）也在這片戰土上爭得一塊大餅。此外，由世界黃金協會主辦的黃金設計比賽，鼓勵更多人加入黃金設計的行列，不但提升國內黃金設計水準，更有反攻國際市場的態勢。

哪裡賣黃金不扣重？

通常賣飾金給銀樓大多數會扣3%左右的損耗，是不是有銀樓或回收業者不扣損耗呢？其實電視媒體曾報導，網路上也可搜尋到「到府回收黃金，且不扣重」的業者。但要特別注意黃金到府回收至少要3~5兩以上的限制，至於不扣重，就是說按照當天公告牌價直接乘以回收黃金的重量。要注意每一家演算法都不太一樣，特別注意當天的黃金牌價，以最高售價為主。不但飾金、滿月黃金禮盒（通常國內滿月禮盒黃金成數大概在九成左右）不扣重，金條甚至可以加100元收購（金條完整無切割者）。建議消費者注意每天公告的回收牌價，可以先到幾家銀樓比價，問到最高價位後，再請回收業者來估價。

為了安全起見，回收時最好約在公共場所，一手交錢、一手交黃金，通常交易時間大約半小時內，要注意向對方索取收據。

黃金不扣重廠商

· 久久銀樓：http://www.99golden.org
· 展寬貴金屬：http://www.gck99.com.tw

翡翠耳環。（圖片提供：千代珠寶）

Chapter 3

實戰篇

阿湯哥帶您實地選購寶石
（選購寶石小常識）

▲ 選購前要把自己喜歡的清單列出來。

▲ 挑選寶石前要把寶石擦乾淨。

▲ 認識寶石首先要具備用肉眼分辨寶石種類的能力。

▲ 對於喜歡的寶石不能表現在臉上，這樣才可能有殺價的籌碼。

▲ 挑選時需要幾位好朋友一起討論價錢與品質，或一起合購殺價。

▲ 色彩排列的敏感度是對珠寶設計師最基本的要求。

▲ 寶石挑選最關鍵就是看清楚裡面的內含物多寡與分布。

▲ 塑膠做的假貓眼，顏色與線都超乎完美，在產地或批發市場選購時要特別當心，勿貪小便宜。

▲ 貓眼石挑選，眼線要細、要在中央、要不能斷，質地要透、不要有雜質。

▲ 筆燈照射的貓眼眼線。

▲ 哥倫比亞祖母綠幾乎都會泡油，通常也無法找到乾淨的。挑選要注意透明度，另外寶石桌面上不要有明顯的石紋。

▲ 祖母綠通常都是祖母綠型切割與蛋面切割。

▲ 帕拉伊巴挑選首先顏色要深藍，其次乾淨，最後不要漏光。

▲ 閃鋅礦比鑽石的色散還要強，缺點就是硬度較軟，容易刮傷。

▲ 藍玉髓有藍有綠，您喜歡哪一種，優先選擇要看透明度與石紋。（圖片提供：莊明憲）

實戰篇

281

▲ 寶石其實不需要很花俏的設計，只要夠大顆就顯得很有架勢。（圖片提供：丁紅宇）

▲ 祖母綠的形狀中，最受歡迎的還是祖母綠切割。挑選時可以放在手指上先挑選顏色，再來是挑淨度，最後是切工，外表有無磨損。

▲ 13 克拉的沙弗萊，挑選時要注意火光與顏色，其次是內部乾淨度。（圖片提供：丁紅宇）

▲ 星光藍寶石上通常會有明顯色帶，當然色帶愈不明顯愈好。

▲ 上面五顆是擴散處理過的星光藍寶，底下六顆是天然的星光寶石。

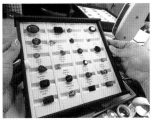

▲ 二顆丹泉石，左邊偏藍，右邊偏紫，您喜歡哪一個？

▲ 坦桑的挑選，第一看顏色，第二看切工型狀，第三看火光，第四看淨度。

▲ 您分得出藍寶石與丹泉石嗎？左側為坦桑，右側為皇家藍寶。很多人都無法用肉眼分辨出來，丹泉石容易看出有藍紫色調。

▲ 碧璽的挑選首先是挑自己喜歡的顏色，放眼望去，馬上能吸引您的就對了。

國外淘寶去哪裡？

斯里蘭卡淘寶石

▲ 斯里蘭卡貝拉沃拉寶石交易中心，到處都是拿著寶石尋找客戶的穆斯林小販。

▲ 在斯里蘭卡你可以挑選到夢寐以求的珠寶。

▲ 經過討價還價終於買到一顆蓮花剛玉，開心地與貨主握手成交。

▲ 斯里蘭卡寶石城裡可以買到許多剛玉家族的原礦標本。

▲ 學員第一次看到這麼多寶石原礦，每個人都非常吃驚。

▲ 斯里蘭卡特產全世界最優的金綠貓眼石，歡迎你與阿湯哥一起來尋寶。

▲ 貝拉沃拉交易市場擠滿了許多穆斯林的商人來辦公室交易寶石。

▲ 貝拉沃拉的珠寶交易中心，學員正在和賣家討價還價。

▲ 10 克拉星光紅寶石。

▲ 挑選無燒黃色藍寶石。

▲ 幫學員挑選寶石。

▲ 學生完成交易與賣家握手。

▲ 學員正在仔細估算買到合適的
　價錢。

▲ 學員正在練習如何挑選石榴
　石。

▲ 在加勒月光石礦坑地下十公尺
　有礦工正在進行月光石的開
　採。

▲ 加勒礦區剛剛淘選出來的月光
　石礦。

▲ 加勒的海邊路旁的珠寶店所展
　示的藍托帕石與煙水晶。

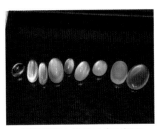

▲ 經過研磨之後的月光石裸石，
　表面有藍暈光彩的品質最好。

▲ 在斯里蘭卡藍寶石礦區與學員
　合影。

▲ 斯里蘭卡寶石城附近藍寶石寶
　石礦區指導學員辨別礦石。

▲ 礦工在河裡將剛挖上來的礦砂
　經過河水淘洗，再挑選出礦
　石出來。

▲ 用繩索帶動砣輪來研磨
　寶石。

泰國曼谷淘寶石

▲ 泰國尖竹文寶石市場交易中心的交易情況。

▲ 學員在尖竹文路邊合影。

▲ 在尖竹文一位工人正在打磨紅寶石的外形。

▲ 學員在參觀紅寶石的切磨順序流程。

▲ 參觀尖竹文的紅寶石切磨工廠。

▲ 整手都是尖晶石,顏色有深有淺。

▲ 71克拉的粉紅碧璽,產自非洲,火光完美無瑕。

▲ 左邊是鉻碧璽,右邊是橄欖石,你能分得出來嗎?

▲ 兩顆不同顏色的藍寶石,右邊為矢車菊藍,左邊為皇家藍,你喜歡哪一種顏色呢?

▲ 在曼谷辦公室的交易中心,大多數都是印度人。

▲ 學習寶石可以在曼谷多看多比較,馬上發現問題,解決答案。

▲ 泰國機場有粉絲要求筆者簽名。

實用行

省錢大作戰之行話大公開

◆ 買鑽石絕對不要問「1 克拉多少錢？」「是不是南非鑽石？」

很多人第一次買鑽石就是買結婚鑽戒，而買鑽石的第一句話就是問店家：「鑽石 1 克拉多少錢？」說這句話就好像去買木質家具時問：「椅子 1 公斤賣多少錢？」透露給店家的訊息是：我是外行人，等著當冤大頭。

看上喜歡的鑽石後，可以這樣問：「這顆鑽石顏色與淨度是什麼等級？切工、拋光與對稱有幾個 Excellent？有無螢光反應？」接著問：「附的是美國 GIA 鑑定書，還是臺灣鑑定所證書？」再問：「按照美國的國際報價表，可以有幾折優惠？還是要按照報價表加價幾成？」

買鑽石也絕對不要問是不是「南非鑽石」，因為幾乎所有的鑽石都無法鑑定出產地，只有等級高低問題。如果您問老闆鑽石是不是南非鑽石，老闆就知道您是外行人，價錢當然殺不下來。

◆ 買紅藍寶要問：「有沒有熱處理？是不是二度燒？」

若是購買紅藍寶石，不要急著問價錢，而是先問寶石的產地。當然很多紅藍寶石的產地並非如鑑定書所標示的，產地只是價錢的參考依據，況且老闆說的產地也不一定正確！除產地外，要問：「有沒有熱處理？」通常無熱處理比熱處理的紅藍寶石貴 2~4 倍。

「有沒有二度燒？是不是把無色或淺色的白鋼玉加鐵或鈦元素變成藍色的藍寶石？」「有沒有其他優化處理？是不是加鈹處理過才變成橘色或紅色？有沒有經過玻璃充填處理？」「天然的還是合成的？」

此外，如果購買高價紅藍寶石，可以要求業者附 GRS 鑑定書，當然鑑定書的內容也要特別注意。

◆ 買翡翠問：「是 A 貨？還是 B 貨？」

消費者買翡翠，最好是找熟人買，或找熟人介紹。購買前建議先看看書或者是上網查查資料，增加對翡翠的認識。購買翡翠時，可以問店家是否為 A 貨？有沒有鑑定證書？哪一家鑑定所開立的證書？若是找自己認識的鑑定師重新鑑定，結果和原先的鑑定有誤差，可否退貨？

另外，買手鐲時要注意手圍大小，先試四根指頭戴上要有點緊，手有點痛，手鐲手圍才會剛好，否則太小日後拿不下來，太大又容易滑動碰撞，造成手鐲受損。此外，要用筆燈檢視有無石紋。通常玉鐲上多少會有石紋，沒石紋的玉鐲會比較貴。價錢在幾萬甚至幾百萬的貴重玉鐲，千萬別帶回家試戴或帶回去考慮，等到不想買退還的時候，業者一定會檢查有無碰撞裂傷，如果事先沒有仔細檢查是否有裂紋等瑕疵，常常會引起糾紛。

超過百萬新臺幣以上的手鐲，最好有兩家鑑定所的鑑定書。如果是香港歐陽秋媚老師鑑定過的，那就買得更加安心了。

◆ 買琥珀問：「原生還是壓製？」
買珊瑚要問：「是阿卡還是 MOMO？」

買琥珀要問：「是不是原生的？還是壓製的再生琥珀？」當然也可以問問是哪一個國家產的，是俄羅斯還是波羅的海國家？

買珊瑚要問品種：「是深紅色阿卡，還是粉紅色 MOMO？」

買水晶洞可以問產地，「是巴西還是烏拉圭的？」買水晶球先問：「是天然的水晶還是合成水晶？」買黃水晶可以問：「是不是紫水晶加熱改色的？」

買淡水珍珠可以問：「有無染色？」市面上可見的黑、藍、紅、綠色珍珠，通常都是染色的。買南洋白珠可以問：「珠皮大概多厚，幾毫米？直徑幾毫米？」買南洋金珠則要注意是否染色，因為臺灣目前沒有鑑定所可以鑑定珍珠有無染色，只要是顏色太均勻，或者價錢太便宜，消費者都要注意！如果有日本的鑑定所開立的黃金珠證明，那就比較有保障。

買新疆和田白玉可以問：「是山料還是水料？俄羅斯料還是新疆料？」

買臺灣玉貓眼問：「是花蓮豐田或西林產的？還是西伯利亞輸入的？」

買臺灣藍寶則要問：「是臺東都蘭山的？還是印尼或美國輸入的？」

問法問對了不一定便宜，但是可以讓店家知道，您識貨而且做過功課，受騙上當概率相對低很多。

必備行頭：名片

投資或開始買寶石之前，建議先花一點錢印一盒名片。上面可以寫「某某珠寶工作室」或「某某珠寶設計」，留下聯絡電話，或電子郵件、網址、部落格網址，或即時通、Line、微信之類（不一定要留地址）。如此，與商家接洽時，可以拿出名片，說：「我正在幫客人找貨。」即使您不是大批發，只是挑一件商品，通常店家也會願意自動降價。一張小小的名片，可以讓您省點錢，也可以達到「互相交陪」的效果，對日後交易與市場資訊的取得也有幫助。

殺價小撇步

殺價是一門學問也是一門藝術！買珠寶要不要殺價？該殺價多少？

珠寶大多有牌價，有些老闆看心情開價，有時候看買家身分、穿著行情開價。除了國際名牌珠寶是不二價之外，臺灣與中國大陸大多數的珠寶店都可以殺價，也就是說，殺價是消費者的權利！當然您也可以當一個好客戶不殺價。店家遇到殺價的客戶是又愛又恨，因為殺價代表客戶喜歡、有意願買；客戶若是只看貨不問價錢，就沒有成交機會。所以要不要殺價，就看個人囉！

大部分人當然都希望可以用最便宜的價格買到喜歡的珠寶，但是提醒大家，在還沒確定要買之前，不要討價還價。切記貨比三家，不要表現出很喜歡的樣子，若表現出很喜歡或很想買到手，往往價錢很難殺下來。再者，可以挑出一些寶石的小缺點，再請店家降價。

殺價時最忌諱一堆人圍觀，因此在香港買翡翠，某些店家還保留用塊布或報紙遮住手的古老出價方式，不讓其他人知道開價與還價多少。

如果不敢開口殺價，也可以拿計算機來談價錢，最重要的是要有耐性，和老闆鬥智，和老闆磨。

此外，老闆也會衡量開銷與利潤、月初還是月底、熟客還是陌生客戶、寶石取得的難易度，來決定該還多少價錢。總之，殺價是為了要寶石買賣成交，只要買賣雙方樂意，不要撕破臉，買者開心、賣者有利潤或消化庫存，都是皆大歡喜的雙贏結果。

至於依標價要殺幾成？有些店家開價很實在，也沒有殺價的空間；有些店家胡亂開價，甚至殺到對折或三折還是很貴。購買前，應設定預算，多補充珠寶學知識，瞭解行情在哪裡，挑選最適合自己的珠寶。

進階行

名牌珠寶大補帖：晶華麗晶酒店之旅

想瞭解國際名牌珠寶，只要走一趟臺北晶華麗晶酒店，便可輕鬆蒐集各大品牌珠寶的資訊。晶華麗晶酒店位於臺北市中心，備有停車場。若搭公車或捷運，到中山站下車，步行約 6 分鐘可到達。晶華麗晶酒店一樓與地下一、二樓設有各大名牌珠寶店，國內外前二十大品牌珠寶在此都可見到，對於想瞭解珠寶風格與流行走向的朋友真是一大利多。只要利用 3~4 小時，不用花機票錢跑法國、義大利或美國，每家店花 20~30 分鐘，就可獲得完整的資訊。

像是寶格麗（Bvlgari）喜歡用各種顏色的剛玉、碧璽，創造出五彩繽紛的套鏈珠寶；香奈兒（Chanel）則喜歡用黑瑪瑙、蛋白石、紫水晶、黃水晶等寶石做成山茶花造型或者外雙 C 造型；卡地亞（Cartier）代表作就是美洲豹胸針，眼神栩栩如生；喬治‧傑生（Georg Jensen）的銀製品則多以月光石、瑪瑙為搭配，款式簡約，魅力無窮；梵克雅寶（Van Cleef & Arpels）大多都是花草與蝴蝶系列造型，以鑽石或紅藍寶石為主要寶石；寶詩龍（Boucheron）珠寶則以蛇與變色龍的造型，利用小紅、藍、黃寶與沙弗萊搭配，引人注目；蕭邦（Chopard）最有特色的設計就是在鑽戒或墜子內有幾顆小鑽石，可以自由滑動，Happy Diamond 系列是許多年輕女性上班族的最愛；海瑞溫斯頓（Harry Winston）則以大克拉的高品

質彩鑽與白鑽為主打；蒂芬尼珠寶主攻 30~50 分結婚鑽戒、經典銀手鏈，約 1 萬元即可入手，是許多大學女生夢幻入主名牌珠寶的捷徑。

在這裡，將參觀重點放在瞭解品牌的歷史、設計風格（獨特的動物造型）、寶石的流行趨勢、各種有色寶石的配搭、特殊的寶石切割、創新的工藝設計等，以提升自己的鑑賞能力。如果店內提供免費目錄，可以索取研讀，多瞭解品牌故事與流行演變，如果下次看到朋友戴名牌珠寶，或要好好犒賞自己一下，便能清楚知道它的設計含意與理念，一舉多得。

打開珠寶之窗：香港珠寶展

國際珠寶展相當多，鄰近臺灣的展覽有北京、上海、深圳、澳門、香港、曼谷、東京等。若是第一次出臺灣看展覽，建議從香港珠寶展入門，打開珠寶之窗。

香港珠寶展每年 3 月、6 月、9 月皆會舉辦，其中又以 9 月那次參展廠商數量與展出國家最多，最值得去看。展覽館區分成各國廠商、裸石、成品、原礦、古董手錶、珠寶製作機械工具、鑽石鑑定所、珠寶鑑定儀器、珠寶書籍雜誌與珠寶設計師展覽區等，每個國家和地區展出項目都各有特色。臺灣廠商大多主推珊瑚、珍珠、翡翠、有色寶石、水晶等；香港廠商主推翡翠、鑽石及珍珠、設計成品與空臺；大陸廠商主推淡水珍珠、橄欖石、藍寶石、翡翠、水晶、碧璽、白玉、琥珀、南紅瑪瑙、青金石、黃金等；印度廠商主推鑽石與各種有色寶石；澳洲廠商主推蛋白石與澳洲綠玉髓；非洲廠商主推鑽石與各種寶石原礦；日本廠商主推日本珍珠與南洋珍珠、祖母綠、有色寶石；南美洲廠商主推祖母綠與變石及水晶、碧璽。在香港珠寶展上可以看臺灣珠寶展看不到的澳洲黑蛋白，每種顏色的蛋白石價位都有貼顏色標籤，消費者可以自行選購。

記得一定要帶珠寶相關行業名片，入場填寫資料後有小贈品。

此外，在美國亞利桑那州舉辦的全世界最大的吐桑（Tucson）珠寶展，於每年的寒假旺季熱鬧登場，展區分為礦物、化石、原石、珠寶、稀有寶石等，規模更大，展期更長。國內許多網拍化石與礦物的廠商，每年都必定前往朝聖補貨，近年也開始擺攤展售，不論是珠寶還是礦石，

每一年業績都有成長。如果自己的貨品有特色的話，吐桑確實是很好的曝光場地，但因消費較高，建議結伴一起去，可分擔車資與住宿費用。機票與食宿費用約 10 萬元，還必須提早一、兩個月訂房。

精品珠寶大搜查：蘇富比、佳士得拍賣會預展

每年春、秋兩季的蘇富比、佳士得拍賣都會在臺灣預展，這是非常難得的機會，可以看到許多大克拉、品質好、稀有的珠寶、高品質博物館級的精品，不管是上億的翡翠手鐲、翡翠珠鏈、幾百萬的玉墜和蛋面翡翠戒指，或是 10~20 克拉的全美白鑽、3~10 克拉的紅藍彩鑽、5 克拉以上的緬甸鴿血紅紅寶石、10 克拉以上無燒喀什米爾的藍寶石、20 克拉以上的黃色彩鑽、10 克拉以上的亞歷山大石與 20 克拉以上的金綠玉貓眼⋯⋯而且還不收門票呢！這是提升鑑賞珠寶能力的最好機會。

參觀時，要注意穿著愈正式愈好，男士宜著西裝，女士則裝扮典雅為佳。要試戴或觀看珠寶時，千萬不要自己動手，可以請工作人員協助，觀察寶石時，盡量不要離托盤太高，以免發生寶石滑落等尷尬事件。如果是一群朋友一起去參觀，一定要注意討論音量，千萬別高談闊論。

有關於拍賣預展時間與地點，或是提供寶石拍賣者的資料，都可以參閱下面網站或聯絡在臺工作人員，洽詢相關事宜。

晶華麗晶酒店
臺北市中山北路二段 41 號
02-25238000

國際重要珠寶展網址
北京國際珠寶展覽會、深圳國際珠寶展：
http://www.newayfairs.com
香港鐘錶珠寶展：
http://www.jewelleryNetAsia.com
曼谷寶石暨珠寶展：
http://www.thaigemjewelry.or.th
日本珠寶展：
http://www.japanjewelleryfair.com
美國吐桑寶石展：
http://www.tucsonshowguide.com/tsg

蘇富比中文網站
http://www.sothebys.com/zh.html

蘇富比活動及拍賣時程英文網頁
http://www.sothebys.com/zh/auctions.html

蘇富比臺北辦事處
臺北市基隆路一段 333 號 32 樓 3203 室
02-27576689

佳士得中文網站
http://www.christies.com/zh

佳士得臺灣分公司
臺北市敦化南路二段 207 號 13 樓 1302 室
02-27363356

兩岸設計師
最新發表作品

王月要

　　王月要，現任王月要國際珠寶有限公司藝術總監，是臺灣第一位進入國際珠寶展 Designer area 的設計師，推展中國風珠寶於國際舞臺。

　　臺灣唯一以結合服飾、珠寶藝術，進入臺北國父紀念館舉辦個展的設計師，亦為臺灣中國風珠寶踏入藝術殿堂的里程碑。

　　2011 年，王月要珠寶北京旗艦店隆重開幕，王月要獲選世界華商珠寶十大傑出女性。2012 年，獲選 2012 中國「珠寶行業」品牌女性。這幾年，中國風珠寶在國際間引發一股流行熱潮，很多國際大品牌也陸續採用中國的元素作為設計主軸。

　　二十年來，王月要設計師秉持著對中華文化的使命感，從創立王月要珠寶初期就開始並持續至今的結藝、珠寶設計教學，及 1993 年開始進軍國際大型珠寶展，都可看到她大力推廣中華文化、珠寶藝術和美學概念的影子。近年，王月要珠寶積極參與大陸與臺灣文化交流，除了上海、北京之外，還有成都、天津、瀋陽、海南、河北、蘇州、杭州等城市，王月要設計師那份以發揚中華精粹為己任的熱情，觸動了觀賞者的心弦，培養了許多忠實的收藏家。

　　王月要自詡為中華文化的傳承者，她的作品極具中國風味，在設計題材上以吉祥含意為主軸，運用的圖案有牡丹、蓮花、松樹、游魚、飛鳥、祥龍、瑞鳳、福壽等，或是具有宗教含意的彌勒、觀音，每一個作品皆根據寶石本身特性做搭配，使作品擁有豐富的張力，成為一幅風景畫、一首田園詩或一篇抒情小品文，讓收藏者在購買珠寶時，也同時收藏一段中國歷史。

◆ 王月要設計師作品

錦聚迎雙
材質：碧璽、鑽石、18K 金
創作理念：留駐於金枝上的雙飛鳥，點綴出透心貞潔的稀寶，典雅的雅致情意，寓意著心境上的璞金渾玉及品格的雙修福慧。

金袍藏鸚
材質：碧璽、鑽石、18K 金
創作理念：黃金歲月，赤碧鸚飛至耀眼金室。透亮的紅碧璽鸚鵡，如同刺繡在旗袍上，華麗氣質自然流露，彷彿置身夜上海，紙醉金迷。

鼎蝠伴雀樂
材質：碧璽、鑽石、18K 金
創作理念：雙蝠，雙福，雙雀伴饗樂。自古以鼎為皇室之徵，宗廟之室皆具特有樂曲。蝠雀雙臨，尊皇之至。

林芳朱

2012 年，5 月於中國保利美術館春拍，拍
　　　出前 10 名佳績；受邀於臺北故宮
　　　「皇家風尚─清代宮廷與西方貴
　　　族珠寶」特展，專區展售。

2012 年，北京保利春拍／北京瀚海春拍。

2011 年，博鼇論壇外交贈禮出自「朱的寶
　　　飾」。

2008 年，開始與臺北故宮博物院雙品牌合
　　　作，成為第一位品牌授權珠寶設
　　　計師，推動「博物館珠寶」理念，
　　　被譽為博物館珠寶設計師。

2005 年，北京中外大使夫人聯誼會珠寶走
　　　秀個展。

2005 年，新加坡 Esplanade 國家藝廊珠寶設計展。

2004 年，作品獲上海美術工藝禮品設計賽一等獎；登上中國著名嘉德春
　　　拍作品封面。

2000 年，美國三藩市亞洲藝術博物館 (Asian Art Museum of San Francisco)
　　　展售。

1998 年，作品登上香港蘇富比拍賣會。

1997 年，《瓔珞珠璣古董首飾設計藝術》專書新書發表造成臺灣結藝風
　　　潮。

1992 年，成立「朱的寶飾」。

1992 年，設計師林芳朱組成了珠寶設計團隊，以「林芳朱 Lin Fang Chu」
　　　及「朱的寶飾 Chullery」兩個品牌為主軸，迄今已 20 年。

　　身為品牌靈魂設計師的林芳朱，主修歷史，卻因喜愛而走上鑽研古
董文物珠寶的設計之路，其作品「古意而現代」，展現與眾不同的「新
潮古典」藝術風格，讓歷史文化貼近大眾，也成就了蘊含藝術與文化的
珠寶。未來希冀能傳承中華文化，將品牌推向國際，成為東方人的驕傲。

丹鳳朝陽碧璽項鍊

材質：碧璽 338.66cts、翡翠、紅寶、鑽石、18K 白金、珍珠

創作理念：桃紅色碧璽是慈禧太后的最愛。300 餘克拉成色極佳的碧璽寶石，實屬難得。鳳亦稱為鳥中之王，象徵美好、幸福。昂首的鳳凰屹立挺拔，此件作品將鳳鳴之姿、傲立之態，巧妙呈現，典雅大氣。

春意鬧碧璽套鍊

材質：碧璽 367.36cts、鑽石 4.95cts、翡翠、18K 金

創作理念：宋・宋祁《玉樓春》：「東城漸覺風光好，縠縐波紋迎客棹。綠楊煙外曉寒輕，紅杏枝頭春意鬧。浮生長恨歡娛少，肯愛千金輕一笑。為君持酒勸斜陽，且向花間留晚照。」珍惜美景，把握時光，人生美好，就在當下。

雙龍獻瑞碧璽鍊墜

材質：碧璽 265.75cts、翡翠、米粒珍珠 392 顆、紅寶石、鑽石 1.42cts、18K 金

創作理念：設計師將難能可貴的桃紅碧璽作為本作品的主要寶石，以 K 金雕塑嬉戲於雲間的祥龍盤繞，結合極致米珠工藝讓祥龍活靈活現，並運用各色寶石，強調出作品的立體性及層次感，極具現代的東方風格與收藏價值。

瓜瓞延綿碧璽鍊墜

材質：碧璽 179.85cts、鑽石 0.55cts、翠 41 顆、18K 金

創作理念：充滿能量的碧璽原本即是象徵財富的寶石，粉嫩清甜的粉紅色也同時代表喜氣吉祥。設計師以渾圓飽滿的碧璽為果實，以翡翠蛋面妝點綠葉片片，瓜瓞延綿、祝福滿滿，期許福氣生生不息、如意連綿不斷。

福至心靈碧璽鍊墜

材質：碧璽 323.09cts、翡翠、鑽石 0.35cts、黑鑽 0.02cts、18K 金

創作理念：色濃而嬌豔的碧璽隨型，透過細緻的鑲嵌更顯其飽滿晶亮。翡翠蛋面拼排充滿祝福吉祥之意的長壽靈芝，清翠而靈動。自隨型碧璽墜子邊悄悄探頭的蝙蝠機伶而可愛，代表著「福到了」。作品的巧趣布局可見設計師的獨到眼光與突出的創意，同時亦滿載著設計師的祝福聲。

曾郁雯

1991 年，成立珠寶藝術工作室於臺北。

1999 年，臺灣第一位同時獲得佳士得、蘇富比兩大拍賣會青睞的珠寶設計師。同年獲臺北國際珠寶展另類珠寶票選第一名。

1999 年，以「幸福進行曲」榮獲第 36 屆金馬獎最佳原創電影歌曲，同年並以「天馬茶房」入圍最佳電影原著劇本提名。

2000 年，獲得 G.I.A G.G 美國寶石學院研究寶石學家資格。

　　名主播、作家、主持人沈春華、吳淡如、林書煒等，財經名人、藝文界人士競相愛用的珠寶設計師。文學及攝影作品常見於《中國時報》、《聯合報》、《自由時報》、《中華日報》、《人間福報》等副刊；及《皇冠》、《珠寶之星》、《珠寶世界》、《富豪人生》、《北京 Target》、《上海富貴人生》等刊物。著有《戲夢人生——李天祿回憶錄》、《光影紀行》、《京都之心》、《和風旅人》、《珠寶，女人最好的朋友》、《就是愛珠寶》、《美人紀——珠寶搭配美學》等書。

　　致力珠寶設計二十餘年，收藏家橫跨兩岸、遍及全球。她原是一位作家，珠寶作品帶有深厚文學底蘊，充滿甜美詩意，被臺灣媒體譽為「珠寶詩人」。

　　曾郁雯喜歡從文學、藝術、旅行及大自然中取材，用東方的元素、西方的手法創造獨一無二的作品。她的作品具有典雅的線條，溫柔含蓄的色調，充滿知性的人文風格，具備古典及現代的精美巧思，融合東西方特質，兼具自信與婉約之美。

曾郁雯設計作品展示

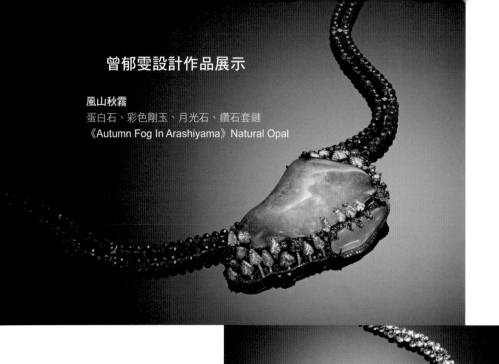

風山秋霧
蛋白石、彩色剛玉、月光石、鑽石套鏈
《Autumn Fog In Arashiyama》Natural Opal

月光戀曲
月光石多用套組－月光石鑽石套鏈
《Moonlight Lovers》Natrual
MoonStone Diamond Necklace

天使的訊息
天然蛋白石、尖晶石、
沙弗萊石、月光石鑽墜

吳佳楨

吳佳楨產品設計工坊藝術總監。
美和科技大學珠寶技術系畢業。
樹德科技大學應用設計研究所設計學
碩士。
臺灣創意珠寶設計師協會會員。

　　生長在臺灣高雄市的吳佳楨，從
臺灣本土文化、大自然裡尋找珠寶設
計的靈感，任何一件珠寶的意涵靈魂
都離不開華人生活和中華文化象徵意
義。在創作理念上賦予珠寶作品美感
成為珠寶金工創作新契機。常用密鑲
彩色寶石表現對大自然的喜愛，詮釋彩色寶石的生命與內涵，透過藝術
設計的巧思創造出豐富想像空間的意象作品。

　　吳佳楨設計師喜歡用流動式線條、轉折、層次去表現作品，並使用
複合媒材融入搭配，使設計更靈活性，尋找充滿生命力的展現，作品帶
給觀賞者一種驚豔感覺，成為氣質獨特的佩戴珠寶首飾。

　　吳佳楨設計的作品屢獲多項大獎肯定並在國內外展覽：2009 年美和
科技大學珠寶技術系第一屆珠寶設計創意比賽第一名；2011 年屏東縣百
年珠寶設計比賽佳作；2012 年參加中國國際展覽－珠寶首飾設計名師論
壇，北京菜百與大師（珠寶首飾設計名師）同行聯展。吳佳楨為臺灣珠
寶設計師代表之一。

　　創意設計上走出自己獨特的彩寶設計風格，用自己的方式傳遞表達
作品的精神意涵。作品更是深受兩岸喜愛藝術珠寶的收藏者追求典藏，
並兼具藝術與增值效益。

　　吳佳楨表示設計極終的目的不是聲名、得獎或孤芳自賞，而是服務
社會，以金工寶石連結情感訴說生命歷程，讓作品的美麗永恆展現，賦
予作品重新解讀的空間，讓佩戴者增添自信風采。

◆ 吳佳楨設計作品展示

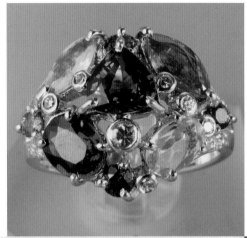

璀璨花漾系列作品

材質：藍寶石；綠色、粉紅色、黃色碧璽；紅寶石；鑽石；黃色藍寶石；白K金

創作理念：生長在臺灣高雄的吳佳楨珠寶設計師，從大自然裡尋找珠寶設計的靈感，任何一件珠寶的意涵靈魂，在創作理念上賦予珠寶作品美感成為珠寶金工創作新契機。色彩就像一種工具，無時無刻影響人的視覺感官，吳佳楨珠寶設計師常用鑲嵌彩色寶石表現對大自然、天然色彩的喜愛，詮釋彩色寶石的生命與內涵，此件作品用藍寶石代表忠誠、紅色尖晶石意涵熱情與浪漫、黃碧璽表示財富，創造出豐富想像空間的意象作品。

朝露

材質：白色蛋白石

創作理念：人生短暫，生命如朝露，看著世界旋轉，有如彩色寶石豔麗四射、璀璨浪漫，慢慢地時間流逝，感受陽光停駐在葉子水滴上、停留在臉上、海灘上、仙人掌上的意涵，感覺朝氣蓬勃的朝露情懷。

依偎

材質：花型──紅綠碧璽

創作理念：麗園春花飄香味，鴛鴦同遊共雙飛，悄悄問花蕊，雙人可否長依偎，一生能否緊跟隨。花盛開的季節，放眼望去的所有一切，會讓人心靈有如重生般目眩神迷，覺得更積極起來，沉睡在內心一角的珍貴回憶也甦醒，讓有情人終生相依偎。

鄭志影 ZhiYing Zheng

獨立珠寶設計師，ZENdesign 珠寶工作室創建人。

作品銳意創新，具有非凡的創意與成熟的市場轉化能力，被業界公認為是兼顧商業與藝術的新典範。憑著對生活的超然感悟，以及對時尚的深邃表現，作品獲得二十多項國內國際最權威賽事的重要獎項。

蒲公英
入選鑽石奧斯卡「De Beers 2000 國際鑽飾設計大賽」進入巴黎總決賽。

女高音 Soprano
獲 HRD AWARDS 2007 世界鑽石設計大賽設計獎，參加世界巡展。

珠穆朗瑪 Diamond Beard
2010 年獲邀入駐上海世博會比利時館鑽石廊展出；珠穆朗瑪被媒體譽為「具驚人之美的傳奇展品」。

進修行

國內外寶石進修機構

名稱	課程介紹	聯繫方式	網站	師資
美和科技大學	珠寶系	屏東縣內埔鄉美和村屏光路 23 號 電話：08-7799821 轉 650	http://mit4.meiho.edu.tw/onweb.jsp?webno=3333333455	黃湫淑、彭國禎、陳平夷
大漢技術學院	珠寶技術系	花蓮縣新城鄉大漢村樹人街 1 號 電話：03-8210859	http://www.dahan.edu.tw/releaseRedirect.do?unitID=184&pageID=4214	蔡印來、賴錦文
輔仁大學	應用美術學系	新北市新莊區中正路 510 號 電話：(02)2905-2371 aart@mail.fju.edu.tw	http://www.aart.url.tw/index.php	康台生、陳國珍、馮冠超、吳照明
GIA 美國寶石學院臺灣分校		臺北市南京東路三段 270 號 3 樓 電話：02-27719391	http://www.giataiwan.com.tw/	文聖惠
吳照明珠寶教學中心	FGA 國際鑑定師證照課程 DGA 國際鑑定師證照課程 寶石鑑賞課程	臺北市大安路一段 52 巷 25 號 電話：02-27314174	http://www.fga-dga-gem.com	吳照明
TGI 臺灣寶石研究院	基礎寶石學課程	臺北市中山北路一段 92 號 6 樓 電話：02-25211365 tgi.atc@gmail.com	http://www.tgi-gem.com	沈湄、吳崇剛
中華民國寶石協會	中國地質大學武漢珠寶學院 GIC 珠寶鑑定課程 翡翠鑑定專修班	上課地點：臺北、土城、桃園、新竹、臺中、臺南 報名專線：(03)337-2638、339-0880、334-4700 wgic@yahoo.com.tw	http://www.wgic.com.tw	高嘉興

名稱	課程介紹	聯繫方式	網站	師資
北京北大寶石鑑定中心	珠寶鑑定師（GAC）基礎班培訓（礦物學、岩石學、礦床學專業） 碩士研究生課程進修班（礦產資源管理方向、珠寶學方向） 珠寶玉石鑑定培訓班（興趣班）	北京大學新地學樓（逸夫二樓）3711 室 電話：+86-10-62752997、13910312026 唐老師 pkugem@163.com	北大珠寶教育培訓網 http://www.pkugem.com	歐陽秋眉、崔文元、王時麟、于方
同濟大學寶石學教育中心	寶石學概論、寶玉石鑑定與評價、寶玉石資源、珠寶鑑賞、中國玉石學等課程。 英國寶石協會會員 (FGA) 資格證書班、同濟珠寶鑑定證書班、TGEC 寶玉石鑑定師資格證書	上海市閘北區中山北路 727 號（靠近共和新路）博怡樓 703 電話：+86-65982357 連絡人：陳老師、馬老師	http://www.tjgec.net	廖宗廷、亓利劍、周征宇等
南京大學繼續教育學院	珠寶鑑定及行銷培訓班 珠寶玉石首飾高級研修班	210093 江蘇省南京市漢口路 22 號南京大學南園教學樓二樓	http://ces.nju.edu.cn	
北京城市學院	（珠寶首飾工藝及鑑定）首飾設計	100083 北京市海澱區北四環中路 269 號	http://dep.bcu.edu.cn/xdzyxb	肖啟雲
FGA課程	珠寶首飾類培訓：翡翠鑑定與商貿課程、珠寶玉石鑑賞培訓班，首飾設計與加工製作培訓班，珠寶鑑定師資格證書 (GCC) 培訓班，HRD 高級鑽石分級師證書課程，和田玉的鑑賞與收藏培訓班，貴重有色寶石的鑒別和評價	電話：+86-13810974486 許寧	www.gem-y.net www.pxzb.net	許寧
廣州番禺職業技術學院珠寶學院	珠寶首飾工藝及鑑定專業、珠寶鑑定與行銷專業、首飾設計專業	511483 廣東省廣州市番禺區市良路 1342 號珠寶學院 電話：+86-20-34832885	http://zb.gzpyp.edu.cn	
華南理工大學廣州學院	寶石及材料工藝學專業寶石學、寶石鑑定原理與方法、寶石琢形設計與加工、首飾鑑賞等	510800 華南理工大學廣州學院 電話：+86-20-66609166	http://www.gcu.edu.cn	趙令湖、張漢凱
昆明理工大學材料科學與工程學院	寶石及材料工藝學專業珠寶鑑定、玉器設計與雕琢工藝技術、首飾設計及加工工藝技術、珠寶市場行銷	650093 雲南省昆明市學府路昆明理工大學教學主樓 8 樓 電話：+86-871-5109952 clxyxsb@163.com	http://clxy.kmust.edu.cn/index.do	祖恩東、鄒妤

社區大學
寶石鑑賞課程

　　社區大學的寶石課程內容主要介紹各種寶石的成因、寶石的開採、切磨加工、批發市場參觀、鑑定真假、優化處理種類、仿冒品種類、市場行情、流行趨勢、寶石投資等，一期十八週，學費只須 3,000 元，幾乎是全臺最便宜的寶石課程，內容真材實料。只要花一年（兩期）的時間，就能讓您從完全不懂寶石的門外漢，搖身一變成為可以分辨寶石種類與真假的內行人。愛旅遊、對寶石有高度興趣的學員，也可以參加緬甸的紅藍寶石與翡翠之旅、斯里蘭卡與泰國的有色寶石之旅、香港的珠寶展覽之旅，相信讀萬卷書，不如行萬里路，旅行帶來的啟發，比在課堂上學習來得快。

　　透過社區大學的寶石課程，不僅可以瞭解寶石礦物的產狀、成因、用途、開採、切磨、鑲工、銷售等流程，輔以校外教學活動，瞭解臺灣特有的寶石礦物分布、如何分辨臺灣與進口寶石的不同、如何去欣賞這些寶石的美等。

　　社區大學的寶石課程，就像是寶石的基礎教育，如果還不能滿足您對寶石知識的渴望，則可再繼續進修。

校區	課程名稱	聯繫方式	地址	授課老師
新店崇光社區大學	翡翠與紅藍寶石鑑定	02-89146922	新北市新店區三民路 19 號崇光女中	吳明勳
北投社區大學	漫遊岩礦寶石自然世界	02-28934760	臺北市北投區新民路 10 號新民國民中學	陳嘉林
文山社區大學	實用寶石賞析	02-29302627	臺北市文山區景中街 27 號（景美國中內）	林書弘、林君憲
萬華社區大學	實用寶石學	02-23064267	臺北市萬華區南寧路 46 號（龍山國中內）	林書弘
中山社區大學	漫遊岩礦寶石自然世界	02-25973371	臺北市中山區新生北路三段 55 號（稻江護理家事職業學校內）	陳嘉林

校區	課程名稱	聯繫方式	地址	授課老師
大安社區大學	寶石鑑賞	02-23915081	臺北市大安區杭州南路二段 1 號（金甌女中內）	中華寶石研習與推廣協會講師群
松山社區大學	鑽石分級和祖母綠與紅藍寶石鑑定	02-27477690 02-27475431	臺北市松山區八德路四段 101 號（中崙高中內）	吳明勳、詹冠郎
桃園社區大學	寶石學：珠寶鑑定	03-3193344	桃園縣龜山鄉頂興路 2 號（山頂國小內）	賴惠華
新竹市婦女社區大學	寶石鑑定與鑑別	03-5256181	新竹市民族路 33 號（東門國小內）	高國泉

珠寶雜誌

　　親炙事師外，也可透過珠寶雜誌增加自己的專業知識。翻閱珠寶雜誌可以探知國內外名牌珠寶的流行款式訊息、珠寶鑑定新知、珠寶展訊息、業者動態等。

　　在 1990~2000 年間，臺灣的珠寶雜誌有《珠寶界》、GII 系統的《珠寶》、《臺灣珠寶》、《吳照明珠寶學刊》等是臺灣最早期介紹珠寶新知的雜誌，但受到不景氣影響大多停刊。目前仍繼續出刊的《珠寶世界》與《珠寶商情》是不錯的選擇。另外，《吳照明珠寶學刊》雖已停刊，但仍可以成套（約 30 本）購買。這些珠寶雜誌對於推廣珠寶教育與新知，真是功不可沒。

推薦珠寶雜誌

《珠寶世界》02-27477749
《珠寶商情》02-25182846
《吳照明珠寶學刊》02-27314174

大陸：
《中國寶石》+86-10-58276035
《芭莎珠寶》+86-10-65871720

北京清華大學珠寶、翡翠、鑽石鑑賞與投資收藏專修班

一、主講教授：湯惠民
二、課程設置：

學習模組	課程內容
彩色寶石	寶石的產地與種類
	寶石市場（拍賣）變化與發展趨勢
	彩寶拍賣投資需注意事項
	收藏通則（顏色、切工、淨度、重量、產地、優化處理）
	購買管道與證書
	五大寶石及其他寶石收藏指南
翡翠	翡翠的定義、種地分類與標準
	翡翠拍賣市場變化分析與發展趨勢
	翡翠的投資收藏要領
	翡翠仿冒品及 B、C 貨解析
	翡翠購買技巧及管道介紹
	翡翠收藏投資市場分析
	翡翠名師作品鑑賞
鑽石	鑽石的主要成分與基本性質
	鑽石的產地
	鑽石的 4c
	鑽石的證書與報價表
	鑽石挑選訣竅
	鑽石的投資與拍賣
寶石市場	潘家園淘寶（翡翠、琥珀、青金、南紅、彩寶、白玉）
	亮馬橋古玩城（翡翠、彩寶、鑽石）
	虹橋珠寶城等（翡翠、白玉、彩寶、鑽石、琥珀）

三、**開課日期**：每二個月一次，循環上課

四、**學習安排**：上課 2 次，共 7 天，吃、住、行、授課均在校內，感受原汁原味的清華校園生活。

五、**授課地點**：北京清華大學（泰國、臺灣、廣東遊學為選修課程）

六、**招生對象**：致力於珠寶、翡翠、鑽石收藏鑑定鑑賞投資的成功人士和社會精英，對珠寶、翡翠、鑽石具有濃厚興趣的收藏愛好者。

七、**學費標準**：培訓費：人民幣 16,800 元／人（約新臺幣 84,000 元），由河北清華發展研究院統一收取，並給學員開具國家行政事業單位財政統一收據。交通費、食宿費自理。培訓費統一匯到河北清華發展研究院指定帳戶。（一次繳費，可循環上課）

八、**證書頒發**：學完全部課程並考核合格後，由河北清華發展研究院頒發統一編號的「清華珠寶、翡翠鑑定與鑑賞專修班」結業證書，供人事組織部門用人參考。

九、報名及繳費方式：

戶名：河北清華發展研究院

開戶行：北京銀行清華大學支行

帳號：010 9035 2400 1201 1111 6155

附言／用途：清華珠寶、翡翠、鑽石鑑賞與投資收藏專班

十、**聯繫方式**：湯老師微信 t1371203421

十一、**上課教材**：《行家這樣買寶石》、《行家這樣買翡翠》、《2015珠寶拍賣年鑑》、《行家這樣買碧璽》、《行家這樣買南紅》。

阿湯哥短期彩寶進修班

　　這兩年時間，本人受邀各大學珠寶學院、電視與雜誌媒體、各地珠寶學會、金融機構單位、各地珠寶會所等進行演講與教學。畢竟不是每一個對珠寶有興趣的朋友都有時間去學四年珠寶鑑定與花半年時間考鑑定師資格，如果只是想單純瞭解如何買寶石才不會買到假的、如何才能買到物超所值的寶石、如何提升自己寶石鑑賞能力，以瞭解選購寶石的盲點、吸收寶石流行趨勢與選購注意事項、珠寶投資項目與管道，珠寶投資風險與收藏鑑賞能力提升。這些金融機構也想透過寶石投資理財講座，來幫助 VIP 客戶做更多理財規劃，珠寶會所想透過珠寶流行趨勢與投資演講來經營回饋客戶群，珠寶雜誌與學會是要讓讀者與會員瞭解更多珠寶新知識與消費訊息。

　　有鑑於此，阿湯哥就針對不同族群提供每場 2~3 小時演講，或者 2~5 天的短期珠寶、翡翠研習營。希望透過面對面溝通，對更多廣大珠寶愛好者有更全面的幫助。對於想進入珠寶行業與想收藏投資珠寶的學員，如果每兩個月舉辦一期 8 天泰國曼谷尖竹紋彩色寶石經營研習班，透過教室學習與珠寶市場經驗交流，就能幫助他們在短時間內對珠寶領域有全面的瞭解。

◆ 泰國曼谷彩寶經營研習班

　　課程安排主要讓您在一週內分辨 50~80 種貴重與常見寶石，包含泰國寶石特色、無加熱紅藍寶石、尖晶石、石榴石、哥倫比亞祖母綠、尚比亞祖母綠、各種彩色寶石、葡萄石、粉晶、沙弗萊、碧璽等各種小配石，瞭解寶石品質好壞、如何挑選，各種寶石市場銷路分析，不同寶石切割形態與等級、批發市場行情分析，寶石優化處理種類與實務教學，看懂 GRS、GIA 彩色寶石鑑定證書內容，寶石的切割與研磨過程，寶石加熱處理方式等。每天強迫自己看將近上萬顆寶石，學習寶石買賣術語，買賣雙方進行殺價心理戰，學員之間學習經驗互動交流，寶石選購後交流與優缺點點評，在短短七、八天時間，讓學員耳濡目染，打通寶石任督二脈，這是最直接也最快捷的方式。

◆ 斯里蘭卡礦區投資與收藏班

斯里蘭卡產藍寶石、黃色藍寶石、蓮花剛玉、粉剛、尖晶石、石榴石、貓眼石、星光紅藍寶石、月光石、金綠寶石、亞歷山大石等有名寶石，在此也可以選購優質的寶石，寶石蘊藏豐富，並保留傳統的開採方式，是所有學寶石的朋友必經朝聖地。透過學習瞭解寶石的開採過程、加工與銷售，從事珠寶業者必須親身體驗。

課程將參觀傳統藍寶石加熱（一度燒、傳統切磨寶石），以及藍寶石與月光石礦區。

有關於各種寶石投資收藏教學演講、泰國彩寶經營研習班、斯里蘭卡礦區寶石考察班的時間與消息請直接與筆者聯絡，微信 t1371203421。

永不褪流行的寶石
鑽石、翡翠、紅藍寶石、祖母綠、金綠貓眼石、亞歷山大石、帕拉伊巴、蓮花剛玉、珊瑚、白玉。

2015 年最流行寶石
紅尖晶石、沙弗萊、琥珀、青金石、南紅瑪瑙、綠松石（美國瓷松）、錳鋁榴石、丹泉石、臺灣藍寶、土耳其石、蛋白石（澳洲、墨西哥火蛋白）、舒俱徠石、鎂鋁榴石、翠榴石、葡萄石、鉻碧璽。

目前投資報酬率較高的寶石
彩鑽、無燒紅藍寶石、蓮花剛玉、臺灣藍寶、蛋白石、祖母綠、帕拉伊巴、尖晶石、石榴石（沙弗萊、錳鋁榴石）、鉻碧璽。

珠寶投資收藏的風險與需知
切勿盲目，必須自己先喜歡，並選擇多數人接受的寶石。運用現有資金三分之一到二分之一投資寶石，隨時注意經濟趨勢，多參加社團、經營朋友圈。勿借款投資，勿盲目追高，逢低買進，多諮詢前輩或同行。適當時機就獲利了結，分批出售，保留最佳品質收藏。提升鑑賞能力，多參觀珠寶展與拍賣會。寶石急著脫手價格必定腰斬，可以拿去店家寄售。品質佳的寶石永遠升值最大。珠寶業者需創立品牌特色，著重設計，強調鑲工特色，勿淪為價格戰。設計師必須做出自己的風格品味，多參加各地展覽、加入協會。最後提醒一定要誠信做生意，勿打壞自己辛苦經營的招牌，只要中國大陸經濟持續穩定，想做幾年生意都可以。

學珠寶的就業市場

很多學完寶石學的學員問我，到底這產業有哪幾條出路可以走。如果是單純的興趣，在選購時不上當吃虧，那當然沒問題。如果想轉行或跨行到珠寶產業，我就這些年來所知，提供一些小意見。

自己或合夥創業

◆ 珠寶鑑定與教學

以這幾年來臺灣的珠寶市場與景氣，寶石鑑定與教學市場已經趨於飽和。除了幾位有名氣的鑑定師外，想再開業做珠寶鑑定的空間已大幅縮減。

一般來說，要請資深且知名度高的鑑定師鑑定寶石幾乎都要排隊，鑑定師每天的收入少則上萬元（鑑定費通常在 1,000~1,600 元），多則好幾萬元。目前珠寶鑑定的大宗還是珠寶業者，占市場七、八成，其餘二成是散客。而大部分的業者都有固定幾家業界知名的鑑定所配合。因此，一個剛通過 GIA 或 FGA 鑑定師資格考試的學員，除非可以爭取到電視購物臺的市場，不然短期內要打響自己的知名度與消費者的認同，是很辛苦的。

再者，鑑定師所鑑定標準如果非常嚴謹，通常業者不太喜歡光顧；但如果鑑定標準太鬆，如鑽石顏色、瑕疵與車工跳等級、翡翠 B 貨寫成 A 貨、紅寶石產地非緬甸說是緬甸、非鴿血紅變鴿血紅等，則對不起鑑定師自己的良心，非常兩難。因為知名度高的鑑定師其鑑定結果通常會左右消費者的購買意願，影響幾十萬甚至上百萬元，如碰到不講理的業者送寶石來鑑定，明哲保身的鑑定師多半會以鑑定機器故障無法找到證據、沒辦法開立證書為由，加以拒絕，避免惹禍上身。

開設一家鑑定所，購買基本鑑定儀器設備大概需要 30 萬元左右，加上辦公室租金、水電費、網路費、稅金等基本開銷一個月至少要 3 萬，如果請助理至少也要 2.5 萬，這些還不含自己的薪水。如果要買大型的鑑

定儀器，視機器本身廠牌與功能不同有所差異，如紅外線光譜儀約要 100 萬元左右；拉曼光譜儀從 70~300 萬元不等。如果沒有業者或是珠寶公會配合，光靠散客送鑑定是很難生存下去的。

臺灣大多數的鑑定師基本上都有開課，每一學期或一個課程（半年左右）費用大約 2~3 萬元。除了有色寶石鑑定與鑽石分級課程外，有些會有珠寶設計、金工、蠟雕、中國結、勞力士鑑定、串珠、古玉鑑定、翡翠原石鑑定（賭石，在翡翠外皮開一小窗口，來判斷翡翠內部綠顏色的走向與均勻程度）等課程。若要開課必須有寶石標本，通常有色寶石就要 20~30 萬元不等，鑽石標本就更難以估計。有些寶石標本不是花錢就可以找到，得費上一番功夫。

以現在的景氣趨勢，想學寶石的消費者，不是上 GIA（美國）、FGA（英國）、GIC（中國大陸）等課程系統，不然就是花小錢上社區大學、YMCA 的寶石學課程。如果通過教師評選，應該還是有前景。2014 年起珠寶鑑定在電視節目上發光發熱，許多鑑定所接單量大幅成長，這是鑑價節目興起帶來的珠寶鑑定熱潮，相信許多消費者因此瞭解不少珠寶知識。筆者身在一線當然也要傳遞正確珠寶知識，不然就枉費了大好宣傳寶石知識的機會。

◆ 開銀樓或珠寶店

臺灣大約七、八成的銀樓與珠寶店都是「世襲」，從臺灣光復後，爺爺傳給爸爸，爸爸再傳給兒子，現在大多是第二代或第三代在經營。有些是 1980 年代，專營黃金、翡翠、珊瑚與淡水珍珠的商人、金工師傅或者是早年磨臺灣玉與水晶的師傅，賺到錢後轉型開店；少部分是進口商或華僑，在國外開礦（緬甸、巴西、泰國、哥倫比亞、日本、中國大陸等）或者認識當地礦主，便宜採購進口回臺灣開店販售。

開銀樓或珠寶店是一個高風險，但有機會高獲利的行業。進貨時若是看走眼，沒注意寶石顏色深淺與色調問題、沒發現瑕疵、款式過於老舊、進貨價錢高過同行、買到優化灌膠處理或染色珠寶，或遇到最新技術處理的優化寶石，是根本找不到賣家退貨的，只能自認倒楣。沒有珠寶專業知識與經驗，就會如一句臺語俗諺：「輸到脫褲子！」因此開店

前千萬要三思，不要看人家賺錢，就興沖沖地跟進。

　　受過專業寶石知識訓練的學員若要開銀樓與珠寶店，應把正確的珠寶觀念傳遞給消費者。多認識一些從事相關行業的同學與學長姐，一方面可以互相調貨，降低庫存壓力；另一方面哪邊進貨便宜、哪邊品質較好、哪種貨賣得好、哪種貨滯銷，甚至銷售技巧與金工師傅哪一個技術好，都可以從中取得消息。如有國際寶石鑑定師執照加持，對於開店取得消費者的信任都有正面的影響。

　　這兩年來，印度、中國、巴西的崛起，黃金的消費不斷提升，帶動國際黃金價錢節節高升，因此，想開一間銀樓的門檻也跟著提高。光展示與庫存的黃金，如沒有 2,000~3,000 萬元的資金恐怕沒有辦法。另外，也要有 100~500 萬元的現金周轉，用來回收舊黃金。此外，還要提供免費修改戒圍，清洗戒指與舊金換新金的服務，都是必須計算的成本。若要兼賣鑽石與寶石，除了對寶石的精準眼光外，也必須再擔負一大筆成本。

　　開設銀樓或珠寶店更要考量保全這一環，每年都有很多銀樓或珠寶店被搶，所以要設定消費者無法打開的自動門，住家與店面盡量分開，每天都要把黃金珠寶放到保險箱內，保險箱最好有定時開關，隨時與銀樓公會保持聯繫，瞭解哪些人拿假黃金、假鑽石來賣。如果不幸遇到歹徒搶劫，一定要以自身安全為第一考量。此外，店租、裝潢與人事等成本也不能忘，在臺北市店面租金一個月至少要 10 萬元起跳（看坪數與地點），裝潢與設備也要 200~300 萬元。如果雇用兩位職員，每個月至少也要 5 萬元，這還不算請會計師的費用、稅金、水電費及保全費。

　　若是開一家珠寶店，看經營規模大小與賣的珠寶種類與等級，珠寶備貨至少也要 500~2,000 萬元的資金。如果是大型的珠寶店，賣鑽石、彩鑽、高品質紅藍寶與亞歷山大石、金綠玉貓眼、玻璃種老坑翡翠手鐲或蛋面戒指、14mm 以上的南洋珍珠（白色、金黃色與黑色珍珠）套鏈，光是這些珠寶的價值，以玻璃種老坑滿綠手鐲就要超過 1 億元，其他的寶石單件往往都要百萬以上。開業前，應先衡量自己的財力。

　　有一些協力廠商會來寄賣貨品（前提是自己也向對方進貨，有金錢交易過），像是 1 克拉以上鑽石、彩鑽與高檔的紅藍寶石、南洋珍珠、翡翠、大克拉的丹泉石等，最重要的是自己信用好、商譽佳、生意好，協力廠商才願意提供珠寶寄賣，這樣開店的資金壓力就不會那麼高。

　　開珠寶店或銀樓最好有地緣關係，要有親友來支持，如果店面附近

有公司行號或是公家機關團體，中午出來吃飯會順便逛街看貨，久而久之就會成為老主顧與好朋友。過路客也很少一看喜歡就進來買，往往都是來打聽價錢，很多人要問三、五次以上才可能成交。如果周轉資金沒有辦法撐過一年的過渡期，那就要慎重考慮是否該開店了。

珠寶店是否成功，一位美麗的老闆娘是非常重要的。很多人買珠寶都是看上老闆娘身上佩戴的珠寶，相信老闆娘的眼光。此外，消費者的審美觀提升，寶石教育的普及，網路資訊的快速流通，都大大提高消費者的品味，因此珠寶業者必須隨時注意國際珠寶流行趨勢，精挑細選出高品質的寶石，加上精緻典雅的珠寶設計款式與手工細緻的金工鑲嵌，最後加上完善的售後服務，才能獲得消費者的青睞。

銷售寶石時，一定要站在消費者的立場，不要硬性推銷，如果取得消費者信任，通常都會再來光顧，甚至拉親朋好友與同事前往消費，這就是人脈的累積，做出口碑來。如果消費者有寶石品質疑慮或是款式修改問題，都要好好溝通與服務，以顧客至上，這才是珠寶店經營的必勝之道。

◆ 經營網路拍賣

以我自己為例，我在網路拍賣上主要販售寶石裸石或原礦，有多達30~40種不同種類與切工的寶石，讓消費者用幾十元到幾千元的價錢，不用出門就可以蒐集到不同種類與產地的寶石。大多數的買家是對寶石有興趣買來收藏的；有些是金工業者買裸石鑲嵌成成品販售，或是初學金工的學生買來練習用；有些是珠寶業者幫客戶找寶石，也有設計師要找一些特殊切工或流行寶石及小配石。這當中有七成的消費者會重複購買，有些低價得標後又在自己的網路賣場出售，少部分的消費者是好奇買來自用或送人。年紀輕的只有國小，因為有興趣請家人幫忙代標；年紀大的有六十幾歲退休長者，當做興趣買來收藏。

剛開始經營網拍寶石，前半年如果有1~3萬元的利潤就算很不錯了，想要超過5萬元以上的收入，必須累積一定的好評價。另外，產品品質要有一定水準和稀有程度。至於，經營網拍會不會虧本？

如果定有底價，最多就是花費時間人力及少數的成交交易稅金。每

一個拍賣平臺收取費用不一定，以奇摩為例早期基本刊登費用 3 元，成交後另收 4% 服務費。賣出 1,000 元，就是要交給奇摩 3+（1000×4%）=43 元，而有些平臺甚至不收取任何刊登與交易服務費用。這樣算不算虧本？

　　寶石網路拍賣所需的資金是珠寶業裡最少，知名度最容易擴展的方式之一。不需要開店租金與人事成本，也不一定要有辦公室，在咖啡廳或家裡，只要有一部手提電腦與無線網卡，就可以做起網路生意。基本配備需要一臺高品質可近拍的數位相機，約 3~5 萬元；簡易攝影棚與燈光設備約 1,000~3,000 元；寶石進貨成本，小規模資金約 5~50 萬元，大規模資金約 100~1,000 萬元（可能配合工作室與實體店面）。經營網拍寶石致勝關鍵就是：便宜又多種款式的貨源（如果有多個業者提供庫存貨寄賣，免壓成本最好）。

　　網路拍賣需要慢慢累積信用評價，要耐心回覆顧客問題，遇到不理智的消費者也要有智慧面對。賣家需要專業與誠信，回答問題不能模稜兩可，避重就輕。遇到買賣糾紛，如寶石顏色與照片不一樣、瑕疵沒有標示清楚、寶石大小比例與實際認知相差太大、鑑定結果與刊登內容不符合、一時興起買太貴、買太多被家人罵、月底支出太多而不想買了、消費者錢匯出沒收到貨、收到詐騙集團電話等，要好好溝通，不要口出惡言。就算是買方理虧卻要求退貨，為了好評價大多數都會接受退錢。根據我的經驗，約有 1 成的消費者下標後會棄標不付款或退貨，賣家通常要有心理準備。

　　網拍上 po 的照片好壞是勝負一大關鍵，當然文字說明與美編也必須精心設計。「關於我」的部分，更要把自己的專業詳細敘述，讓買家更瞭解賣家的經歷。

　　想投入寶石網拍的朋友，不論是寶石成品或裸石，就是要找到最便宜且容易取得的貨源。剛開始拍賣可以用 1 元起標的方式衝人氣，但不論結標多少價錢都要保證賣出，每天成交若在十件以上，在短期內（3~6 個月）應該可以快速累積評價與人氣。但如果以標示底價來賣（即使標的是買寶石的本錢），往往一個月也賣不到三件。如果這樣，大概只能當作兼差，白天要有正式工作，晚上或假日來經營網拍。

　　網路平臺很容易比較寶石行情，如果賣的是到處都可以買到的珠寶，利潤就相對減少，適合出清貨底。寶石網拍低檔價位多在 50~500 元內，也是最容易成交的；500~3,000 元算是中檔價位；中高檔價位在 3,000~30,000

元；超過 3 萬元以上，不管是否 1 元起標，都比較難有人下標。很多高檔的寶石或鑽石，超過 5 萬或 10 萬元，買家通常不會在網路下標，會要求面交看現貨。

寶石網拍瑣碎的事情相當多，適合剛學珠寶的年輕朋友，最好要有攝影與電腦修圖技術，適合個人專職或兼職，等規模大了，再找 1~2 人來協助前製作業與出貨、回答問題與評價。怕繁瑣的人奉勸不要走這一條路，而且如果不能堅持一年的時間，也不太可能做出好業績。套一句廣告詞：「持續做，不中斷，天天有結標出貨，就可以看見效果。」

根據調查，網路拍賣商機無限，光中國大陸淘寶網在 2010 年粗估就有 1,000~2,000 億元人民幣市值，年輕人消費的形態轉變，在家購物的浪潮興起，未來十年網拍的消費金額更會倍數成長。您不一定有錢在臺灣或中國大陸開店或連鎖店，但是只要申請一個拍賣帳號，您就是全世界人人可以搜尋得到的網路賣家。

◆ 在飯店或百貨公司設立專櫃

在飯店或百貨公司設櫃的珠寶店，大多為鑄模工廠業者或連鎖、自創品牌業者。在飯店或是百貨公司設櫃，一般要 3~4 成的業績抽成，如果知名度不夠的品牌業者有可能無法設櫃，只能直接與樓管談每個月固定租金租攤位。

百貨公司人潮穩定，尤其是遇到週年慶、母親節、父親節、西洋情人節、七夕情人節、聖誕節等節日，都會舉行拍賣會衝高人氣與買氣。消費者的觀念是百貨公司與飯店內的珠寶，品質上絕對會比銀樓來得好，因此也願意花多一點錢消費。

百貨通路通常不適合剛踏入珠寶業的朋友，因為通常珠寶款式要隨季節變化，因此要通路跑得快，如果本身是金工師傅或者是經營過鑄模工廠，對市場的敏感度高，經營成功的機會才能增加。如果是做飾品就簡單一點，可以在泰國、中國大陸或韓國批貨，貨品資金也不需要太多（50~100 萬元），唯要隨時注意季節流行的款式。在泰國或中國大陸有很多臺商都是接歐美訂單做銀飾品起家，二十幾年下來累積了好幾十億到上百億的身價，工廠員工高達幾千到上萬人。

◆ 在夜市、菜市場或熱鬧商圈擺攤

在夜市或菜市場擺攤的大多數是經營翡翠、古玉、天珠、水晶與碧璽類、淡水珍珠、琥珀、銀或銅飾品等，經營成本可多可少（5~50萬元），租金相對也比較便宜。在國內批發進貨，只要攤位地點好、長時間經營人脈、良好的互動、會招呼客人，就很容易成功。

此處主要的販售對象是婆婆媽媽、阿公阿伯，有些婆婆媽媽每天省下一些買菜錢，就是要買一個漂亮的手鐲或是珍珠項鏈來戴；有些孝順的子女也會買一些水晶手鏈送給爸媽保平安；男朋友會在這裡找天珠或碧璽來送給女友當生日禮物。只要老闆有自己獨特的氣質與妝扮，往往都會吸引顧客自動上門。

販售的產品售價大概從幾百到兩、三千元，品質也不需要太高檔，不在乎真假，只要款式新穎大方，搭配衣服搶眼，符合對方的預算就可以。

若在熱鬧商圈例如臺北西門町、SOGO百貨、天母商圈附近巷子擺攤，租金並不便宜，大多是販售年輕族群喜愛的銀飾品居多。這些飾品除了一些基本款外，就是要有特色與魅力。自己的穿著與打扮也是重點，可佩戴自己賣的飾品展現特色。若是有時下最流行的偶像韓劇主角與歌唱團體該有的配飾款式，就更加吸睛了，如美國影集《慾望城市》女主角莎曼莎身上佩戴的英文名字項鏈，深受20~40歲學生族與上班族的喜愛，不論是在網路上或實體店鋪都有很多訂單，一條項鏈從3,000多元削價競爭到1,000多元都有。另外時下辣妹基本配備肚臍環與舌環也相當熱門，一個從幾百到一千多都有。不同款式的十字架也是時下年輕人的最愛，不分男女老少，不分宗教，是飾品界的常勝軍。一些少男則偏愛古怪的骷髏頭、刀劍等飾品。只要是週末假日，這些商圈總是人山人海，人潮就是錢潮，一個月利潤在10~20萬元，時有所聞。

◆ 在公家單位或企業團體福利社擺攤

公家機關與企業團體福利社是不容忽視的戰場。通常需要有親友介紹才可以進去擺攤，也可以主動向各企業福利委員會詢問擺攤事宜。

福利社常見販售翡翠手鐲、玉佩、各種有色寶石珠寶成品、天珠與水晶碧璽類、珍珠類、銀飾品等。由於公教人員或上班族收入比較穩定，只要款式漂亮就會吸引他們的目光，成交率相對高，售價從幾千到三、五萬都有，但對品質要求高，在意寶石的真假。

很多 40~50 歲的職業婦女收入穩定，每個月可支配的金錢高，加上股票獲利等因素，每個月花 1~3 萬元買珠寶都不成問題。

一般在這裡購買珠寶的男生都比較偏重養生與招財的因素，女生大多偏愛健康、招桃花、防小人與避邪的珠寶。如果能夠固定在幾家機關福利社擺攤，也接受客戶的訂單做戒指或墜子，在同行中幫他們找需要的寶石，會有不錯的收入。成本的部分大概是擺攤時須繳幾百元的清潔費，寶石成本則視等級與種類而定，從幾十萬到上百萬元都有。

◆ 在全臺各地玉市擺攤

臺灣各地玉市很多，裡頭賣的東西五花八門，主要有翡翠、古玉、水晶與碧璽類、有色寶石裸石與配石、貴重珠寶設計款、K 金項鏈類、飾品珠寶類（假或合成寶石）、風景石、壽山石、化石、礦石、天珠、淡水珍珠、南洋珠、珊瑚、琥珀、中國結、珠寶盒、鑑定儀器與珠寶雜誌等。

這裡批發與零售都有，很多老闆都是大老闆，有些專門跑各地玉市，也有些是平常有職業，假日來兼差，更有些是自己去中國大陸、香港、泰國、日本等各地買貨回來做生意。別看不起這小小一桌，有些賣高檔翡翠、有色寶石、珊瑚、南洋珍珠等，少則上百萬，多則上千萬元。

在玉市擺攤的攤商間，通常是親戚關係，有夫妻、兄弟姐妹、叔姪、妯娌、父子、母女檔，有些是情侶或同學檔，因為珠寶單價高，必須要有可以信賴的人彼此相互支援與照顧。景氣好的時候，小小一個攤位可以讓人買高檔轎車，買樓房更不用說了。景氣不好時，賣家比買家多，看貨的比買貨的多，有時候還會「摃龜」，一天下來賺個幾百或千把塊，閒閒沒事就三五成群，打打撲克牌、下下象棋，也有人會上上網，或到處去串門子，形成一個社交圈。

早期在這裡擺攤的業者，大多沒有受過正式寶石學教育，都是無師

自通或攤商之間經驗相傳，遇到問題寶石，大多找鑑定師幫忙找出答案，但是他們對寶石的品質與價錢精通得很。這幾年才漸漸有一些較年輕的業者接受各種寶石教育，因為現在的消費者很多是業餘高手，不乏是受過 GIA、FGA、GIC、GII 訓練或是各地寶石教育機構出身，有些消費者也會上網找資料，有備而來，問的問題千奇百怪，如果沒有兩把刷子，很容易被識破。

大多數的攤位都是固定位置，並不是隨時都可以去擺攤（只有少部分臨時攤位），有時會重新抽籤。有人說戲棚下站久就是您的，因此在玉市擺攤要有決心，除非出國補貨，不能經常缺席，久而久之消費者就變成老主顧，變成您的財神爺。

有人說「買貨無師傅」，各種寶石並無一定行情，每個人的眼光也不一樣，總歸一句，要在玉市裡生存，就是要勤補貨、薄利多銷、講信用、不積欠貨款、建立個人商譽。這圈子很小，哪個人信譽不好跳票，馬上就傳遍整個圈子，日後想要再向同行調貨就很難。

若想在玉市擺攤，可以當副業，也可以專職當主業，資金最少也要 30~50 萬元，多則幾百萬、千萬元不等。

◆ 在全臺跳蚤二手市場擺攤

大多數會去跳蚤市場買珠寶的人，就是要撿便宜。在這裡可以看見水晶玉髓類、礦石、天珠、琥珀、古玉、淡水珍珠、銅或銀飾品類、葡萄石、青金石、月光石、低檔的翡翠或染色翡翠等寶石。想在此擺攤，必須先找到比市價更便宜的貨品，比如公司或工廠的倒店貨、家裡收藏的東西，當然要小心不要買來源不明的銷贓貨品。

二手市場的寶石售價便宜，因此不會有人在意真假、有無優化處理。在這裡沒有賣不掉的貨，就看價位有多便宜！我有個朋友在跳蚤市場擺攤，勤勞一點一個月利潤有 3 萬多元，多一點有 5 萬元左右，又不用看老闆臉色，非常適合年過 40 歲，不容易找工作或是想兼差賺外快的人。資金僅須 3~5 萬元，邊賣貨邊進貨，比較沒有資金壓力。

有人會在二手市場兜售自己不用的東西，此時也可以便宜收購。如果能買到賣家不識貨賣出的高單價珠寶，那就發財了！不過這行是靠天

吃飯，下雨天沒人去逛，大熱天一身汗，也會喪失鬥志不想出門做生意。由於跳蚤市場大多只有半天，剩下的時間建議可以兼著做網路拍賣。臺北知名的跳蚤二手市場有三重橋下、永和福和橋下、天母假日創意市集。

◆ 跑街（銀樓與珠寶店）

　　跑街，臺語俗稱「跑大路」，早期是指跑黃金與翡翠的單幫客，現在就是賣各種珠寶都可以稱跑街。一般單幫客會到曼谷買有色寶石、在斯里蘭卡買藍寶石與金綠貓眼、到緬甸買紅寶石與翡翠、去新疆買和田玉、到廣州買翡翠、往日本買珍珠、在非洲買鑽石或礦石、去大溪地買黑珍珠，在南非、以色列臺拉維夫、印度孟買、美國紐約、比利時安特衛普等地買鑽石、到巴西買水晶與碧璽、去哥倫比亞買祖母綠、到澳洲買蛋白石、在義大利買 K 金鏈，或直接在世界各地珠寶展買寶石、戒臺或現成的成品。

　　通常跑國外要有當地人或熟人帶路，除了語言問題外，也要注意錢不露白，往非洲以及一些未開發國家更要注意瘧疾等傳染病。到國外買貨金額高，因此寶石的專業知識相當重要，有時候要透過仲介才有辦法保障寶石的品質。另外，高單價寶石也可以送去國外知名的鑑定所 GRS 或 GIA 鑑定，以確保其真假與價值。

　　國外買貨通常都有固定配合廠商，一開始除了朋友介紹外，必須花點時間自己去摸索，才能找到配合度高、寶石種類與等級、款式與價位合理的業者。通常出國買貨短的話在三到七天，久的話要半個月到一個月。出國買貨回臺灣後，有些人固定跑一個區域，比方說大臺北，有些人則全臺跑透透。

　　以跑翡翠或有色珠寶為例，剛開始大概要準備 30~50 萬元左右，慢慢建立商家信任後，逐漸增加投資金額。業績好的時候，一個月跑兩次泰國補貨是很平常的事，要是遇到景氣好、股票高點時，兩、三年左右就有資金開店當老闆了，但是萬一遇到不景氣、股市低迷，買來的貨「不對莊」（通常是寶石顏色偏掉、看走眼），恐怕賠本也要賣出。

　　跑街很辛苦，風吹日晒雨淋，但這些寶貴經驗都是日後成為大老闆的人所津津樂道的。有企圖心的朋友可以嘗試看看跑街，一些細節要注

意：看到店家有客人來時千萬不要自顧著介紹產品，要讓店家先做生意；要有被店家趕出去的心理準備，並非每一家店家都很和善；要多微笑，穿著端莊，不厭其煩地介紹，勤於拜訪。

拜訪店家時，要充分瞭解店家需要，互相分享各方面相關資訊，特別要記得是老闆還是老闆娘決定進貨，回家後要記錄與店家的交談內容或老闆特徵，店裡賣的商品的特色，老闆的興趣與專長等。店家很少第一次就向您進貨，通常跑三～五次是很正常的。跑街沒有不二法門，勤跑勤拜訪就是，當有一天進去店家老闆會話家常、請喝茶，大概就成功了。

通常店家一大早開店未開市前，比較不希望花錢進貨，另外臺灣店家有七成以上都是開票付款，做珠寶的人都知道，沒被倒過帳的，就是生意做太小。

◆ 做電視購物

2000 年左右是臺灣電視購物的黃金時期，從早期賣紅藍寶石、鑽石、紫水晶晶洞、銀飾品、琥珀、翡翠手鐲與墜子、葡萄石、綠與藍色琉璃、紅與綠碧璽、臺灣玉手鐲、拓帕石、珊瑚、日本養珠、南洋珍珠、黑珍珠，到現在最時髦的丹泉石與鋰輝石等，從早期只要臺灣證書，到現在都要附上 GRS 或 GIA 證書。

每一次上課我都會調查，有買過電視購物臺珠寶的請舉手，20 位學員裡一般有 5~6 位舉手，還不包含不好意思舉手的。問他們為什麼會在電視購物臺買珠寶，他們的回答都是：因為看起來非常閃亮，便宜又有贈品，還可以分期刷卡並附發票，更重要的是，不滿意包退或換貨，不用出門也不會不好意思。由這個簡單的調查不可諱言的，電視購物臺已搶走了傳統銀樓與珠寶業者一半以上的生意。

由於消費者眼光愈來愈高，除了比價錢也比品質，稍有不滿意就會退貨。因此若要投入電視購物臺的戰場，通常必須要有珠寶業經驗，最好自己有能力從裸石挑選到製作成款式為止（自己有工廠製作能力），同時也要有不同管道通路來銷售庫存的貨品。因為與購物臺合作，大多數的貨品都要先買斷，備貨依照約定必須有 20~100 組。賣得好臨時增加，

還得緊急找貨，天然寶石有時候不是說有就有，如果找不到寶石算違約，還要接受罰款，壓力不小。

　　通常購物臺要求的珠寶都有一定重量，只能多不能少，重量愈大當然就會吃掉利潤。另一方面，購物臺給的是 3~6 個月的支票，但每個月買裸石要給現金、K 金與金工師傅的費用、設計師費用、打版費用、員工薪水、購物臺講師費用（御駕親征免費），還有稅金與發票的問題，如果沒有雄厚的資金，恐怕很難周轉得過。

　　上購物臺前，有前製作會議三次，與製播及主持人討論流程，還要準備相關的資料（寶石產地、不同廠商比價錢、流行款式、公司的規模等）。所有寶石要經購物臺品管驗證（重量與瑕疵），K 金成數不能不足，公司還要有免付費專線、準備贈品、改手圍大小、退貨包裹快遞費用（有時候兩、三次換貨）。當場賣得好，大家都鬆一口氣，開心慶祝；賣不好，除了自己有壓力外，檔期過後也要開檢討大會。此外，三更半夜現場錄影是常有的事，這些都是做電視購物臺的甘苦。

◆ 賣親朋好友

　　許多人學完珠寶，不論是參觀珠寶展還是逛玉市，看見喜歡的珠寶就買來收藏或佩戴。親朋好友知道了，就會拜託幫忙挑選購買，久而之，便加入經營珠寶的行列。因為是業餘的興趣，利用私房錢或退休金買一些自己喜歡的珠寶，然後轉賣給親朋好友，即使沒有賣掉，自己佩戴或收藏也非常開心。

　　通常這樣經營比較沒壓力，如果愈做愈好，也可以考慮開店面。如果不想做得太累，那就當興趣來經營，最適合家庭主婦與退休公務員、軍公教人員兼職。我有個大學同學在大學時代就是寶石研習社社長，現在銀行體系上班，同事知道他有地質背景，又有研究寶石，每逢母親節、情人節或想找結婚鑽戒，就會委託他幫忙選購。這樣下來，一個月平均有 1~3 萬元的收入，除了可以服務親友外，也可以增加自己收入，何樂而不為。

◆ 複合式經營

複合式經營的模式不是每個人都適合，需要有專業的寶石知識外，還得有美感、鑑賞能力與品味，更重要的是高超的交際手腕。以我的一個學生為例，她原本是賣日本進口服飾，常常跑日本買衣服，她的客群多是 40~60 歲的職業婦女或是醫生及當地地主。由於已經建立好豐厚的人脈，加上她眼光獨到，挑衣服很對客戶的胃口，因此她出國前就有很多客人匯錢給她，請她帶衣服回來。對於每一位客戶的身材體型與愛好等，她都瞭若指掌，帶回來的衣服從不需要客戶擔心，這一包有三套衣服就是給王太太，那一包兩套給李醫生，這兩套給李小姐的女兒，若是稍有尺寸不合，再幫她們修改。

後來因為興趣，她來社區大學學寶石學，之後每次出國買貨回來，就會打電話通知這幾位貴客來挑選，「這 4 克拉的沙弗萊給王太太做墜子，再幫您量身訂作款式。」「這一顆 3 克拉緬甸紅寶給吳小姐，這一顆 10 克拉的哥倫比亞祖母綠給陳媽媽，幫您挑選獨一無二的造形款式。」就這樣，每次選購回來 5~10 顆寶石，不到一個禮拜就賣光了。她說現在寶石賣得比衣服還要好，利潤也多。門口沒有招牌，客人殺價就不賣，巷口的珠寶店老闆娘常常投以羨慕的眼光，就是搞不懂她是怎樣賣珠寶。

除了服飾業外，美容、美髮、瘦身、SPA 養生館等行業，常有機會接觸老客戶，如果這些客戶能選購您的珠寶，相信生意不好也難。

◆ 投資型

有些人因興趣單純來學寶石，除了認識寶石種類外，也提升寶石的鑑賞能力，在挑選寶石找特殊、稀有、大顆、乾淨、切工完美、火光佳等條件。有時候工作累了，就拿出來觀賞，摸摸它，欣賞它。與朋友聚會泡茶喝咖啡時，三五同好一起共賞。

我的一個朋友，不抽菸不喝酒，也不玩股票期貨，他專收玻璃種的翡翠、1~2 克拉全美鑽石、20 克拉以上的丹泉石、50 克拉以上的紅寶碧璽、30 克拉以上的海藍寶、30 克拉以上的雙色碧璽，只要價錢便宜他都收購。因為從事科技產業，每一年會有固定配股，他就拿來買 1~2 顆寶石犒賞

自己，十幾年下來，珠寶盒裡已有為數可觀的珠寶。他認為買一輛賓士車花 300 多萬元，開十年要花 100~200 萬元加油、停車、保養、保險、修理、繳罰款，還要擔心車子被偷，十年之後車子剩餘價值不到 30 萬元。但是如果他一年花 30~50 萬元來買珠寶，十年下來，寶石不會生鏽爛掉，還會升值！

他十年前買了一顆 101 克拉的紅寶碧璽，花 20 萬元，現在至少有 80 萬元的價值。這一陣子中國大陸搶碧璽搶得很凶，我還一直提醒他賣掉可獲利不少，他說這一顆紅寶碧璽陪伴他十年，已經有點感情了，像是自己家人，現在吃喝都不缺錢，沒有打算把它賣掉。相信看到這裡，就知道投資的竅門了，找自己喜歡的寶石，花一年時間，找一、兩顆寶石都值得。

求職

◆ 連鎖珠寶店、銀樓、百貨公司珠寶專櫃與水晶礦石、飾品批發店

連鎖珠寶店需要高級主管與基本銷售員。高級主管除了要有 GIA 與 FGA 的基本學歷外，大多要有一般珠寶店的銷售經歷，會說流利的英、日文與臺語，當然男的高姚有型、女的甜美有氣質，更是業者的首選。高階主管負責整間店的業績，雖然月收入十萬到數十萬元以上並非難事，但責任與壓力大，且要應付各種有個性的大客戶，更得有很好的 EQ，不能得罪客戶，時時刻刻都得上緊發條。

至於銷售人員方面，大多數的傳統銀樓業者都是找自己家人或親戚幫忙看店。通常會應徵銷售人員的都以連鎖銀樓與珠寶店為主。高級的珠寶店通常要求銷售人員需要有鑽石與有色寶石知識，大學畢業。若有 FGA 或 GIA 文憑，看有無經驗，通常底薪在 2.5~3 萬元左右，銷售業務都有業績獎金。如果只是一般私人鑑定班結業，通常底薪約 2~2.5 萬元。應徵珠寶從業人員，很多店家都要求有保人，如果沒有保人或是親戚朋友關係，還不容易進到這一行業。

當銷售店員最必須注意的是客戶順手牽羊，也要提防鑽石被掉包。

搞丟寶石通常都要賠償，每一家店都有不同的規定，盤點與交接時要非常小心，不然月底不僅領不到薪水，還要掏腰包出來賠。我有一個朋友在店裡搞丟一顆 1 克拉鑽石，後來還告上法院，最後是以分期付款方式，按月賠錢了事。從事珠寶業除了專業外，就是細心與有責任感，再者就是勤勞肯吃苦，不管客戶多麼刁鑽，都要微笑以待，這樣做任何生意都會成功。

傳統當鋪都是自家人看店，只有連鎖當鋪才需要人手幫忙。當鋪收的珠寶主要是鑽石、鑽錶、黃金、翡翠、珍珠等；少部分有專業經驗的當鋪才會收祖母綠、紅藍黃寶石。當鋪最怕收到假黃金與假鑽石（莫桑寶石），雖然各家在職訓練不斷地教導，但是每一年被騙的案例還是多不勝舉。在當鋪工作，每天接觸的東西五花八門，可以學習的東西也相當多，有時候沒客人會比較悠閒，可以看看書、找資料充實自己的專業知識，至於薪水方面通常在 2~3 萬元之間。

◈ 珠寶鑑定所或教學中心

在珠寶鑑定所教學或鑑定，應該算是學以致用。很多學完寶石的朋友久沒碰書本，沒幾年就忘得差不多了。如果繼續待在鑑定或教學單位，可以持續接觸相關業務，當然很多寶石知識也應該不會忘記。以國外知名鑑定教學中心為例，通常師資也是聘請國外畢業回國的學生，在薪資方面也會比國內鑑定所優渥許多（國內鑑定教學中心約 3~4 萬元左右）。我的一位大學同學畢業於美國 GIA，目前在臺北 GIA 教學服務；我的一位學姐當過 GIA 校友會長，曾任知名珠寶雜誌編輯，目前是知名珠寶作家兼購物臺講師；另一位學妹在電視購物臺當品管主任；一位研究所學弟在社區大學與電視購物臺當講師及珠寶鑑定師，相信未來會有更多專業人才投入珠寶工作，讓整個珠寶鑑定與教學素質提升，這是大家樂見的事。

◆ 大專院校珠寶技術相關科系

目前國內已經有數所大專院校成立寶石技術相關科系，如果本身有碩、博士地質背景，再加上有 FGA、GIA 或 GIC 等學歷，以及良好的人際關係，都可以毛遂自薦去應徵。薪資是依學歷與應聘資格而定，也要看是專任還是兼任教師。

◆ 電視購物臺講師

目前臺灣的購物臺有東森、富邦 MOMO、VIVA、U-LIFE 等，最早是由東森開始，迄今已經有十多年歷史。電視購物臺的開播，打破了臺灣消費者購買寶石的習慣，在購物臺最熱門時期，一檔半小時左右可以賣出一百組寶石，這樣的行銷手法已經讓很多傳統銀樓業者無法生存下去。早期購買珠寶都要親自去參觀挑選才能夠安心，現在電視購物享有七天鑑賞期，而且無需要任何理由就能退貨，加上可以刷卡分期付款，讓消費者趨之若鶩，每年的銷售額都是以倍數成長。因此電視購物臺的講師，也成為學寶石後一個很好的出路。

廠商指定的講師看名氣，一場至少 1 萬元以上；剛踏入購物臺的講師，一場約 3,000 元。講師除了要有專業知識來介紹寶石外，更要有口條與風趣的肢體動作，以打動消費者的心。購物臺講師應站在中立的立場幫消費者把關，消費者是相信講師的專業與形象才會打電話訂購。講師雖然拿的是廠商的錢，心中的一把尺卻要拿捏得準，不可以只是為了賺錢，罔顧消費者權利，這樣信譽遲早會破產，準備換工作走人。

◆ 珠寶店或鑄模場業務

珠寶店批發寶石需要業務幫忙跑街，跑黃金、K 金項鍊、鑽臺、珠寶成品、鑽石、紅藍寶石、翡翠、日本珍珠、南洋珠與黑珍珠、有色寶石等。跑街不需要自己出資金，對於剛學完課程的朋友是很好的磨練。然而跑街是非常辛苦的工作，而且具高危險性，隨時有被歹徒盯上的可能，因此跑街通常都是兩人一組，比較有照應。

當業務非常辛苦，開車在市區停車不方便又怕被拖吊；騎機車夏天超熱滿身汗、冬天超冷凍得不得了，遇到下大雨還淋得滿身濕。陌生店家生意不好做，常常會被趕出去，如果本身沒有業務經驗，大概跑不到一個月就投降了。

跑街需要非常小心，貨品要點清楚，注意不要搞丟或被偷。我的朋友曾將一包貨放在車上，自己下車去吃飯、上廁所，沒想到半小時左右車窗被敲破，整袋珠寶都不見了！

跑街有一些小技巧，當店家有客戶在看貨時，千萬不要進去。店家早上一開門還沒開市也不要進去。很多店家都會開票，另外也有店家要寄賣，有時候跑好幾趟也沒成交，回去難免會被老闆念一下。運氣好支票兌現，運氣不好店家關門跑了，還要負擔部分貨品的費用，沒賺到錢還欠了一屁股債，不得不小心。

跑街通常有基本底薪，加上一些津貼與獎金，景氣好時勤跑的話一個月拿個 5~10 萬元沒問題，甚至更高。跑街久了，賺了一些本錢，很容易轉行自己當老闆，因為認識店家，知道老闆需要哪些貨、哪種價位，便開始自己跑國外珠寶展、中國大陸與泰國買貨。找兩、三個業務合資組公司或獨資，3~5 年後就可以有一間稍具規模的公司了。不怕苦的年輕人，建議可以先跑街跑個三年磨練磨練，也對賣的珠寶多點認識，不論是品質與價位摸清楚，總有一天會出頭當老闆。如果不想自己當老闆擔責任，跑街養一家大小沒問題，也不用擔心庫存與珠寶款式新舊，更不用發愁發不出員工薪水，而且現在跑街大多週休一日，假日還是有時間陪陪家人，是不錯的選擇。

附錄二

發揚臺灣珊瑚文化
——綺麗珊瑚博物館

（本文由綺麗珊瑚提供圖文資料，筆者整理。）

　　許多大陸遊客到臺灣旅遊都會想要帶有特色的產品送給親人，其中最值得收藏的臺灣特產大概就屬紅珊瑚了。綺麗珊瑚是兩岸最大的專業珊瑚品牌，2013 年在臺東成立了世界最大的寶石珊瑚博物館，若對珊瑚有興趣的朋友，非常值得來此一遊。

　　在珊瑚博物館裡，進門就可以看到好幾十棵千年珊瑚樹，這些珊瑚樹幾乎都是臺灣二、三十年前被日本人買去的珍寶，在綺麗珊瑚洪董事長多年奔走與友人資助下，又回到了臺灣。館內亦展示臺灣珊瑚產業近百年的發展史、世界各國珊瑚產地圖及各國珊瑚百年藝品收藏展，都甚具教育功能。

綺麗珊瑚的歷史

　　臺灣是目前全世界最大、最優質的珊瑚產地。每年有將近 80% 的珊瑚出口，而珊瑚雕刻師傅高超技藝也令人嘖嘖稱奇，讓人想到要買珊瑚就到臺灣，因此贏得「珊瑚王國」的美名。

▶ 綺麗珊瑚博物館。

綺麗珊瑚文化園區

地址：臺東市南島大道 502 號（利家工業區）
開放時間：9:00~14:00 預約登記入場，
14:00~18:00 自由入場
票價：全票 NT$100 元，臺東縣民、年長者、
兒童、身心障礙者另有優待。
預約專線：089-233399

▲ 珊瑚樹，綺麗珊瑚博物館鎮館之寶。（照片提供：綺麗珊瑚）

捕撈珊瑚的技術最早是由日本人引進，後來澎湖望安漁民捕魚無意中捕撈到珊瑚而聲名大噪，讓澎湖頓時成為珊瑚買賣加工基地。臺灣光復後，捕撈珊瑚才逐漸轉移到南方澳漁港，也是目前臺灣珊瑚船生產作業最多的地方。民國 60~80 年是臺灣珊瑚產業的全盛時期，在臺北後火車站重慶北路、延平北路藝品店、旅館大廳到處可見日本遊客選購批發珊瑚。然而民國 80 年後期，臺灣經濟下滑，日本遊客也受景氣影響漸漸減少，造成許多珊瑚業者因撐不下去而紛紛轉換跑道。

綺麗珊瑚董事長洪明麗女士在 1973 年創立綺麗珊瑚，原來只是高雄一家小小的傳統珊瑚加工製造批發商，蛻變成今日知名的世界級珠寶企業，只能欽佩洪女士當初高瞻遠矚的眼光與堅持到底的魄力。

「向全世界推廣臺灣最珍貴的寶石珊瑚」是綺麗公司的目標，最近十年來積極的到世界各地參加國際珠寶展覽，定期到大陸、香港、日本珠寶展覽，足跡遍及亞洲、美洲、歐洲等地。

珊瑚能開採嗎？──珊瑚礁 vs. 寶石珊瑚之差異

珊瑚礁是指生長在淺海的造礁珊瑚，通常為白色，大多在水深 20 公尺以內，水深 30~50 公尺已很少，100 公尺以下幾乎很難發現，澎湖的硓咕石與墾丁海邊就是屬於此種。造礁珊瑚生長在較溫暖的海域，約攝氏 20~28 度。電視上看到海底顏色五彩繽紛的珊瑚，其實是共生藻顏色的反

映。造礁珊瑚最大的功能是維持海洋生物的多樣化，且作為多種魚類棲息與延續下一代的地方，死亡的珊瑚礁還可以當作消波塊。美麗的珊瑚礁每年為人們創造數十億的觀光旅遊經濟價值，但因其脆弱與珍貴、生長緩慢，故受《華盛頓公約》規定為受保護物種，明令禁止開採交易。

寶石珊瑚（紅珊瑚）則是生長在水深 110~1,800 公尺的水域，淺水海域較少寶石珊瑚，僅地中海一帶有 50 公尺內即可採集到紅珊瑚的紀錄。寶石珊瑚多分布於海底的火山帶區域，海水溫約 8~20 度，需在光照度低、水質清澈、水流穩定的地帶，並有足夠浮游生物，並多附著在岩礁地形的地方生長，十年約長 1~2 公分，可真是得來不易。

不同於珊瑚礁具有造礁功能，寶石珊瑚適用於做成珠寶或雕刻藝品，目前未受《華盛頓公約》保護約束，在美國、義大利、法國、日本、臺灣可以進行開採。

主要珊瑚種類

寶石珊瑚的色澤及尺寸，取決於其所處的生長水域深度與溫度，商家分類大致上有下列幾種：

◆ 紅珊瑚

「紅珊瑚」亦稱為「阿卡珊瑚」(Aka)，擁有獨特的亮麗光澤，表面感覺被玻璃質包覆，雖顏色較濃，珊瑚本身卻不會呈現厚重感，具有獨特白心白點，常見有柱孔，目前是所有大陸客來臺首選。若是顏色偏暗紅色者，市場稱牛血紅，個人感覺像豬肝紅，價值比阿卡來得貴又稀少，並不是到處可見。阿卡珊瑚分布於日本南部以及臺灣附近的島嶼，目前是市面上最高等級的寶石珊瑚。

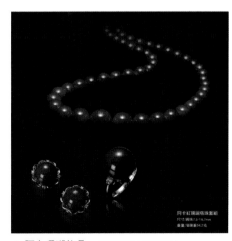

▲ 阿卡珊瑚飾品。（圖片提供：綺麗珊瑚）

▲ Angel Skin 珊瑚項鏈。
（圖片提供：綺麗珊瑚）

▲ 阿卡珊瑚戒指。
（圖片提供：綺麗珊瑚）

◆ 桃紅珊瑚

「桃紅珊瑚」(Momo) 的顏色豐富，由橘黃至磚紅，有時候一整顆也會有混色，通常整顆珊瑚枝具有白心白點。分布於日本南部以及臺灣附近的海域，是所有寶石珊瑚中產量最大的種類，珊瑚枝也比較粗，多用來雕刻製作，價錢比阿卡珊瑚便宜許多。

◆ 淺粉紅珊瑚

「淺粉紅珊瑚」，名為「Angel Skin」，即如天使或嬰兒般的肌膚，帶點淺粉紅色，目前產量十分稀少，頗為昂貴，算是歐美人士較偏好此色，價錢與阿卡珊瑚差不多。

◆ 沙丁珊瑚

「沙丁珊瑚」為深紅色，主要與阿卡珊瑚區別是沒有白色心，珊瑚枝相當細，通常都是磨成細珠子當手鏈或項鏈。主要產在義大利薩丁尼亞島，平常並不多見，價錢也不便宜。

◆ 白珊瑚

「白珊瑚」來自於臺灣附近的海域，是所有珊瑚中最便宜的，通常都是打成珠子當項鏈，或者是雕花當配件。

珊瑚博物館觀察攻略

來到珊瑚博物館，有如走進海底世界，欣賞著大自然所創造奇景，該用什麼角度來觀察珊瑚呢？阿湯哥在此建議，首先要瞭解珊瑚的東西方歷史與如何形成；再來是珊瑚的捕撈與加工製作過程；接著瞭解寶石珊瑚與造礁珊瑚的差異；接下來是珊瑚的商業分法與肉眼顏色辨識品種；最後要知道珊瑚有哪些仿製品，千萬不要買到來路不明的假貨。

下面介紹幾種珊瑚製品挑選要訣。

▲ 珊瑚樹，綺麗珊瑚臺北 101 店鎮店之寶。（圖片提供：綺麗珊瑚）

◆ 珊瑚枝擺件

珊瑚枝主要是看完整性，左右要平衡，形狀要飽滿圓形或像聖誕樹般。珊瑚枝有大小與粗細，當然顏色也不會一樣，通常我們是直接看珊瑚的顏色來區分：阿卡的珊瑚枝比較細，從 2~20mm 不等，整株大小最多是手掌大小，有些可以到兩、三個手掌寬的大小；桃紅珊瑚樹枝比較粗，最粗可以到 50~60mm 大小，擺在客廳或辦公室相當氣派。珊瑚相當脆，很容易折斷，搬運時要非常注意。

珊瑚枝買賣是算重量（克或公斤），珊瑚枝有的已經過拋光，外表鮮豔華麗，也有完全未拋光，顯現出原汁原味。

◆ 珠鏈（手鏈、圓珠）

珠鏈有整串同樣大小，也有從小到大的寶塔型。挑選時要注意珠子

▲ 阿卡珊瑚戒指。（圖片
提供：綺麗珊瑚）

▲ 阿卡珊瑚項鏈。（圖片
提供：綺麗珊瑚）

圓不圓，白心與蛀孔多不多。整條顏色均不均勻，是否有龜裂等現象。有些拋光不亮，挑選時要剔除掉。

現在能配對成珠鏈的愈來愈少了，超過 12mm 一串阿卡等級，價錢相當於豪華的進口轎車。喜歡珠鏈或手鏈的朋友大多有宗教信仰，以藏傳佛教人士居多。珠鏈適合富太太、企業夫人、女性主管、從事公關與直銷工作的朋友收藏。

手鏈類適合 30~45 歲上班族，白領階級，對傳統藝術喜愛者，平常上班配搭衣服或者約會赴宴都相當適宜。圓珠的挑選要注意表面光澤度，直徑愈大愈珍貴。簡約設計的整套珊瑚珠子，包括戒子、耳環與吊墜，要注意底部是否能遮掩白心與蛀孔，適合 40~50 歲的女士顯示品味與藝術風範。

◆ 珊瑚枝與不規則珊瑚飾品

利用珊瑚枝或不規則珊瑚素面材料，搭配 K 金或者其他寶石所做成的飾品。這類產品大多簡約，比較適合出外旅遊購買。購買族群大約 30~40 歲，大多是職業婦女、全職媽媽。現在臺灣珊瑚設計已經有很大突破，每年有很多傑出珊瑚設計師參與設計。可以很自豪地說，設計與鑲嵌是臺灣珠寶的軟實力，總有意想不到的創意與靈感，讓每位收藏者走到哪兒都是人見人誇的焦點。

◆ 珊瑚雕刻品

▲ 九鯉，綺麗珊瑚高雄愛河店鎮店之寶。（圖片提供：綺麗珊瑚）

以桃紅珊瑚居多，主要是因為多數阿卡珊瑚都拿去做珠鏈去了。珊瑚雕件可以是朵玫瑰花，也可以是小動物，人物類以觀音、關公、彌勒佛、鍾馗、十八羅漢佛教題材主題居多。雕刻需要看細節，最好觀察五官比例與臉部表情，愈大件的雕刻作品愈是難得，翠玉白菜造型象徵發財，許多經商朋友特別喜愛。

旅遊景點區的分店資訊

臺北故宮店	臺北市至善路二段 202 號「至善天下」B1	02-88613352
大眾交通工具：捷運淡水線士林站→轉乘公車（紅 30、棕 13、棕 20、255、304、815、小型公車 18 / 19）→故宮博物院站 開車：士林區中正路→右轉至善路一段直行至至善路二段→至善天下社區		
臺北 101 觀景臺店	臺北市信義路五段 7 號 88 樓	02-81011128
大眾交通工具：捷運信義線臺北 101／世貿站 開車：國道三號信義快速道路下→直行信義路		
臺東綺麗珊瑚博物館	臺東市南島大道 502 號	089-233399
開車：臺九線→中興路五段 268 巷→右轉豐田路→史前博物館橋→左轉博物館路→右轉館前路→左轉南島大道		
高雄愛河店	高雄市河東路 176 號	07-2613959
大眾交通工具：捷運美麗島站→轉捷運橘線市議會站 1 號出口→轉搭 168 環西幹線公車→愛之船國賓站下車 開車：國道一號中正交流道下→右轉中正路→河東路左轉		

寶石名稱翻譯對照表

英文名稱	臺灣常用名稱	大陸常用名稱
	鐵龍生玉	鐵龍生玉
83 Jadeite	八三玉種	八三玉種
Agate	瑪瑙	瑪瑙、南紅瑪瑙、戰國紅瑪瑙、阿拉善瑪瑙
Albeit	水沫子	水沫子
Alexandrite	亞歷山大石、變石	亞歷山大石、變石
Alexandrite Grossularite	變色石榴石	變色石榴石
Alexandrite Tourmaline	變色碧璽	變色碧璽
Almandite	鐵鋁榴石	鐵鋁榴石、紅榴石
Amazonite	天河石	天河石
Amber	琥珀、蜜蠟、蟲珀、血珀	琥珀、鼊珀、藍珀、蜜臘
Amethyst	紫水晶	紫水晶
Andalusite	紅柱石	紅柱石
Andesine	中性長石	中性長石
Andradite	鈣鐵榴石	鈣鐵榴石
Anorthite	鈣長石	鈣長石
Apatite	磷灰石	磷灰石
Aquamarine	海藍寶、海水藍寶	海藍寶石、海藍寶

英文名稱	臺灣常用名稱	大陸常用名稱
Aragonite	文石	文石
Asterism Corundum	星光剛玉	星光剛玉
Australian Jade	澳洲玉	澳洲玉、英卡石
Aventurine	砂金石	砂金石英
Bi-Color Tourmaline	雙色碧璽	雙色碧璽
Black Jadeite	墨翠	墨翠
Black Pearl	黑珍珠	黑珍珠
Blood Jade	血玉	血玉
Blue Pectolite	針鈉鈣石、拉利瑪、海紋石	針鈉鈣石、拉利瑪、海紋石
Calcite	方解石、冰洲石、綠紋石	方解石、冰洲石、金田黃、綠紋石
Cat's-eye Alexandrite	亞歷山大貓眼石	亞歷山大貓眼石
Cat's-eye Chrysoberyl	金綠貓眼	金綠寶石貓眼、金綠貓眼
Cat's-eye Tourmaline	碧璽貓眼	碧璽貓眼
Chalcedony	石髓（玉髓）、臺灣藍寶、紫玉髓、綠玉髓	石髓（玉髓）、戈壁玉、臺灣藍寶、紫玉髓、綠玉髓
Charolite	紫矽鹼鈣石、紫龍晶、查羅石	紫硅鹼鈣石、紫龍晶、查羅石
Chert	燧石	燧石

英文名稱	臺灣常用名稱	大陸常用名稱
Chrome Tourmaline	鉻綠碧璽	鉻碧璽
Chrysoberyl	金綠寶石	金綠寶石
Chrysocolla	矽孔雀石	硅孔雀石
Citrine	黃水晶	黃水晶
Color-Change Corundum	變色剛玉	變色剛玉
Coral	珊瑚	珊瑚
Cornflower Blue	矢車菊藍	矢車菊藍寶石
Corundum	剛玉	剛玉
Crystal	水晶	水晶
Demantoid	翠榴石	翠榴石
Diopside	透輝石	透輝石
Dravite	黃碧璽	黃碧璽
Dushan Jade	獨山玉	獨山玉、南陽玉
Feldspar	長石	長石
Flower Green	花青種	花青種
Fluorite	螢石（冷翡翠）	螢石
Freshwater Pearl	淡水珠	淡水珠、淡水珍珠
Garnet	石榴石	石榴石

英文名稱	臺灣常用名稱	大陸常用名稱
Glassy Type	玻璃種	玻璃種
Gold	金	黃金
Gold Beryl, heliodor	黃金綠柱石	金綠柱石、金色綠柱石
Golden Pearl	黃金珠	黃金珠
Grossularite	鈣鋁榴石	鈣鋁榴石
Hessonite	黑松石	黑松石
Hibiscus Species	芙蓉種	芙蓉種
Hydrogrossular	水鈣鋁榴石	水鈣鋁榴石
Ice Type	冰種	冰種
Imperial Jadeite	老坑	老坑
Indicolite	藍碧璽	藍碧璽
Iolite, Cordierite	堇青石	堇青石
Jadeite	翡翠（緬甸玉、輝玉、硬玉）	翡翠
Jasper	碧玉	碧玉
Kyanite	藍晶石	藍晶石
Labradorite	拉長石	拉長石
Lapis-Lazuli	青金石、青金岩	青金石、天青石
Lavender	紫羅蘭	紫羅蘭種、紫羅蘭玉

英文名稱	臺灣常用名稱	大陸常用名稱
Malachite	孔雀石	孔雀石
Marble	大理石	大理石（漢白玉）
Moon Stone	月光石、冰長石	月光石、月亮石
Morganite	摩根石	摩根石
Mo-Sii-Sii	磨西西玉	磨西西玉、鈉鉻鈉長石玉
Nephrite	臺灣玉、白玉、黃玉、青玉、墨玉、和田玉	和田玉、白玉、黃玉、碧玉、糖玉、墨玉、青海玉、俄玉
Oil-green Species	油青種	油青種
Opal	蛋白石	歐泊、澳寶
Opaque dry green	乾青種	乾青種
Padparadscha Sapphire	蓮花剛玉（帕德瑪剛玉）	蓮花剛玉（帕德瑪剛玉）
Pea Green Species	豆青種	豆青種
Pearl	珍珠（真珠）	珍珠
Peridot	橄欖石	橄欖石
Pink, Purple Sapphire	粉剛、紫剛	粉剛、紫剛
Platinum	鉑	鉑
Platinum Alloy	鉑合金	鉑合金
Prehnite	葡萄石	葡萄石
Pyrope	鎂鋁榴石	鎂鋁榴石
Rhodochrosite	菱錳礦	紅紋石
Rhodonite	玫瑰石	玫瑰石

英文名稱	臺灣常用名稱	大陸常用名稱
Rock Crystal	白水晶	白水晶
Rose Quartz	粉晶、薔薇石英、芙蓉晶	粉晶、薔薇石英
Royal Blue	皇家藍	皇家藍寶石
Rubellite	紅寶碧璽	紅寶碧璽、桃紅碧璽
Ruby	紅寶石	紅寶石
Saltwater Pearl	海水珠	海水珠、海水珍珠
Sapphire	藍寶石	藍寶石
Schorl	黑碧璽	黑碧璽、黑色電氣石
Serpentine	蛇紋石、岫玉	蛇紋石、岫玉
Silicified Wood	矽化木	硅化木
Silicified Coral	珊瑚玉	珊瑚玉
Smoky Quartz	煙水晶	煙晶
Sodalite	方鈉石、蘇打石	方鈉石
South Sea Pearl	南洋珠	南洋珠
Spessartite	錳鋁榴石、芬達石榴石	錳鋁榴石、芬達榴石
Sphalerite	閃鋅礦	閃鋅礦
Sphene	榍石	榍石
Spinel	尖晶石	尖晶石
Spodumene	鋰輝石（孔賽石）	鋰輝石
Sugilite	舒俱徠石	舒俱徠石

英文名稱	臺灣常用名稱	大陸常用名稱
Sun Stone, Oligoclase	日光石、太陽石（奧長石）	日光石、太陽石
Tanzanite	丹泉石	坦桑石
Tibet Beads	天珠	天珠、天眼珠、西藏天珠
Tiger's Eye	虎眼石	虎眼石、虎睛石
Topaz	托帕石（黃玉）	托帕石（黃玉）
Tourmaline	碧璽（電氣石）	碧璽
Tri-color Jade	三彩玉	三彩玉
Tsavorite	沙弗萊（隨我來）	沙弗萊石
Turquoise	土耳其石、綠松石	綠松石、土耳其石、美國瓷松、瓷藍、甸子
Uvarovite	鈣鉻榴石	鈣鉻榴石
Verdelite	綠碧璽	綠碧璽
Watermelon Tourmaline	西瓜碧璽	西瓜碧璽
White Base Green	白底青	白底青
White Gold	白色金	白色金
Yellow Sapphire	黃色藍寶石	黃色藍寶
Zircon	風信子（鋯石）	鋯石（風信子）

參考書目

譚立平 (2000)。《寶石學》。臺北：財團法人徐氏文教基金會。

周國平 (1989)。《寶石學》。北京：中國地質大學。

余炳盛、方建能 (1999)。《金瓜石本山九份地質考察路線》。臺北：臺灣
　　省立博物館。

王進益、嚴雋發 (1995)。《如何閱讀鑽石鑑定證書》。臺北：金統有限公司。

飯田孝一 (2012)。《天然寶石百科》。何姵儀譯。臺北：臺灣東販。

余曉豔 (2009)。《有色寶石學教程》。北京：地質出版社。

李永廣 (2012)。《白玉玩家實戰必讀》。江西：江西科學技術出版社。

郭穎 (2012)。《寶石鑑賞與投資》。北京：印刷工業出版社。

郭穎 (2010)。《珠寶鑑定》。吉林：吉林出版集團有限責任公司。

王時麒等 (2007)。《中國岫岩玉》。北京：科學出版社。

廖宗廷等 (2007)。《中國玉石學概論》。北京：中國地質大學。

E. J. Gublin(1995)。《寶石內含物大圖解》。張瑜生譯。臺北：大知。

吳照明、鄭素貞 (1995)。《寶石鑑賞》。臺北：吳照明珠寶學刊雜誌。

朱幸誼 (2010)。《寶石價值觀》。臺北：聖典文化。

Cally Hall(1996)。《寶石圖鑑》。臺北：貓頭鷹。

Vincent Pardieu(2006)。《最新紅寶石處理大破解》。高嘉興譯。臺北：聖
　　典文化。

湯惠民 (1996)。《輝玉之礦物學研究》。臺灣大學地質研究所論文，未出
　　版，臺北。

湯惠民 (2013)。《行家這樣買翡翠》。臺北：時報文化。

吳舜田、繆承翰 (1991)。《實用鑽石分級學》。臺北：經綸圖書。

歐陽秋眉、嚴軍 (2001)。《秋眉翡翠：實用翡翠學》。上海：學林。

致 謝

　　千言萬語，要感謝的人相當多，深怕漏掉每一位幫助我與提攜我的人。感謝上帝讓我從恩師譚立平教授身上習得寶石知識與做人處事道理。感謝爸媽、內人與小孩，這幾年無法長時間陪伴，只有更努力才能答謝您們的背後支持。吳照明老師與吳舜田學長都是我知識的寶庫，一生受用不盡。感謝《珠寶世界》邱惟鐘社長、《珠寶商情》莊秋德社長提攜後輩，讓更多人接觸到這本書。中華民國寶石協會林嵩山榮譽理事長、GIA美國寶石研究院臺灣校友會榮譽理事長徐秉承先生，謝謝百忙中抽空幫本書作序，讓這本書增添色彩。東森夢想街五十七號廖慶學兄、綺麗珊瑚洪明麗董事長友情推薦，如冬天裡的陽光，溫暖滋潤人的心房。老東家時報出版社李采洪總編輯、主編邱憶伶、編輯俞天鈞、企劃吳宜臻、美編我我設計等，再度攜手合作，日夜加班操勞，並肩作戰，只有以銷售量與讀者回饋回報大家。千代珠寶公司、大東山珠寶公司、駿邑珠寶公司、綺麗珊瑚珠寶公司、良和時尚珠寶公司、鑽石小鳥公司、徐秉承、陳格林、丁紅宇、張賀、來亦蕙等提供精美照片，讓這本書色彩更加豐富。設計師王月要、林芳朱、曾郁雯、吳佳槙、鄭志影，感謝幾位老師提供這麼有創意的作品，讓讀者可以開拓視野。

　　好多人問我這年頭寫書能過活嗎？還有人會買書嗎？有人是為了出名寫書，那我是為了什麼呢？簡單來說就是經驗傳承與分享，不少人剛接觸珠寶都會不知所措，毫無頭緒，像無頭蒼蠅到處碰壁。有句話說得好，在珠寶路上行走，哪有不跌個頭破血流。景氣好時做生意賺得比較快，誰來寫書？景氣不好，三餐都出問題了，誰來買書？如果這本書不能對初學者有幫助，那乾脆封筆算了，也不要浪費讀者的時間與金錢，至少可以環保一點少砍幾棵樹。

　　不管是臉書、微博、微信圈的粉絲好友，感謝大家不但自己買來閱讀，也分享給朋友，我想網友的推薦比自己說來得有公信力。每一句留言與鼓勵對我來說都很重要，就算是直接批評亦是為我好，更是讓我不斷修正與前進的原動力。

湯惠民

Best Buy 系列 005

行家這樣買寶石 （最新修訂版）

作　　　者 — 湯惠民
圖 片 提 供 — 北京紫圖圖書有限公司
主　　　編 — 邱憶伶
責 任 編 輯 — 俞天鈞
責 任 企 畫 — 吳宜臻
美 術 設 計 — 我我設計 wowo.design@gmail.com
總 編 輯 — 李采洪

董 事 長 — 趙政岷
出 版 者 — 時報文化出版企業股份有限公司
　　　　　　108019　臺北市和平西路三段 240 號 3 樓
　　　　　　發 行 專 線 —（02）23066842
　　　　　　讀者服務專線 —（0800）231705 ·（02）23047103
　　　　　　讀者服務傳真 —（02）23046858
　　　　　　郵撥 — 19344724 時報文化出版公司
　　　　　　信箱 — 10899 臺北華江橋郵局第 99 信箱
時 報 悅 讀 網 — http://www.readingtimes.com.tw
電 子 郵 件 信 箱 — newstudy@readingtimes.com.tw
時 報 出 版
愛 讀 者 粉 絲 團 — http://www.facebook.com/readingtimes.2
法 律 顧 問 — 理律法律事務所 陳長文律師、李念祖律師
印　　　刷 — 金漾印刷有限公司
初 版 一 刷 — 2014 年 12 月 19 日
初 版 六 刷 — 2020 年 10 月 15 日
定　　　價 — 新臺幣 580 元

行家這樣買寶石／湯惠民著 .
-- 二版 . -- 臺北市：時報文化 , 2014.12
面： 公分 --（Best Buy 系列：5）
ISBN 978-957-13-6128-4（平裝）

1. 珠寶業 2. 寶石 3. 購物指南

486.8　　　　　　　　　　　　　103022194

ISBN 978-957-13-6128-4
Printed in Taiwan

Damsel on the clouds

she controls the wind and rain with her swirling colored ribbon way up above the sky
covering with fantasy and mystery, flying white bird brings her blessing from the ground
with a sparkling paraiba shinning lights reflection on the clouds
lovely damsel come to me, bring peace and love into my dream.

大東山珠寶 _Luperla_

Rainbow Pearl
Collection

大東山珠寶：上帝賜予

最美的彩虹。

珠面呈現彩虹光，故有「彩虹」
珍珠一稱的美名，世界海域能養出
企鵝貝品種的海域不到1%，為大東
山珠寶珍稀特有貝種。

大東山希望天地股份有限公司 Wish Paradise Corp.
104台北市南京東路三段89巷3弄14號　14, Lane 3, Alley 89, Nanking E. Rd, Taipei, Taiwan 10487
Tel：+886.2.25031991　|　Fax：+886.2.25031661　|　E-mail：luperla.tpe@gmail.com
www.luperla.com

Gem-A
THE GEMMOLOGICAL ASSOCIATION OF GREAT BRITAIN

吳照明寶石教學鑑定中心
寶石鑑定 · 寶石教學

鑑定師 **吳照明** 小檔案

學 歷　文化大學海洋研究所資源組畢 碩士
英國寶石學會 FGA&DGA 鑑定師
瑞士寶石學院 Scientific Gemmology 證書 (SSFF)
中華人民共和國珠寶玉石質量檢驗師 CGC 證照

經 歷　文化大學海洋學系地質組副教授
實踐大學服裝系寶石講師
輔仁大學應用美術系助理教授
英國寶石學會在台聯合教學中心負責人
中國地質大學寶石和寶石學雜誌編委

寶石鑑定服務

▶ 鑑定師三十年豐富經驗，消費者指名的鑑定師之一

▶ 鑑定中心設有 F.T.I.R. 紅外光譜儀（解析度 0.5cm-1）、UV 可見光譜儀，高準確性可精準鑑定翡翠玉石、蛋白石、琥珀，提供更專業、科學化的鑑定服務

▶ 專業鑑定，合理收費

寶石教學課程

▶ 一般基礎實石學課程

翡翠玉石鑑賞班
鑽石鑑賞班
彩色寶石鑑賞班

▶ 英國寶石學文憑課程

FGA 寶石學文憑
DGA 鑽石文憑
基礎寶石學